プログラマーのための

Visual
Studio
Code
の教科書 改訂2版

川崎庸市、平岡一成、阿佐志保 [共著]

マイナビ

はじめに

　Visual Studio Code（以下、「VS Code」）は、オープンソースのコードエディターです。2015年にMicrosoftによって発表されてから、常に時代のニーズに応える機能を積極的に取り入れて、急速にその地位を築き上げ、多くの利用者に愛されるツールとなりました。私自身、VS Codeをはじめて使った時の感動は今でも鮮明に覚えています。そのシンプルかつ軽量でありながらもすぐに利用可能な多彩な機能が完備されていたことに驚かされました。

　VS Codeの人気の秘密は、そのバランスの良いエディター機能と、無限に近いカスタマイズ性にあると考えています。開発のあらゆるステージで必要とされる機能 —— テキストの編集、フォーマット、静的解析、デバッグ、ソースコード管理など —— が一元的に提供されています。また、VS Codeの持つ豊富な拡張機能は、世界中の開発者によって創出され、共有されています。これにより、自分のニーズに合わせてエディターを機能追加やカスタマイズし、足りない機能は自ら開発することも可能です。

　本書は、2020年4月に発行された『プログラマーのためのVisual Studio Codeの教科書』の改訂版です。初版から約4年が経過し、VS Codeはさらに多くの新しいトレンドを取り入れて進化しています。第2版では、初版のコンセプトを踏襲し、プログラマー向けのトピックに重きをおきつつ、より幅広い読者層に活用いただけるよう基本に忠実ながらも応用が効く内容を追求しています。各章について最新情報にブラッシュアップするとともに現在不要と考えられるものはカットし、「GitHubとの連携」「GitHub Copilotの活用」「Webアプリケーション開発」の章を追加しました。これにより、VS Codeの最新の機能とそれを利用した最新の開発手法が学べるようになっています。

　本書を手に取った皆様が、VS Codeをさらに深く理解し、より快適で生産的な開発活動を行えるようになることを心より願っています。

2024年5月　著者を代表して
川崎 庸市

本書の構成

本書は、大きく分けて次の3つのパートから構成されています。

- Part 1：Visual Studio Code の基礎（VS Code の基本機能と全体像。GitHub や GitHub Copilot との連携方法）
- Part 2：統合開発環境としての Visual Studio Code（プログラミングの支援機能、リモート開発、Web アプリケーション開発）
- Part 3：拡張機能の作成と公開（拡張機能作成、公開、バンドル化）

Part 1では、プログラマーだけでなく広範なユーザーに役立つ VS Code の基礎や、GitHub や GitHub Copilot との連携方法について解説しています。Part 2 では、実際のソフトウェア開発に役立つプログラミング支援機能や、VS Code を用いたリモート開発、アプリケーション開発について掘り下げています。Part 3 では、VS Code 拡張機能の開発、テスト、公開方法といった、VS Code 拡張機能開発者向けの内容をカバーしています。

各パートは独立しており、読者は興味のあるセクションから選んで読み進めることができます。本書は序盤から順に読むことも、特定のトピックに焦点を当てることも、あるいはリファレンスとして利用することも可能です。

なお、本書で使用しているサンプルコードは GitHub に公開しており、読者は必要に応じてクローンして利用できます。

https://github.com/vscode-textbook

Contents

はじめに …………………………………………………………………………………… iii

本書の構成 ………………………………………………………………………………… iv

Part 1
Visual Studio Codeの基礎

Chapter 1　　VS Codeの概要と導入 ………………………………………… 002

1-1　Visual Studio Codeの概要 ——————————————————— 002

　1-1-1　VS Codeの歴史…003 ／ 1-1-2　VS Codeの機能…005

1-2　インストール ———————————————————————————— 007

　1-2-1　インストール要件…008 ／ 1-2-2　Windowsの場合…009
　1-2-3　Linuxの場合…009 ／ 1-2-4　macOSの場合…010
　1-2-5　メニューの日本語化…011

1-3　画面構成 —————————————————————————————— 012

　1-3-1　アクティビティバー…013 ／ 1-3-2　サイドバー…014
　1-3-3　エディター…015 ／ 1-3-4　パネル…017
　1-3-5　ステータスバー…018
　1-3-6　VS Codeとネットワーク通信…018

Chapter 2　　VS Codeの基本操作と環境設定 ………………………… 021

2-1　基本操作 —————————————————————————————— 021

　2-1-1　VS Codeの起動・終了…021
　2-1-2　キーボードショートカットとキーマップ…024
　2-1-3　画面の操作…025 ／ 2-1-4　ワークスペースとフォルダー…026
　2-1-5　設定のカスタマイズ…027 ／ 2-1-6　見た目のカスタマイズ…031
　2-1-7　配色テーマのカスタマイズ…032

2-2　ファイルの基本操作 —————————————————————— 035

　2-2-1　ファイルの操作…035 ／ 2-2-2　文字／行の挿入と削除…036
　2-2-3　マルチカーソル…037 ／ 2-2-4　ファイルの保存と自動保存…038
　2-2-5　検索・置換…039 ／ 2-2-6　ソースコードのフォーマッター…041
　2-2-7　ソースコードの折りたたみ…042 ／ 2-2-8　インデント…044
　2-2-9　エンコーディングと言語モードの設定…045

2-3　VS Codeの拡張機能 ——————————————————————— 047

　2-3-1　拡張機能の確認…048 ／ 2-3-2　拡張機能のインストール…049
　2-3-3　拡張機能の有効化／無効化…051
　2-3-4　拡張機能のアンインストール…052 ／ 2-3-5　拡張機能の更新…052

Chapter 3　　GitHubとの連携 ……………………………………………… 053

3-1　認証 ————————————————————————————————— 053

3-2　Gitの基本 —————————————————————————————— 056

3-3 リポジトリの作成 ——————————————————— 059
　3-3-1　クローンの作成…059 ／ 3-3-2　新規リポジトリの作成…060
　3-3-3　ステージング…062 ／ 3-3-4　コミット…065
　3-3-5　ブランチとタグ…066 ／ 3-3-6　プルとプッシュ…067
　3-3-7　ステータスバー…068 ／ 3-3-8　ガターインジケーター…069

3-4 マージ —————————————————————————— 071
　3-4-1　差分の表示(diff) …071 ／ 3-4-2　マージエディター…072
　3-4-3　コンフリクトの解消…074 ／ 3-4-4　タイムラインビュー…075
　3-4-5　Git Diff Tool/Marge Tool…077

3-5 GitHubのリモート利用 ————————————————— 078
　3-5-1　GitHub Repositories…078 ／ 3-5-2　GitHub Codespaces…080
　3-5-3　Codespacesの利用料金…082
　3-5-4　GitHub Codespaces のカスタマイズ…083
　3-5-5　GitHub Codespacesの作成…084
　3-5-6　GitHub Codespacesの停止/終了…087

3-6 プルリクエスト ———————————————————————— 088
　3-6-1　プルリクエストの作成…089
　3-6-2　プルリクエストのレビュー…098

3-7 イシュー ————————————————————————— 100
　3-7-1　イシューの作成 …100 ／ 3-7-2　イシューに対応する…102
　3-7-3　#イシュー番号と@ユーザーの表示…103

Chapter 4 　GitHub Copilotの活用 ……………………………… 105
4-1 GitHub Copilotとは ————————————————— 105
4-2 Copilot IndividualとCopilot Business ————————— 106
4-3 GitHub Copilotの導入前の設定 ——————————— 107
　4-3-1　パブリックコードと一致するコードの有効化/無効化…107
　4-3-2　GitHub/Microsoftへのデータ共有…108
　4-3-3　GitHub Copilotを使うためのネットワーク設定…109

4-4 GitHub Copilot拡張機能 —————————————— 111
　4-4-1　コードの提案…113
　4-4-2　コメントからコード/コードからコメントを生成する…115
　4-4-3　Copilotの無効化…117

4-5 GitHub Copilot Chat ——————————————— 118
　4-5-1　Copilot Chatの主なユースケース…119
　4-5-2　コーディングに関する質問への回答…121
　4-5-3　コードの解説と修正…123 ／ 4-5-4　単体テスト生成…125
　4-5-5　ドキュメントの作成…125 ／ 4-5-6　コンテキスト変数…127
　4-5-7　チャットエージェント…127
　4-5-8　コミットメッセージの自動作成…132
　4-5-9　音声入力のサポート…133

4-6 Copilotを使うときのコツ ———————————————— 134
4-7 GitHub Copilotの今後の機能拡張 ————————— 136

Part 2
統合開発環境としての Visual Studio Code

Chapter 5	プログラミング支援機能	140
5-1	準備&インストール	140
	5-1-1 Node.jsとnpm…140 / 5-1-2 TypeScript…142	
5-2	統合ターミナル	143
	5-2-1 ターミナルの基本操作…143 / 5-2-2 ターミナルの設定…145	
5-3	IntelliSense	149
	5-3-1 プログラミング言語…149	
	5-3-2 IntelliSenseと言語サービス…150	
	5-3-3 クイック情報(Quick Info) …153 / 5-3-4 パラメーター情報…154	
	5-3-5 補完の種類…154 / 5-3-6 IntelliSenseのカスタマイズ…155	
	5-3-7 トラブルシューティング…159	
5-4	CodeLens	160
	5-4-1 TypeScriptのCodeLens…161 / 5-4-2 拡張機能…162	
5-5	ナビゲーション	166
	5-5-1 クイックオープン…166 / 5-5-2 タブ移動…167	
	5-5-3 定義に移動…168 / 5-5-4 型定義に移動…169	
	5-5-5 実装に移動…169 / 5-5-6 シンボルに移動…169	
	5-5-7 名前でシンボルを開く…170 / 5-5-8 ピーク（ちら見）…170	
	5-5-9 括弧を移動…171	
5-6	LintとFormat	171
	5-6-1 Lint…172	
5-7	リファクタリング	180
	5-7-1 クイックフィックスコマンド…180 / 5-7-2 変数抽出…181	
	5-7-3 シンボル名の変更…181	
	5-7-4 リファクタリング関連の拡張機能…182	
5-8	デバッグ	183
	5-8-1 デバッガー拡張機能…183 / 5-8-2 デバッグビュー…184	
	5-8-3 デバッグメニュー…185	
	5-8-4 チュートリアル：デバッグ実行する…185	
	5-8-5 画面構成…186 / 5-8-6 起動構成(launch.json) …187	
	5-8-7 デバッグアクション…190 / 5-8-8 ブレークポイント…191	
	5-8-9 ログポイント…192 / 5-8-10 データ検査、変数ウォッチ…194	
	5-8-11 トラブルシューティング…195	
5-9	タスク	195
	5-9-1 タスクによる自動化…195	
5-10	スニペット	204
	5-10-1 組み込みのスニペットを利用する…204	
	5-10-2 独自のスニペットを作成する…206	

Contents

Chapter 6　リモート開発 209

6-1　リモート開発のメリット ─────────────── 209

6-2　接続形式4種類の違い ─────────────── 209

6-3　準備 - エクステンションパックをインストール ───── 210

6-4　Remote - SSH ──────────────────── 211
　　6-4-1　接続…212 ／ 6-4-2　切断…213

6-5　Remote - Container ─────────────── 214
　　6-5-1　接続準備…214 ／ 6-5-2　接続…218
　　6-5-3　環境を確認する…221 ／ 6-5-4　リモートエクスプローラー…222
　　6-5-5　接続の終了…222 ／ 6-5-6　まとめ…223

6-6　Remote - WSL ──────────────────── 224
　　6-6-1　接続準備- WSLインストール…224 ／ 6-6-2　接続…225

6-7　Dev Containersのしくみ ──────────── 227
　　6-7-1　devcontainer.json…228 ／ 6-7-2　Dockerfile…230

6-8　Podmanを使ったコンテナー環境作成 ──────── 231
　　6-8-1　Podmanのインストール…232

Chapter 7　Webアプリケーション開発 235

7-1　開発するWebアプリケーションの概要 ─────── 235
　　7-1-1　概要…235 ／ 7-1-2　アプリ開発の流れ…237

7-2　OpenAPI仕様でREST API仕様書作成 ─────── 237
　　7-2-1　APIの概要…237 ／ 7-2-2　OpenAPI仕様とは？…239
　　7-2-3　OpenAPI仕様でREST API仕様書作成…239
　　7-2-4　OpenAPI仕様の記述に便利なVS Code拡張機能…245

7-3　APIサーバー開発 ──────────────── 249
　　7-3-1　Express サーバーのクイックスタート…249
　　7-3-2　APIサーバーの実装ポイント解説…255
　　7-3-3　APIサーバーを動かしてみる…260
　　7-3-4　VS CodeでAPI(TypeScript/Express)のデバッグ…264
　　7-3-5　Postman VS Code 拡張機能 を活用したAPIテスト…273

7-4　Next.jsでフロントエンド開発 ──────────── 282
　　7-4-1　Next.jsアプリのクイックスタート…282
　　7-4-2　フロントエンドの実装ポイント解説…287
　　7-4-3　フロントエンドを動かしてみる…294
　　7-4-4　ブラウザーで動くNext.jsコードのデバッグ…297

7-5　まとめ ─────────────────────── 302

Part 3
拡張機能の作成と公開

Chapter 8　拡張機能の作成 ……………………………………………… 304

8-1　VS Codeの拡張機能の概要 ─────────────── 304
8-1-1　拡張・カスタマイズの種類…304
8-1-2　VS Code拡張機能のエコシステム…305

8-2　拡張機能開発クイックスタート ────────────── 306
8-2-1　拡張機能開発の準備…307
8-2-2　VS Code拡張機能ジェネレーターで雛形作成…307
8-2-3　拡張機能の実行…313 ／ 8-2-4　拡張機能のデバッグ…315
8-2-5　新しいコマンドの追加…316

8-3　拡張機能のテスト ──────────────────── 319
8-3-1　VS Code拡張機能ジェネレーターで生成された雛形テストの実行…320
8-3-2　拡張機能テストCLIとExtension Test Runner…321
8-3-3　テストコードの追加…324

Chapter 9　拡張機能の仕組みを理解する ……………………………… 326

9-1　VS Code 拡張機能の仕組み ─────────────── 326

9-2　拡張機能の主要構成要素 ──────────────── 328
9-2-1　アクティベーションイベント…329
9-2-2　コントリビューションポイント…331
9-2-3　VS Code API…333

9-3　主要機能の説明 ──────────────────── 334
9-3-1　コマンド（vscode.commands）…335 ／ 9-3-2　キーバインド…339
9-3-3　コンテキストメニュー…341 ／ 9-3-4　拡張機能のユーザー設定…344
9-3-5　データの永続化…347 ／ 9-3-6　通知メッセージの表示…350
9-3-7　ユーザー入力用 UI…351
9-3-8　WebviewによるHTMLコンテンツの表示…355
9-3-9　Output パネルにログ出力…357

Chapter 10　Markdown を便利に書く拡張機能の作成 ………………… 359

10-1　コードスニペットのカスタマイズ ──────────── 359
10-1-1　ビルトインの Markdown スニペットを使ってみる…360
10-1-2　コードスニペットの雛形作成…362
10-1-3　カスタムコードスニペットの作成と動作確認…364
10-1-4　VSIX パッケージの作成…366

10-2　Markdown テーブル作成機能の作成 ──────────── 367
10-2-1　拡張機能を動かしてみる…368
10-2-2　拡張機能の実装ポイント解説…370

10-3　Markdown簡単入力機能（太字／イタリック／打ち消し線）の作成 ── 373
10-3-1　拡張機能を動かしてみる…374

Contents

10-3-2 拡張機能の実装ポイント…376

10-4 エクステンションパックの作成 ── 378
10-4-1 雛形作成…379 ／ 10-4-2 package.json の編集…380

Chapter 11 JSON Web Token ビューアーの作成 …… 383
11-1 作成する拡張機能の概要 ── 383
11-2 拡張機能を動かしてみる ── 386
11-3 拡張機能の実装ポイント解説 ── 389
11-3-1 コマンド、キーバインド、コンテキストメニューの定義…389
11-3-2 デコード結果のWebviewパネルへの表示…391

Chapter 12 Marketplace公開のための準備 ……… 393
12-1 マーケットプレイス公開のための準備 ── 393
12-1-1 Azure DevOps の組織の作成…394
12-1-2 Personal Access Token(PAT)の登録…394
12-1-3 拡張機能公開のための追加設定…396

12-2 拡張機能のMarketplaceへの公開 ── 401
12-2-1 vsce ツールのインストール…401
12-2-2 Publisher の登録…402 ／ 12-2-3 拡張機能の公開…403
12-2-4 拡張機能のレポート…405

Chapter 13 拡張機能をバンドル化する ……… 406
13-1 拡張機能のバンドルについて ── 406
13-2 新規に webpack 化対応の
VS Code 拡張機能を作成するパターン ── 407
13-3 既存のVS Code 拡張機能を webpack 化するパターン ── 408
13-3-1 必要パッケージのインストール…409
13-3-2 webpack の設定…409
13-3-3 webpack によるバンドル化実行…414

あとがき ……… 416
著者プロフィール ……… 417
索引 ……… 418

Part 1
Visual Studio Codeの基礎

Chapter 1 ● VS Codeの概要と導入

Chapter 2 ● VS Codeの基本操作と環境設定

Chapter 3 ● GitHubとの連携

Chapter 4 ● GitHub Copilotの活用

「Visual Studio Code」は、すべての開発者があらゆるアプリを開発でき、Windows だけではなく、macOSやLinuxなど、クロスプラットフォームで動作するオープンソースのエディターです。このパートでは、Visual Studio Codeを使いこなすため、その概要や魅力、インストール方法、画面構成、基本操作などを説明します。また、Visual Studio Codeの優れた特徴であるGitHubとの連携や、新しく導入されたGitHub Copilotについても使い方を説明します。

Part1

01

02

03

04

Part2

05

06

07

Part3

08

09

10

11

12

13

Chapter 1

VS Codeの概要と導入

近年、デジタル技術の進化は止まることを知らず、スマートフォンやIoTデバイスの更なる普及、クラウドコンピューティングとエッジコンピューティングの発展、AIや機械学習の応用など、技術の進歩は開発環境にも新たな要求をもたらしています。Visual Studio Code(以降、VS Code)は、あらゆるプラットフォーム(OS)に対応し、多様な開発ニーズに応えるに応えるべく、2015年にオープンソースプロジェクトとして誕生しました。その後、約1年の一般公開ベータ期間を経て、2016年4月に正式版としてリリースされました。

VS Codeは、MicrosoftがGitHub上で開発をリードするオープンソースのソースコードエディターです。Windowsだけではなく、macOSやLinuxなど、クロスプラットフォームで動作します。また、「Visual Studio Marketplace」から拡張機能を組み込んで、カスタマイズして使えることも特徴の1つです。

1-1　Visual Studio Codeの概要

　Microsoftは、VS Codeを表すのに「Code editing. Redefined」(コードエディターの再定義)というスローガンを掲げています。また、VS CodeのチーフアーキテクトであるEric Gamma氏は、Microsoftのデベロッパー向けカンファレンス「Build 2015」のVS Codeのセッションで、「VS Codeは、統合開発環境(IDE)とテキストエディターの間の位置付けであり、コードエディターのシンプルさとコーディングやデバッグサイクルで開発者が必要とする機能を組み合わせた新しいツールの選択肢である」と説明しています。 その後、VS Codeは急速にデベロッパーの人気を獲得し、今日ではもっとも人気のあるエディターの1つになっています。「Stack Overflow 2023 Developer Survey」[1]では、VS Codeはもっとも人気のある開発者環境ツールにランクされています。 このようにユーザーからの圧倒的な支持を得ているVS Codeの主な特徴として、次の3点が挙げられます。

・クロスプラットフォームで動作するデスクトップアプリケーション

※1　https://survey.stackoverflow.co/2023/

・シンプルで軽量かつ安定的な動作
・柔軟な拡張性

1-1-1 　VS Code の歴史

VS Codeの特徴を語る際に避けては通れないのは、その歴史的な経緯です。VS Codeは、スクラッチから開発されたプロダクトではありません。実際、VS Codeが公開される約4年前から、MicrosoftはHTML5ベースでWebブラウザー上で動くエディターおよびツールフレームワークの開発に取り組んでいました。この技術は、「Visual Studio Online」（コードネーム「Monaco」）やAzureサービス（たとえばAzure Web AppsやAzure DevOps）のオンラインエディター、さらにはInternet ExplorerやMicrosoft Edgeの「（F12キーで開く）開発者ツール」など、さまざまな製品に応用されており、VS Codeのベースとなっています。

このWebブラウザーベースのオンラインエディター開発は成功を収め、ある程度の成熟を達成しましたが、新しい技術やツールとの連携、リッチなプログラミング機能や開発体験を提供するためには、オンラインだけでは限界がありました。これらの課題を克服するために、デスクトップアプリケーションへの転換が必要となり、そこで重視されたのが、前述のVS Codeの3つの特徴だったのです。

VS Codeはクロスプラットフォーム対応のデスクトップアプリケーション基盤として「Electron」[2]を採用しています。Electron（以前は「Atom Shell」と呼ばれていました）は、GitHubによって開発および保守されているオープンソースのフレームワークで、HTML、CSS、JavaScriptといったWeb技術を使って、Windows、macOS、Linuxなどのクロスプラットフォームで動作するデスクトップアプリケーションの開発を可能にします。Electronは、当初、GitHubのソースコードエディター「Atom」[3]のために開発されましたが、その後、VS Code以外にも非常に多くのデスクトップアプリケーションに採用されています[4]。

---

[2]　https://electronjs.org/
[3]　https://atom.io/
[4]　https://electronjs.org/apps

Part1

O1

O2

O3

O4

Part2

O5

O6

O7

Part3

O8

O9

10

11

12

13

　VS Codeの「シンプルで軽量かつ安定的な動作」は、「ユーザーエクスペリエンスを重視する」という設計思想の核となっています。たとえば、コア機能をメインプロセスで実行し、その他の機能は別プロセスで実行する「マルチプロセスアーキテクチャ」を採用しており、これにより基本機能の安定性が保たれています。また、拡張機能の遅延ロードにより、スタートアップ速度の低下を抑えています。

　「シンプルさ」に関しては、冒頭のEric Gamma氏の言葉にもあるように、VS Codeはエディターと統合開発環境（IDE）の中間に位置していますが、どちらかといえばエディター寄りのアプローチを取っています。重たいIDEの機能をすべて備えるのではなく、必要なエッセンスを取り入れつつ、外部の優良なツールやシステムとの連携を重視しています。

　また、VS Codeは柔軟な機能拡張と言語サポートを提供し、拡張APIを通じてほとんどすべての機能をカスタマイズ・拡張できます。言語サポートはプロトコル、言語サーバ、デバッグアダプターなどにより、VS Codeのコアの実装言語[5]に依存せずに、拡張機能を最適なプログラミング言語で開発できます。

　さらに、VS Codeの成功の要因の一つに、強力なオープンソースコミュニティとエコシステムがあります。VS Codeは、2015年11月にオープンソースプロジェクトとしてGitHub上に公開されましたが、オープンソース化は、VS Codeの急速な成長と普及に大きく寄与しました。コミュニティの支援により、多数のプラグインや拡張機能が開発され、さまざまなプログラミング言語やフレームワークでの開発を支援するようになりました。

　VS Codeはリリース以来、継続的にアップデートされ、猛スピードで進化を続けています。リモート開発機能（コンテナーやGitHub Codespacesの統合など）、AIベースのコード補完機能（GitHub Copilotの統合など）、クラウドサービスとの連携、データサイエンス向け機能など、新しい時代のニーズに応える機能を積極的に取り入れています。

※5　VS Codeは、JavaScriptとTypeScriptで実装されています

このように、VS Code はエディターとしてのシンプルさと IDE としての機能性を融合させ、優れた拡張能力と、開発者コミュニティからの強力な支持で継続的な進化を続ける、まさに新時代のコードエディターと言えるでしょう。

1-1-2　VS Code の機能

VS Code では、シンタックスハイライトや対応括弧の強調／移動機能といった基本的なコードエディターの機能に加え、次のような機能が提供されています。

- IntelliSense
- デバッグ機能
- リンティングやパラメーターヒント
- インデントや要素でコード表示を折りたたむ Folding
- コードのフォーマット
- 変数やオブジェクトの参照および定義個所を画面遷移を必要とすることなく表示するピーク定義へのナビゲーション
- ソースコードのバージョン管理

VS Code は、ファイルまたはフォルダーをベースとして扱います。フォルダーは「ワークスペース」として抽象化され、ワークスペースに配置されるファイルの言語モードによって、それに最適化された機能を提供します。

デフォルトでバージョン管理システム Git との連携をサポートしており、VS Code 上で commit や push、pull などの作業を実行できます。また、拡張機能を使うことで、「Azure Repos」[6]「Mercurial」[7]「Apache Subversion」[8] などのバージョン管理システムを利用することも可能です。

ターミナル機能も備えており、PowerShell や bash などでさまざまなコマンドをシームレスに実行できます。

[6]　https://azure.microsoft.com/ja-jp/services/devops/repos/
[7]　https://www.mercurial-scm.org
[8]　http://subversion.apache.org

Part1　01　02　03　04　Part2　05　06　07　Part3　08　09　10　11　12　13

▲ 図1-1-1　VS Codeのターミナル機能

　また、VS Codeの魅力には、クロスプラットフォーム対応していることに加えて、「拡張機能」の豊富さも挙げられます。拡張機能が公開されている「Visual Studio Code Marketplace」[9]では、さまざまな拡張機能が公開されており、自分に必要なものをインストールして自由にカスタマイズできます。

　開発者にとって有効な機能が標準で提供されていることも、VS Codeの大きな特徴の1つでしょう。何百もの開発言語をサポートしており、構文の強調表示／自動インデント／ボックス選択／スニペットなどで、コーディングの生産性を向上できます。さらに、IntelliSense ／コード補完／ナビゲーション／リファクタリングといったプログラミングをサポートする機能も組み込まれています。

　対話型デバッガーも搭載されています。ソースコードをステップ実行したり、変数を調べたり、コールスタックを表示したり、コンソールでコマンドを実行したりといったデバッグ作業が、すべてVS Code内で行えます。

　エディターを使う用途はさまざまでしょう。そのため、VS Codeの豊富な拡張機能を好みに応じてインストールし、利用者のニーズに合わせてカスタマイズすることが醍醐味ともいえます。必要な拡張機能がなければ自分で作成することも

※9　https://marketplace.visualstudio.com/vscode

できます。これについては、Part 3で詳しく解説します。

そして、VS Codeはオープンソースプロジェクトなので、GitHub上で開発コミュニティに気軽に貢献できるということも魅力の1つとして挙げられるでしょう。

1-2 インストール

それでは、さっそくVS Codeを使ってみましょう。

VS Codeをインストールするには、公式サイト[※1]にアクセスします。トップページを表示すると、アクセスしているPCのOSに合わせたインストーラーのダウンロードボタンが表示されます。

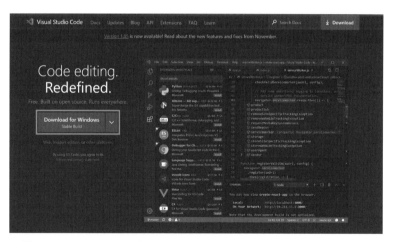

▲ 図1-2-1　VS Code公式サイト

VS CodeはStable版とInsiders版の2種類が提供されています。Stable版は、月に一度のペースでリリースされている安定バージョンです。ほとんどのプラットフォームで自動更新をサポートしており、新しいリリースが利用可能になったときにアップデートが求められます。なお、メニューから［ヘルプ］→［更新の

※1　https://code.visualstudio.com/

Part1
01
02
03
04
Part2
05
06
07
Part3
08
09
10
11
12
13

確認］（macOSではメニューから［Code］→［更新の確認］）を実行すると、手動でアップデートの有無を確認できます。もちろん、自動更新は無効にもできます。Insiders版は、新機能やバグフィックスを先取りしたバージョンです。最新機能をいち早く使いたいのであれば、Insiders版をインストールするとよいでしょう。正式リリース前に新機能を試してもらい、問題の報告やフィードバックを受けることで、開発チームは機能や品質の改善に活かしています。

　なお、Insiders版とStable版は、同じPCにインストールして、別々のソフトウェアとして動作させることもできます。

> **Tips** 最新のアップデート情報
>
> VS Codeは、GitHubで活発に開発が進められています。毎月の最新のアップデート情報は、公式サイト（https://code.visualstudio.com/updates/）で確認できます。

1-2-1　インストール要件

　VS Codeのインストール要件は次の通りです。

ハードウェア

- ・1.6GHz以上のCPU
- ・1GBのRAM

プラットフォーム

　次のプラットフォームでテストされています。

- ・Appleセキュリティ アップデートをサポートする macOSバージョン
- ・Windows 10 および 11（64 ビット）
- ・Linux（Debian）：Ubuntu デスクトップ 20.04、Debian 10
- ・Linux（Red Hat）：Red Hat Enterprise Linux 8、Fedora 36

　インストール要件は常にアップデートされています。最新の情報は、公式サイトの動作環境のページ[2]を確認してください。

※2　https://code.visualstudio.com/docs/supporting/requirements

Part1

01

02

03

04

Part2

05

06

07

Part3

08

09

10

11

12

13

1-2-2　Windowsの場合

　Windows版は、インストーラーをダウンロードして、ダブルクリックで実行します。インストーラーのオプションでPATHにVS Codeを追加しておくと、コマンドプロンプトやPowerShellで「code」と入力すると、VS Codeを起動できます。

▲ 図1-2-2　VS Codeのインストーラー（PATHへの追加）

1-2-3　Linuxの場合

　Linuxの場合、ディストリビューションによって手順が異なります。

Debian ／ Ubuntuの場合

　debパッケージをインストールすると、自動的にaptリポジトリと署名鍵がインストールされ、システムのパッケージマネージャーを使った自動更新ができます。

　次のスクリプトを使用して、リポジトリとキーを手動でインストールしましょう。

Part1

O1

O2

O3

O4

Part2

O5

O6

O7

Part3

O8

O9

10

11

12

13

●コマンド1-2-1　debパッケージのインストール

```
sudo apt-get install wget gpg
wget -qO- https://packages.microsoft.com/keys/microsoft.asc | gpg --dearmo
r > packages.microsoft.gpg
sudo install -D -o root -g root -m 644 packages.microsoft.gpg /etc/apt/key
rings/packages.microsoft.gpg
sudo sh -c 'echo "deb [arch=amd64,arm64,armhf signed-by=/etc/apt/keyrings/
packages.microsoft.gpg] https://packages.microsoft.com/repos/code stable m
ain" > /etc/apt/sources.list.d/vscode.list'
rm -f packages.microsoft.gpg
```

RHEL ／ Fedora ／ CentOSの場合

　yumリポジトリに64bitのStable版のVS Codeがあります。次のスクリプトで
キーとリポジトリをインストールします。

●コマンド1-2-2　RPMパッケージのインストール

```
sudo rpm --import https://packages.microsoft.com/keys/microsoft.asc
sudo sh -c 'echo -e "[code]\nname=Visual Studio Code\nbaseurl=https://pack
ages.microsoft.com/yumrepos/vscode\nenabled=1\ngpgcheck=1\ngpgkey=https://
packages.microsoft.com/keys/microsoft.asc" > /etc/yum.repos.d/vscode.repo'
dnf check-update
sudo dnf install code # or code-insiders
```

　その他のディストリビューションについては、公式サイトのセットアップのペ
ージ[※3]を参照してください。

1-2-4　macOSの場合

　macOS版はZIP形式のファイルになっているので、これを展開して、appファ
イルを「アプリケーション」フォルダーに移動させます。これでインストールは
完了です。

　ターミナルから起動するには、VS Codeの「コマンドパレット」を使用します。

※3　https://code.visualstudio.com/docs/setup/linux

VS Code の起動後に ⌘ Shift + P を押して「コマンドパレット」を表示し、「shell」と入力すると、パレットに [Shell Command: Install 'code' command in PATH] が表示されるので、これを選択します。そうすると、PATH 変数に VS Code を起動するためのコマンド「code」が追加されるので、ターミナルで「code」と入力すれば VS Code を起動できるようになります。

> **Column** 「コマンドパレット」とは
>
> 「コマンドパレット」は、キーボードでVS Codeを操作することができる便利な機能です。VS Codeの起動後に Ctrl + Shift + P (macOS：⌘ + Shift + P)を押してコマンドパレットを表示してみましょう。キーボード操作のみで、さまざまな機能を選択できます。

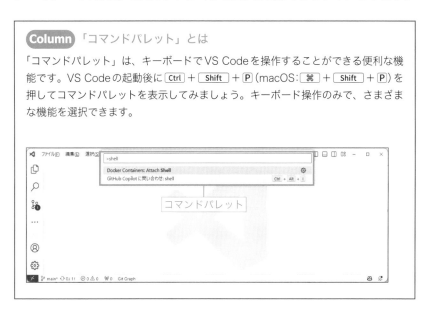

1-2-5　メニューの日本語化

　VS Codeをインストールした初期状態では、メニュー表示言語は英語になっています。日本語環境でインストールした場合は、インストール後に日本語化するための拡張機能のインストールを促すダイアログが表示されます。日本語以外の環境でVS Codeをインストールしたときは、ローカライズされたUIを提供する「Japanese Language Pack for Visual Studio Code」をインストールすると、メニューなどが日本語化されます。

　そのためには、VS Codeを起動し、左にある「拡張機能」のアイコンをクリックして拡張機能の画面を表示させます。「japanese」で検索すると、「Japanese Language Pack for Visual Studio Code」という拡張機能が表示されるはずです。

そこで［Install］ボタンを押すと、拡張機能のダウンロードとインストールが行われます。

その際、再起動を促すダイアログが表示されるので［YES］を選びます。

▲ 図1-2-3　日本語化したVS Code

これで、日本語のメニューが表示されました。

Japanese Language Pack for Visual Studio Codeの詳細は、公式サイトの説明ページ[4]を参照してください。

1-3　画面構成

VS CodeのUIは5つの領域に分けられます。それぞれの領域ごとに説明していきましょう。

(A) アクティビティバー

(B) サイドバー

(C) エディター

(D) パネル

※4　https://marketplace.visualstudio.com/items?itemName=MS-CEINTL.vscode-language-pack-ja

（E）ステータスバー

（A）アクティビティバー　　　（B）サイドバー　　　　　（C）エディター

（D）パネル

（E）ステータスバー

▲ **図 1-3-1**　VS Code の UI

1-3-1　アクティビティバー

VS Codeで使用される機能をアイコンで表示するエリアです。

▼ **表 1-3-1** アクティビティバー

アイコン		説明
	エクスプローラー	開いているファイルを一覧表示
	検索	ファイルから指定したキーワードを含むファイルを検索／置換
	Git	Git連携機能
	デバッグ	プログラムのデバッグ
	拡張機能	拡張機能の検索

　アクティビティバーは、コマンドパレットから**[表示: アクティビティバーを非表示にする]**（View: Hide Activity Bar）コマンドを実行することで、非表示にできます。

　表示位置を切り替えるには、コマンドパレットから**[表示: アクティビティバーを上部に移動する]**（View: Move Activity Bar to Top）または**[表示: アクティビティバーを横に移動する]**（View: Move Activity Bar to Side）コマンドを実行します。

1-3-2　サイドバー

　サイドバーには作業の状態を表す**[エクスプローラー]**ビューや**[検索]**ビューなどが表示されます。

　VS Codeのビューとは、特定の種類の情報を表示し、ユーザーとのインタラクションを提供するコンポーネントです。ビューを開くには、アクティビティバーにあるアイコンをクリックします。

[エクスプローラー] ビュー

　[エクスプローラー] ビューでは、プロジェクト内のすべてのファイルとフォルダーを参照／管理できます。ドラッグ＆ドロップでファイルやフォルダーの移動もできます。

　複数のファイルを選択するときは Ctrl または Shift （macOS： ⌘ ）を押します。2つのアイテムを選択した場合は、コンテキストメニューの**[選択項目の比較]**コマンドでファイルの比較ができます。

　デフォルトの状態では「.git」などの編集する必要のないフォルダーが非表示になります。この表示／非表示のルールは、変更が可能です。

[アウトライン] ビュー

　[アウトライン] ビューは、エクスプローラーの下にあるセクションで、現在アクティブなファイルのアウトラインが表示されます。

　[アウトライン] ビューには、シンボルを検索またはフィルタリングする入力

ボックスも含まれています。エラーと警告も［アウトライン］ビューに表示され、問題の場所をすばやく確認できます。表示する内容はファイルの拡張子によって異なります。たとえばMarkdownの場合は、ヘッダー階層のアウトラインを表示します。

　サイドバーのアイコンは右クリックメニューを使用して、表示されるビューをカスタマイズすることもできます。

1-3-3　エディター

　ファイルを編集するためのメインエリアです。エディターで開いているファイルは、エディター領域の上部にタブで表示されます。また、エディターを論理的なグループにまとめたもののことを「エディターグループ」と呼びます。

▲ 図1-3-2　エディターグループ

エディターのレイアウト

　エディターのレイアウトを制御したい場合は、メニューから［表示］→［エディター レイアウト］を開くと、さまざまなレイアウトオプション（2列/3列、2

Part1

01

02

03

04

Part2

05

06

07

Part3

08

09

10

11

12

13

行/3行、グリッド（2x2）など）が選べます。エディターのタイトル領域をドラッグ＆ドロップして、エディターの位置やサイズを自由に変更できます。作業しやすい位置に調整するとよいでしょう。

▲ 図1-3-3　エディターのレイアウト変更

▲ 図1-3-4　エディターを縦と横に分割したところ

ミニマップ

エディターの右端に表示される「ミニマップ」は、ファイル全体と現在どの位置で編集しているかを表示するものです。たとえば、行の多い大きなファイルを編集しているときに、現在の作業位置を確認したり、ミニマップをクリックして任意の場所に移動できるので便利です。

ミニマップで右クリックしたメニューから「ミニマップ」のチェックを外すことで、非表示にもできます。

また、ミニマップの表示位置や表示/非表示を設定するには、settings.jsonに次の設定を追加します。

● **リスト1-3-1** ミニマップの設定

```
{
    "editor.minimap.side": "left",
    "editor.minimap.enabled": false
}
```

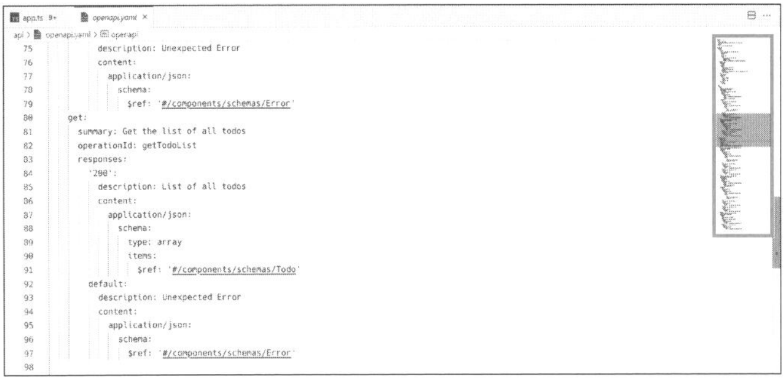

▲ **図1-3-5** ミニマップ

1-3-4 パネル

パネルには、出力・デバッグ情報・エラーと警告・統合ターミナルなど、さまざまな情報が表示されます。パネルを右に移動させて、垂直方向のスペースを増やすこともできます。パネル上部の境界線をドラッグすればサイズの変更が可能です。また、[上向きの矢印]をクリックすると、ウィンドウ内でパネルを最大

Part1
01
02
03
04
Part2
05
06
07
Part3
08
09
10
11
12
13

化して表示します。

1-3-5　ステータスバー

　開いているプロジェクトと編集したファイルに関する情報を表示します。なお、VS Codeを起動すると、最後に終了したときと同じ状態で開くので、その時点で表示されていたフォルダー／レイアウト／ファイルが保持されています。

1-3-6　VS Codeとネットワーク通信

　先に説明したように、VS CodeはElectronで構築されており、自動更新や拡張機能の参照、インストールやテレメトリなどで、外部とのネットワーク通信が必須です。これらの機能が社内システムなどのプロキシ環境で正しく機能するための構成とテレメトリデータの取り扱いについて説明します。

ファイアウォール

　VS Codeは、次のホストと通信します。ファイアウォールの内側などでVS Codeを使用する場合は、以下のホストをホワイトリストに入れておきます。

- ・update.code.visualstudio.com
- ・code.visualstudio.com
- ・go.microsoft.com
- ・vscode.blob.core.windows.net
- ・marketplace.visualstudio.com
- ・*.gallery.vsassets.io
- ・*.gallerycdn.vsassets.io
- ・rink.hockeyapp.net
- ・bingsettingssearch.trafficmanager.net
- ・vscode.search.windows.net
- ・raw.githubusercontent.com
- ・vsmarketplacebadge.apphb.com
- ・az764295.vo.msecnd.net

- ・vscode.download.prss.microsoft.com
- ・download.visualstudio.microsoft.com
- ・vscode-sync.trafficmanager.net
- ・vscode-sync-insiders.trafficmanager.net
- ・vscode.dev
- ・*.vscode-unpkg.net
- ・default.exp-tas.com

なお、執筆時点と異なる場合もあるので、最新の情報については、公式サイト[1]を確認してください。

プロキシサーバーのサポート

VS Codeでは、プロキシ設定が自動的に選択されます。なお、VS Codeを起動するときに次のコマンドライン引数を使用すると、プロキシ設定を制御できます。

● **リスト1-3-2** プロキシサーバーの設定

```
# プロキシサーバーを利用しない
--no-proxy-server
# プロキシサーバーのアドレスを設定
--proxy-server=<scheme>=<uri>[:<port>][;...] | <uri>[:<port>] | "direc
t://"
# PACファイルによる設定
--proxy-pac-url=<pac-file-url>
# 使用しないプロキシの設定
--proxy-bypass-list=(<trailing_domain>|<ip-address>) [:<port>][;...]
```

テレメトリデータの収集

VS Codeは製品の改善方法を知るために「テレメトリデータ」[2]を収集しています。たとえば、これらの使用状況データは、起動時間が遅いなどの問題をデバッグしたり、新機能を優先したりするのに役立ちます。また、これらのデータの送信はユーザー設定で無効化できます。

---

[1]　https://code.visualstudio.com/docs/setup/network#_common-hostnames
[2]　https://code.visualstudio.com/docs/getstarted/telemetry

● **リスト1-3-3**　テレメトリデータ収集の設定

```
"telemetry.telemetryLevel": "off"
// 値は "all", "error", "crash", "off"
```

このオプションを有効にするには、VS Codeの再起動が必要です。

> **Column** GDPRとVS Code
>
> VS Codeチームはプライバシーを真剣に考えています。たとえば、Visual Studio
> ファミリが、EU一般データ保護規則（GDPR）にどのようにアプローチするかにつ
> いての詳細は「Visual Studioファミリデータ対象者へのGDPRの要求」（https://
> learn.microsoft.com/en-us/compliance/regulatory/gdpr-dsr-visual-studio-
> family）を参照してください。

Chapter 2

VS Codeの基本操作と環境設定

インストールが終わったら、さっそく使い始めましょう。この章では、VS Code
のエディターとしての基本的な使い方とカスタマイズ方法について説明します。

2-1 基本操作

キーボードショートカットの活用はエディターを使いこなすための第一歩とい
えます。ここでは、まずVS Codeの起動方法やキーボードを使った基本操作に
ついて触れていきます。

2-1-1 VS Codeの起動・終了

VS Codeは、インストール後に作成されるアイコンをダブルクリックするなど
して起動します。Chapter 1でも説明したように、パスが通っていれば、コマン
ドラインから起動することも可能です。これについては、後述します。

VS Codeが起動すると、基本的な操作やドキュメントへのリンクがあるウエル
カムページが表示されます。

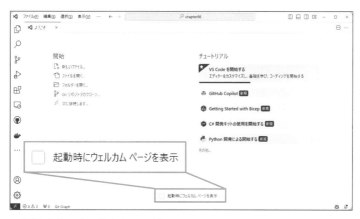

▲ **図2-1-1** ウェルカムページ

Part1

01

02

03

04

Part2

05

06

07

Part3

08

09

10

11

12

13

　なお、起動時のウエルカムページを非表示にするには、画面下部にある「起動時にウエルカムページを表示」のチェックを外します。

　VS Codeのウィンドウは、上部のメニューバーをドラッグして移動できます。それぞれのメニュー項目をクリックしたり、[Alt] を押しながらメニューにあるキーを押すと、ドロップダウンリストが表示されるのは、一般的なアプリケーションと同じです。メニューバーの項目の主な機能は、表2-1-1の通りです。

▼ **表2-1-1**　VS Codeのメニューバー

メニュー項目	説明
ファイル([F])	ファイル作成や保存、設定など
編集([E])	コピー・切り取り・貼り付けや検索・置換など
選択([S])	行の選択やカーソルの移動など
表示([V])	エクスプローラーメニューの表示やコマンドパレットなど
移動([G])	行・列やブラケットの移動
デバッグ([D])	ブレークポイントの設定やデバッグの開始など
ターミナル([T])	ターミナルの表示やタスクの実行
ヘルプ([H])	ヘルプの表示

　VS Codeを終了するには、コマンドパレットから **[Close Window]** コマンドを選ぶか、[Ctrl] + [Shift] + [W] または [Ctrl] + [W]（macOS: [⌘] + [Shift] + [W] または [⌘] + [W]）を押します。

　最初にも触れたように、VS Codeはコマンドライン[※1]からも起動できます。コマンドから起動する場合、起動オプションを指定できます。

※1　https://code.visualstudio.com/docs/getstarted/locales#_available-locales

▼**表2-1-2** VS Codeのコマンドライン起動オプション

オプション	コマンドライン	説明
-d	--diff <file1> <file2>	file1とfile2の比較
-g	--goto <file:line [:column]>	fileのlineで指定した行、さらにcolumnで指定したカラムにカーソルを移動
-n	--new-window	新しいウィンドウで起動
-r	--reuse-window	すでに開いているVS Codeウィンドウで開く
-w	--wait	コマンドプロンプト／シェルに制御を返さない
--locale	--locale <locale>	指定したlocaleを表示言語として起動
-v	--version	VS Codeのバージョンの表示
-h	--help	ヘルプの表示

たとえば、-dオプションで2つの異なるファイルを指定してVS Codeを起動すると、差分表示が行われます。

●**コマンド2-1-1** VS Codeで2つのファイルをコマンドラインから開く

```
code -d hoge.py fuga.py
```

また、-gオプションでファイルの行とカラムを指定すると、指定した位置にカーソルが置かれた状態でVS Codeが起動します。ファイルの行とカラムは、<file[:line[:column]]>形式で指定します。lineとcolumnは省略可能で、lineを省略した場合は、それぞれ先頭行・行頭にカーソルが置かれます。ただし、カラムを指定したいときはlineを指定する必要があります。

次のコマンドは、hoge.pyの8行5カラム目にカーソルを移動してVS Codeを起動する例です。

●**コマンド2-1-2** 8行5カラム目にカーソルを移動させてVS Codeでファイルを開く

```
code -g hoge.py:8:5
```

　VS Codeの表示言語は`--locale`オプションで指定します。たとえば、日本語の場合jaを説明します。その他の言語は、公式サイト[2]を参照してください。

> **Tips** マルチルートワークスペースとは
>
> VS Codeには「マルチルートワークスペース」という機能があります。これは、別々のフォルダーで管理されている複数のプロジェクトをひとまとめに扱いたいときに、VS Code内で1つの論理的なプロジェクトフォルダーとして扱うという機能です。`-a` ／ `--add`オプションを付けることで、VS Codeで直前にアクティブになっていたウィンドウに、指定したフォルダーを追加して、マルチルートワークスペースとして利用できます。

2-1-2　キーボードショートカットとキーマップ

　VS Codeに限らず、エディターを操作するときには、可能な限りマウスを使わず、キーボードのみで操作できるほうが便利です。VS Codeは、ほとんどの操作について、キーボードで行えるショートカットが用意されています。まずは基本となるキーボードショートカットを確認しましょう。キーバインドは、メニューの ［ファイル］（macOS：［Code］）→ ［ユーザー設定］→ ［キーボード ショートカット］ を選ぶか、`Ctrl` + `K` → `Ctrl` + `S`（macOS：`⌘` + `K` → `⌘` + `S`）で確認や設定ができます。

　初めてVS Codeを利用する場合は、公式サイトで公開されているリファレンスシートを手元に置き、よく利用するものから徐々に慣れていくとよいでしょう。もちろん、キーボードショートカットはすべて覚える必要はありません。

・Windows版キーボードショートカット

　https://code.visualstudio.com/shortcuts/keyboard-shortcuts-windows.pdf

・macOS版キーボードショートカット

　https://code.visualstudio.com/shortcuts/keyboard-shortcuts-macos.pdf

---

[2]　https://code.visualstudio.com/docs/getstarted/locales#_available-locales

・Linux版キーボードショートカット
https://code.visualstudio.com/shortcuts/keyboard-shortcuts-linux.pdf

すでにVimやEmacsなどのほかのテキストエディターを使い慣れた人にとっては、新たにVS Codeのためのキーマップを覚えるのは大変かもしれません。しかし、VS CodeではVim／emacs／Eclipse／IntelliJ IDEA／Sublime Text／Atomなどの主要なコードエディターやIDEに対応したキーマップが「拡張機能」[3]として提供されています。マーケットプレイスのキーマップカテゴリ[4]からお好みのものを探してインストールしてください。

もちろん、キーボードショートカットを自分のスタイルに合うように変更することもできます[5]。

2-1-3　画面の操作

ほとんどの画面の操作は、ショートカットキーで可能です。

▼ **表2-1-3**　画面操作のショートカットキー

操作	Windows／Linux	macOS
サイドバーの表示／非表示の切り替え	Ctrl + B	⌘ + B
サイドバーに［エクスプローラー］ビューを表示	Ctrl + Shift + E	Shift + ⌘ + E
サイドバーに［検索］ビューを表示	Ctrl + Shift + F	Shift + ⌘ + F
サイドバーに［ソース管理］ビューを表示	Ctrl + Shift + G	Ctrl + Shift + G
サイドバーに［実行とデバッグ］ビューを表示	Ctrl + Shift + D	Shift + ⌘ + D
サイドバーに［拡張機能］ビューを表示	Ctrl + Shift + X	Shift + ⌘ + X

また、ターミナルを開くときは、Ctrl + Shift + Y（macOS: ⌘ + Shift + Y）を押します。

※3　https://code.visualstudio.com/docs/getstarted/keybindings#_keymap-extensions
※4　https://marketplace.visualstudio.com/search?target=VSCode&category=Keymaps
※5　https://code.visualstudio.com/docs/getstarted/keybindings#_advanced-customization

[F11]を押すと、VS Codeが全画面表示になります。さらにエディターの編集に集中したいときは、エディター以外のすべてのUIを非表示にする「Zenモード」が用意されています。Zenモードは、メニューの **[表示]** → **[外観]** → **[Zen Mode]**（Win：[Ctrl] + [K] + [Z]、macOS：[⌘] + [K] + [Z]）で切り替えできます。

▲ **図2-1-2**　Zenモード

画面全体の表示サイズ変更を変更するには、次のショートカットを使います。

▼ **表2-1-4**　画面全体のサイズを変更するショートカットキー

操作	Windows／Linux	macOS
サイズを大きくする	[Ctrl] + [+]または [Ctrl] + [Shift] + [;]	[⌘] + [+]または [⌘] + [Shift] + [;]
サイズを小さくする	[Ctrl] + [-]または [Ctrl] + [Shift] + [=]	[⌘] + [-]または [⌘] + [Shift] + [=]
サイズのリセット	[Ctrl] + [0]	[⌘] + [0]

2-1-4　ワークスペースとフォルダー

VS Codeでは「ワークスペース」でプロジェクトを管理します。このワークスペースは、ソフトウエアを開発するにあたって必要な定義ファイルやモジュールを1つにまとめて管理し、Gitなどのソースコード管理システムを使うための論理的な単位と考えてください。VS Codeでは、このワークススペースごとに設定を

細かくカスタマイズできます。1つのワークスペースには複数のフォルダーを含めることができます。あるプロジェクトの内容を、ほかのプロジェクトで参照したい場合などは、マルチルートワークスペースを使うと便利です。

▲図2-1-3　マルチルートワークスペース

　ワークスペースの操作は、コマンドパレットで「Workspace」と入力してメニューを選びます。たとえば、ワークスペースにフォルダーを追加するときは**[Workspace：ワークスペースにフォルダーを追加]**を選択してからフォルダーを指定して追加します。ワークスペースは .code-workspace の拡張子で設定を保存できます。VS Codeのメニューの**[ファイル]** → **[ワークスペースを開く]** や .code-workspaceファイルをダブルクリックすれば、ワークスペースを開くことができます。

2-1-5　設定のカスタマイズ

　VS Codeは、利用者にとって使いやすいエディターとなるように、柔軟に設定をカスタマイズできるのが大きな魅力です。プラットフォームに応じて、ユーザー設定ファイル（settings.json）は表2-1-5の場所にあります。

Part1
01
02
03
04
Part2
05
06
07
Part3
08
09
10
11
12
13

▼ **表2-1-5**　設定ファイルの保存場所

プラットフォーム	設定ファイルの保存場所
Windows	%APPDATA%¥Code¥User¥settings.json
macOS	$HOME/Library/Application Support/Code/User/settings.json
Linux	$HOME/.config/Code/User/settings.json

　`settings.json`以外のキーボード（`keybindings.json`）や言語設定（`locale. json`）も各プラットフォームごとの Code/User/配下に置かれます。設定を保存しておきたいときやほかのマシン環境で使いたいときなどに備えてバックアップをとっておきましょう。ただし、`keybindings.json`については、Windows／macOS／Linuxでキー配列が異なるため、使用するキーによっては設定値が上書きされずにデフォルトのままになります。

　また、VS Codeでは次のスコープで設定をカスタマイズできます。

・ユーザー設定
・ワークスペース設定
・フォルダー設定

　ワークスペース設定はユーザー設定よりも優先されます。それぞれのスコープの設定ファイルの場所は表2-1-6のとおりです。

▼ **表2-1-6**　ワークスペース設定の保存場所

名称	パス	ファイル名
ユーザー設定	Windows：%APPDATA%¥Code¥User	settings.json
	macOS：$HOME/Library/Application Support/Code/User	settings.json
	Linux：$HOME/.config/Code/User/	settings.json
ワークスペース設定	フォルダー内の.vscode	settings.json

　また、マルチルートワークスペースを使っている場合には、`.code-workspace`ファイルに設定内容が保存されます。

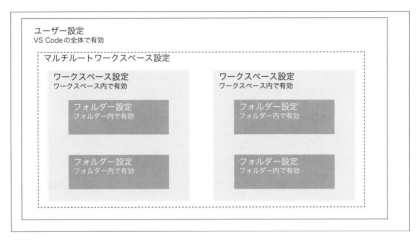

▲ **図2-1-4** 設定ファイル

VS Codeのユーザー設定／ワークスペース設定を変更するには、メニューの**[ファイル]** → **[ユーザー設定]** → **[設定]**（macOS：**[Code]** → **[基本設定]** → **[設定]**）を選択するか、 Ctrl + , （macOS： ⌘ + , ）を押すと、GUIの［設定］エディターが開きます。また、画面左下の **[設定]** アイコン をクリックし **[設定]** を選んでも［設定］エディターが開きます。設定やウィンドウ、拡張機能などのカテゴリごとに分類されているので、必要な項目を変更して保存します。

▲ **図2-1-5** ［設定］アイコン

ショートカットキーは、［設定］画面上部の **[ユーザー]** や **[ワークスペース]** をクリックすることで、設定したいファイルに切り替えることができます。

Part1
01
02
03
04
Part2
05
06
07
Part3
08
09
10
11
12
13

▲ **図2-1-6**　ショートカットキーのユーザー設定／ワークスペース設定の切り替え

> **Tips**　デフォルトの設定を確認するには
>
> 設定ファイルでカスタマイズをしなくとも、あらかじめデフォルト値が設定がされています。詳細は、次に示したデフォルト設定を紹介しているページで値を確認してみてください。
>
> https://code.visualstudio.com/docs/getstarted/settings#_default-settings

　［設定］エディターを使うと、チェックボックス／テキスト入力／ドロップダウンリストで編集できます。

▲ **図2-1-7**　［設定］エディター

また、JSON形式のファイルを直接編集することも可能です。［設定］画面右上の**［設定 (JSON) を開く］**アイコンをクリックすると、JSONファイルが表示されます。ここでカスタマイズしたい項目と値を記述して上書きすることで設定が反映されます。

▲**図2-1-8**　設定 (JSON) を開く

▲**図2-1-9**　JSON設定

2-1-6　見た目のカスタマイズ

配色テーマを指定すると、自分の好みや作業環境に合わせてユーザーインターフェイスの色を変更できます。配色テーマを選択するには、メニューの**［ファイル］ → ［ユーザー設定］ → ［テーマ］ → ［配色テーマ］**（macOS:**［Code］ → ［基本設定］→［テーマ］→［配色テーマ］**）を選択するか、Ctrl + K → Ctrl + T（macOS: ⌘ + K → ⌘ + T）を押します。ここでテーマを選択すると、プレビューとし

Part1

01

02

03

04

Part2

05

06

07

Part3

08

09

10

11

12

13

て仮に全体に適用されるので、設定したい配色テーマを選んで [Enter] を押すと反映されます。また、画面左下の **[設定]** アイコン🔲をクリックし ［テーマ］ →［配色テーマ］ を選んでも変更できます。

▲ **図2-1-10**　配色テーマ

　デフォルトでは、配色テーマはユーザー設定に保存され、すべてのワークスペースでグローバルに適用されます。ワークスペース固有のテーマをしたいときは、ワークスペース設定で配色テーマを設定します。

> **Tips**　ワークスペースごとに色を変えて見分けやすくしよう
>
> 複数のプロジェクトで並行して作業していると、どのワークスペースなのかの見分けがつかなくなることがあります。そういったときには、ワークスペースごとにタイトルバーやアクティビティバーの色を変更すると便利です。アクティビティバーの色の変更は、次のように設定を行います。

```
{
    "workbench.colorCustomizations": {
        "titleBar.activeBackground": "#FFFFFF",
        "titleBar.activeForeground": "#000000",
        "activityBar.background": "#FFFFFF",
        "activityBar.foreground": "#000000"
    }
}
```

2-1-7　配色テーマのカスタマイズ

　配色テーマは、ユーザー設定の次の項目をカスタマイズすると変更できます。

・workbench.colorCustomizations
・editor.tokenColorCustomizations

　たとえば、テーマ「Monokai」のサイドバーの背景色をカスタマイズしたいときには、次の構文を使用します。

● **リスト2-1-1**　サイドバーの背景色を設定

```
"workbench.colorCustomizations": {
    "[Monokai]": {
        "sideBar.background": "#347890"
    }
}
```

　カスタマイズ可能な色については、「公式リファレンス」[※6]を参照してください。VS Codeにはあらかじめ配色テーマが組み込まれていますが、コミュニティ有志が作成した数多くの配色テーマが「VS Code Extension Marketplace」にアップロードされています。Marketplaceで好みのものが見つかったら、それをインストールしてVS Codeを再起動すると、新しいテーマが利用できます。

　拡張機能ビューを選ぶか、Ctrl + Shift + X （macOS: ⌘ + Shift + X ）を入力し、検索ボックスに「theme」と入力すると一覧が表示されます。

　また、見た目を確認しながら探せるサイト「VS Code Themes」[※7]も便利です。好みの色やデザインのテーマが見つかったら、そのままインストールすることもできます。

※6　https://code.visualstudio.com/api/references/theme-color
※7　https://vscodethemes.com/

▲ **図2-1-11**　VS Code Themes

アイコンテーマ

　ファイルアイコンのテーマも拡張機能によって提供されており、ユーザーが自分の好きなファイルアイコンのセットとして選択できます。ファイルアイコンは、ファイルエクスプローラーとタブ付きの見出しに表示されます。

　ファイルのアイコンを変更するには、メニューの**[ファイル]** → **[ユーザー設定]** → **[テーマ]** → **[ファイルのアイコンテーマ]**（macOS: **[Code]** → **[基本設定]** → **[テーマ]** → **[ファイルのアイコンテーマ]**）を選択し、任意のアイコンを選びます。または、画面左下の［設定］アイコンをクリックし**[テーマ]** → **[ファイルアイコンのテーマ]**を選んでも変更できます。

▲ **図2-1-12**　アイコンテーマ

　配色テーマと同様に、Marketplaceから好みのテーマをインストールすることもできます。また、独自のアイコンテーマも作成できます。

Tips ▶ **配色テーマ／アイコンの拡張機能作成**

VS Codeの大きな魅力は拡張機能を自分で作成できることです。本書でもPart 3で拡張機能の開発に触れますが、全体感をつかむために、オリジナルの配色テーマを作成することから始めてみるのがお勧めです。まずはユーザー設定で色をカスタマイズしてから、コマンドパレットの［developer:現在の設定から配色テーマを生成する］を使用してテーマ定義ファイルを生成します。

VS Codeの「Yeoman 拡張ジェネレータ」を使用すると、拡張機能がそのまま作成できます。詳細については、「配色テーマ作成の公式サイト」（https://code.visualstudio.com/api/extension-guides/color-theme）や「アイコン作成の公式サイト」（https://code.visualstudio.com/api/extension-guides/icon-theme）を参照してください。

2-2　ファイルの基本操作

　エディターの基本機能としてファイル／ディレクトリの操作があります。GUIで行うときはファイルエクスプローラーが便利ですが、コマンドパレットやショートカットキーを利用すると、キーボードだけで操作を行えます。

2-2-1　ファイルの操作

　VS CodeのファイルとフォルダーをGUIで操作したいときは「エクスプローラーメニュー」を使います。

```
39
40    const handleChange = (event: React.ChangeEvent<HTMLInputElement>)
      => {
41        setCurrentTask(event.target.value);
42    };
43
44    const handleUpdate = async (id: string) => {
45        const originalTasks = tasks;
46        const newTasks = [...originalTasks];
47        const index = newTasks.findIndex((task) => task.id === id);
48        newTasks[index] = { ...newTasks[index] };
49        newTasks[index].completed = !newTasks[index].completed;
50        axios.put(apiUrl + "/" + id, {
51            task: newTasks[index].task,
52            completed: newTasks[index].completed,
53        })
54        .catch ( (error) => {
55            setTasks(originalTasks);
```

▲ **図2-2-1**　エクスプローラーメニュー

　新たにファイルを作成するには、ファイルアイコンをクリックします。また、フォルダーを作成するには、フォルダーアイコンをクリックします。これらの操作は、キーボードショートカットでも行えます。

▼ **表2-2-1**　ファイル操作のキーボードショートカット

操作	コマンドパレット	Windows／Linux	macOS
ファイルのオープン	Win/Linux：File:OpenFile macOS：File:Open	Ctrl + O	⌘ + O
すべてのファイルのクローズ	View:CloseAllEditors	Ctrl + K →Ctrl + W	⌘ + K →⌘ + W
フォルダーのオープン	Win/Linux：File:OpenFolder macOS：File:Open	Ctrl + K →Ctrl + O	⌘ + O
フォルダーのクローズ	File:CloseWorkspace	Ctrl + K→F	⌘ + K→F

2-2-2　文字／行の挿入と削除

　VS Codeの標準のキーバインドでは、カーソル位置にキーボードから入力された文字が挿入されます。文字の削除、行の挿入と削除は、表2-2-2のようなキーボードショートカットが有効です。

▼ **表2-2-2** 文字／行の挿入と削除のキーボードショートカット

操作	Windows ／ Linux	macOS
カーソルの右にある1文字を削除	`Delete`	`Ctrl` + `D` ／ `Fn` + `Delete`
カーソルの左にある1文字を削除	`Back space`	`Delete` ／ `Ctrl` + `H`
カーソルの右側をすべて削除	−	`Ctrl` + `K` ／ `⌘` + `Fn` + `Delete`
カーソルの左側をすべて削除	−	`⌘` + `Delete`
カーソル行を削除	`Ctrl` + `Shift` + `K`	`Shift` + `⌘` + `K`
カーソル行の上に行を挿入	`Ctrl` + `Shift` + `Enter`	`Shift` + `⌘` + `Enter`
カーソル位置に改行を挿入	−	`Ctrl` + `O`
カーソル行の下に行を挿入	`Ctrl` + `Enter`	`⌘` + `Enter`

2-2-3 マルチカーソル

　VS Codeには、カーソル位置にある単語と同じ単語をまとめて選択できる「マルチカーソル機能」があります。たとえば、ソースコードの任意の箇所や編集中のドキュメントの単語をまとめて操作したいときなどに使いこなすと非常に便利な機能です。

▼ **表2-2-3** マルチカーソル機能のキーボードショートカット

操作	Windows ／ Linux	macOS
カーソル位置にある単語と同じ単語を一括して選択	`Ctrl` + `Shift` + `L`	`⌘` + `Shift` + `L`
カーソル位置にある単語と同じ単語を1つずつ選択範囲に追加	`Ctrl` + `D`	`⌘` + `D`

　マルチカーソル機能を実行すると複数のカーソルが薄く表示され、各カーソルは独立して別々に動作します。

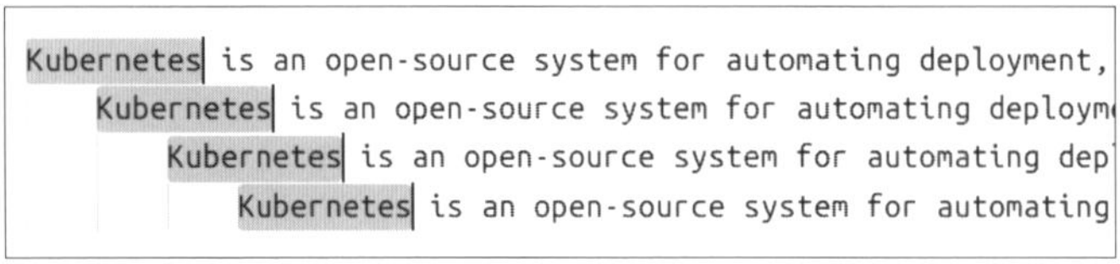

```
Kubernetes is an open-source system for automating deployment,
    Kubernetes is an open-source system for automating deploym
        Kubernetes is an open-source system for automating dep
            Kubernetes is an open-source system for automating
```

▲ 図2-2-2　マルチカーソル1

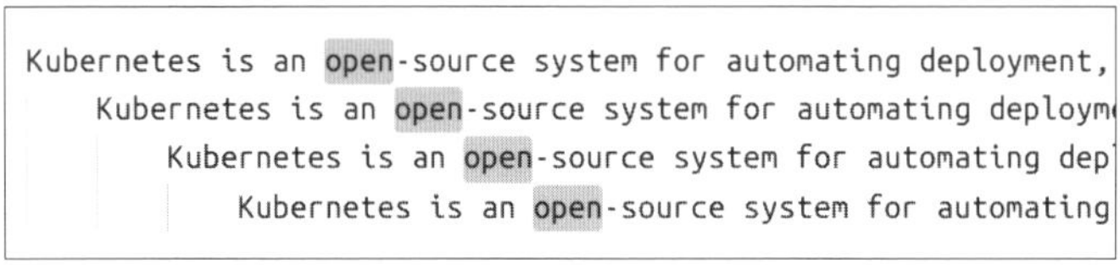

```
Kubernetes is an open-source system for automating deployment,
    Kubernetes is an open-source system for automating deploym
        Kubernetes is an open-source system for automating dep
            Kubernetes is an open-source system for automating
```

▲ 図2-2-3　マルチカーソル2

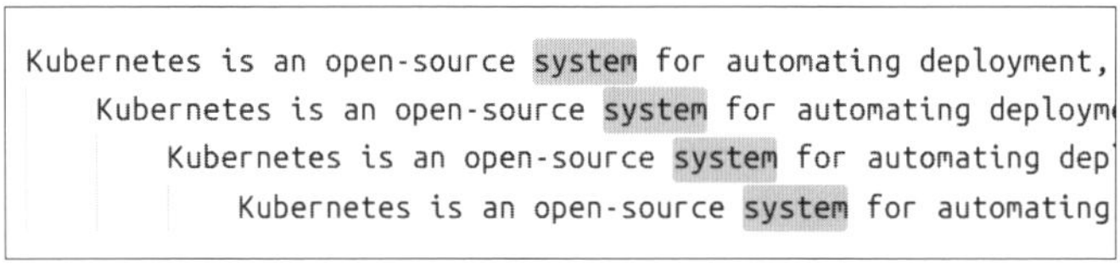

```
Kubernetes is an open-source system for automating deployment,
    Kubernetes is an open-source system for automating deploym
        Kubernetes is an open-source system for automating dep
            Kubernetes is an open-source system for automating
```

▲ 図2-2-4　マルチカーソル3

　マルチカーソルを使用するためのショートカットキーは、editor.multiCursor Modifierで変更できます。

　また、現在のカーソルの選択範囲を縮小または拡大したいときは、 Shift + Alt + ← または Shift + Alt + → （macOS： ⌘ + Ctrl + Shift + ← または ⌘ + Ctrl + Shift + → ）で変更可能です。

2-2-4　ファイルの保存と自動保存

　VS Codeでは、一般的なアプリケーションと同様に、 Ctrl + S （macOS： ⌘ + S ）でファイルの保存を行います。また、**[ファイル]** → **[自動保存]** にチェックを入れると自動保存が有効になります。自動保存を制御するには、ユーザー設定またはワークスペース設定で次の設定を行います。

▼**表2-2-4**　自動保存の制御

設定項目	説明
files.autoSave	off：自動保存の無効化 afterDelay：設定時間が経過するたびにファイルを保存（デフォルト：1000ms） onFocusChange：エディターからフォーカスが外れたタイミングでファイルを保存 onWindowChange：VSCodeのウィンドウからフォーカスが外れたタイミングでファイルを保存
files.autoSaveDelay	ミリ秒：自動保存の遅延時間を設定

　また、VS Codeは「hotExit機能」がデフォルトで有効です。これは、VS Code終了時に未保存のファイルをそのまま記憶する機能です。この機能を管理するには、ユーザー設定またはワークスペース設定で `files.hotExit`に次のように設定します。

▼**表2-2-5**　hotExit機能の制御

設定項目	説明
off	hotExitを無効化
onExit	hotExitを有効化
onExitAndWindowClose	アプリケーションが閉じられたとき、つまりWindows／Linux上で最後のウィンドウが閉じられたとき、またはworkbench.action.quitコマンドが起動されたとき、およびフォルダーのあるウィンドウに対してもhotExitを行う

2-2-5　検索・置換

　VS Codeの［検索］メニューを選ぶか Ctrl + Shift + F （macOS： ⌘ + Shift + F ）を押すと、プロジェクトに含まれるファイルから、特定の語句を含んだファイルをまとめて検索できます。

▲ 図2-2-5　検索

　検索結果は検索語を含むファイルにまとめられ、各ファイルのヒット数とその場所が示されます。検索したファイルを展開すると、そのファイルでヒットしたキーワードが表示されます。また、検索で大文字と小文字を区別したいときには［Aa］を、単語単位で検索したいときには［Ab］を押して切り替えます。検索には「正規表現」[8]が使えます。検索ボックスに、検索に含めるパターンまたは検索から除外するパターンを入力できます。

　置換テキストボックスにテキストを入力すると、保留中の変更の差分表示が表示されます。これにより、すべてのファイルを置換したり、1つのファイルをすべて置換したり、1つの変更を置換できます。

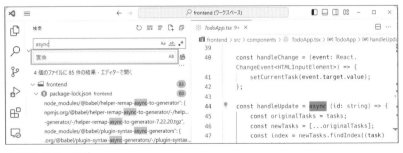

▲ 図2-2-6　置換

[8] https://learn.microsoft.com/ja-jp/visualstudio/ide/using-regular-expressions-in-visual-studio

高度な検索オプションの使用

　アクティビティバーの検索アイコンをクリックするとサイドバーに検索ボックスが表示されます。その検索ボックスの下にある「...」(「検索の詳細の切り替え」) を選ぶか、Ctrl + Shift + J (macOS:⌘ + Shift + J) を入力すると、高度な検索オプションを設定できます。なお、このショートカットは検索ボックスを表示し、そこにフォーカスが当たっているときにのみ有効になりますので注意してください。

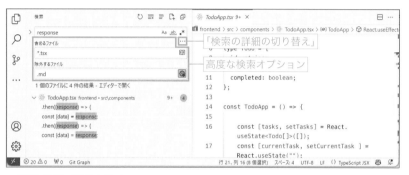

▲ **図2-2-7**　高度な検索

　これを利用すると、.gitignoreファイルを無視したりfiles.excludeやsearch.excludeで設定と一致したファイルを除外するかどうかを制御できます。開発時にソースコードのみを検索対象にしたい場合などは設定しておくと便利です。

2-2-6　ソースコードのフォーマッター

　VS Codeには、デフォルトでJavaScript ／ TypeScript ／ JSON ／ HTMLのフォーマッター (コード整形ツール) が搭載されています。

Part1
01
02
03
04
Part2
05
06
07
Part3
08
09
10
11
12
13

▼ 表2-2-6 フォーマット機能

機能	ショートカットキー	説明
ドキュメントのフォーマット	Shift + Alt + F (macOS: Shift + Option + F)	アクティブファイル全体を整形
選択のフォーマット	Ctrl + K → Ctrl + F (macOS: ⌘ + K → ⌘ + F)	選択したテキストを整形

　また、コードの入力/保存/ペースト時に自動でフォーマッターを実行したいときは、ユーザー設定またはワークスペース設定で次のような設定をします。

● リスト2-2-1　フォーマッターの自動実行を設定

```
"editor.formatOnType": true, // 入力後に行をフォーマット
"editor.formatOnSave": true, // 保存時にフォーマット
"editor.formatOnPaste": true, // ペースト時にフォーマット
```

　また、Marketplaceには「Formatters」カテゴリがあり、さまざまな言語に対応した機能拡張を入手できます。任意のフォーマッターを拡張機能として使用すると、デフォルトのフォーマッターを無効にできます。

2-2-7　ソースコードの折りたたみ

　行番号と行頭の間の溝にある☑アイコンを使用して、ソースコードの領域を折りたたむことができます。

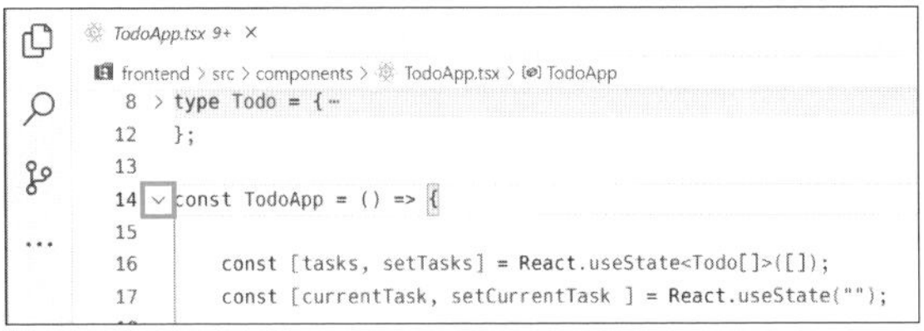

▲ 図2-2-8　ソースコードの折りたたみ

▼ 表2-2-7　ソースコードの折りたたみ

説明	Windows / Linux	macOS
カーソル位置の一番内側の折りたたまれていない領域を折りたたむ	Ctrl + Shift + [`]	⌘ + Shift + [`]
カーソル位置の折りたたまれた領域が展開	Ctrl + Shift + [`]	⌘ + Shift + [`]
カーソルの位置にあるもっとも内側の領域とその中のすべての領域を再帰的に折りたたむ	Ctrl + [K] → Ctrl + [`]	⌘ + [K] → ⌘ + [`]
カーソル位置の領域とその中のすべての領域を再帰的に展開	Ctrl + [K] → Ctrl + [`]	⌘ + [K] → ⌘ + [`]
すべての領域を折りたたむ	Ctrl + [K] → Ctrl + [0]	⌘ + [K] → ⌘ + [0]
すべての領域を展開	Ctrl + [K] → Ctrl + [J]	⌘ + [K] → ⌘ + [J]
現在のカーソル位置の領域を除く、レベルの領域を折りたたむ	レベル2を折りたたむ場合： Ctrl + [K] → Ctrl + [2]	レベル2を折りたたむ場合： ⌘ + [K] → ⌘ + [2]
ブロックコメントすべての領域を折りたたむ	Ctrl + [K] → Ctrl + [/]	⌘ + [K] → ⌘ + [/]

　折りたたむ範囲は、エディターの設定言語のシンタックスに基づきます。また、字下げベースの折りたたみに戻したい場合は、ユーザー設定またはワークスペース設定で次の設定を行います。

●リスト2-2-2　字下げベースの折りたたみの設定

```
"[html]": {
  "editor.foldingStrategy": "indentation"
},
```

2-2-8　インデント

　VS Codeは、テキストのインデントでスペースを使用するかタブを使用するか
を制御できます。デフォルトでは、スペースでタブごとに4つのスペースを使用
します。この値を変更したい場合は、ユーザー設定またはワークスペース設定で
次の設定を行います。

● **リスト2-2-3**　インデント設定

```
"editor.insertSpaces": true,
"editor.tabSize": 4,
```

　VS Codeは、開いているファイルのインベント設定を自動判別し、検出された
設定はステータスバーの右側に表示します。ステータスバーのインデント表示
（［スペース：4］［タブのサイズ：4］などのように表示されている部分）をクリッ
クすると、インデントコマンド付きのドロップダウンリストが表示され、開いて
いるファイルのデフォルト設定を変更したり、タブ位置とスペースを変換したり
できます。

▲ **図2-2-9**　インデント

　手動でインデントを設定したいときは、範囲を選択してTabを押すと、まとめて挿入できます。また、ショートカットキーでは、⌗Ctrl + ⌗Alt + ↑または↓（macOS: ⌗⌘ + ⌗Option + ↑または↓）で複数行を選択して、⌗Ctrl + ⌗`（macOS: ⌗⌘ + ⌗]）でインデントを挿入できます。

Tips　インデントを見やすくする便利な拡張機能

「indent-rainbow」（https://marketplace.visualstudio.com/items?itemName=oderwat.indent-rainbow）という拡張機能を使うと、インデントにカラフルな色が付きます。インデントが意味を持つPythonのコードやYAML形式のファイルを編集するときは、ぜひ使いたい拡張機能です。

2-2-9　エンコーディングと言語モードの設定

　ユーザー設定またはワークスペース設定の設定を使用して、ファイルエンコーディングを設定できます。

● **リスト2-2-4**　ファイルエンコーディング設定

```
files.encoding
```

　その他の方法として、ファイルを開くと、ステータスバーに「ファイルエンコーディング」が表示されます。ここをクリックすると、アクティブファイルを別のエンコーディングで開いたり保存したりすることが可能です。

▲ 図2-2-10　ファイルエンコード

　ファイルの言語モードを変更するには、ステータスバーの言語モードボタン（[C] [PHP] [JavaScript] などのように表示されている部分）をクリックすると、任意の言語に設定できます。

▲ 図2-2-11　言語モードの変更

> **Tips**　コードを見やすくする工夫
>
> エディターでテキストを開いたときにビューポートの幅で折り返すようにするには、ユーザー設定またはワークスペース設定で、`editor.wordWrap`をonに設定します。
>
> ```
> "editor.wordWrap": "on"
> ```
>
> ショートカットの `Alt` + `Z`（macOS： `Option` + `Z`）でワードラップを切り替えることもできます。そのほかに、ルーラーも追加できます。`editor.rulers`を設定することで、エディターに目印となる縦のラインが表示されます。

2-3　VS Codeの拡張機能

　標準搭載されている機能に加えて、必要に応じて拡張機能を導入できるのがVS Codeの大きな特徴です。さまざまな拡張機能がVisual Studio Code公式サイトのMarketplace[※1]で公開されており、Microsoftだけでなく、さまざまな企業や個人が開発した拡張機能を自由に利用できます。執筆時点（2023年12月）では、54,000を超える拡張機能が公開されています。

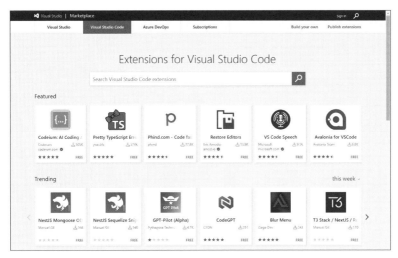

▲ **図2-3-1**　Marketplace

※1　https://marketplace.visualstudio.com/vscode

　拡張機能は個人でも開発が可能で、本書のPart 3では、実際に拡張機能を開発する手順を説明しています。

　ここでは、VS Codeの拡張機能の基本操作について説明します。まずは、VS Codeの拡張機能を検索したり、インストールしたり、管理したりする方法について説明していきましょう。

2-3-1　拡張機能の確認

　VS Codeのアクティビティバーの［拡張機能］アイコンをクリックするか、[Ctrl] + [Shift] + [X]（macOS: [⌘] + [Shift] + [X]）を押すと、拡張機能の詳細を確認できます。デフォルトでは、［拡張機能］ビューには、現在有効になっている拡張機能、推奨されているすべての拡張機能、および無効にしているすべての拡張機能が縮小表示されます。

▲ 図2-3-2　機能拡張メニュー

　メニュー内の拡張機能は、インストール数または評価で昇順／降順で並べ替えが可能です。また、検索する際にフィルタリングも可能です。検索フィールドに「@」を入力すると、設定可能なフィルタリングオプションが表示されます。

▼ **表2-3-1** 拡張機能の絞り込み

フィルタリング	説明
@builtin	標準で組み込まれている拡張機能。タイプ別（プログラミング言語やテーマなど）に分類
@disabled	無効なインストール済みの拡張機能
@installed	インストール済みの拡張機能
@outdated	古いインストール済みの拡張機能。新しいバージョンがMarketplaceで提供されている
@enabled	有効なインストール済みの拡張機能。拡張機能は個別に有効／無効にできる
@recommended	推奨の拡張機能。ワークスペース固有または一般的な用途として分類
@category	指定したカテゴリに属する機能拡張。カテゴリはリストのオプションを入力例：@category:themes @category:formatters @category:linters @category:snippets

　フィルターは組み合わせることができます。たとえば、インストールされているすべてのテーマを表示したいときは「@installed @category:themes」のようにしてフィルターを列記して検索します。

2-3-2 拡張機能のインストール

　拡張機能は、導入したいものを表示させ、上部にある **[インストール]** ボタンを押すだけです。完了すると、**[再読み込み]** ボタンが表示されるので、これを押すと、新しい拡張機能が有効になります。

▲ **図2-3-3** 拡張機能のインストール

　拡張機能の詳細ページでは、拡張機能のReadmeを読むことができます。拡張機能によって内容や体裁は変わりますが、設定／コマンド／キーボードショート

Part1

01

O2

03

04

Part2

05

06

07

Part3

08

09

10

11

12

13

カット／文法／デバッガーなどの使い方や、Changelog、拡張機能の依存関係な
どが確認できます。

また、いくつかの関連する拡張機能をまとめて「エクステンションパック」と
して提供されている場合もあります。エクステンションパックは、インストール
時に、どの拡張機能がインストールされるかの依存関係が表示されます。

VSIXファイルからのインストール

外部ネットワークなどへの接続の制限があり、Marketplaceに直接アクセスで
きない場合は、ファイルから拡張機能をインストールすることもできます。

拡張機能をダウンロードするには、Marketplace内の特定の拡張機能の詳細ペ
ージに移動します。そのページでは、ページの右側にある**「リソース」セクショ
ン**に**「拡張機能ダウンロード」**のリンクがあります。ダウンロードが完了したら、
[拡張機能] コマンドドロップダウンの **[VSIXからインストール]** コマンドを使
用して拡張機能をインストールします。

拡張機能は、VSIXファイルにパッケージして、ローカルから手動でインストー
ルする**[VSIXからインストール]** を選び、拡張子が.vsixのファイルを指定します。

また、次のようにしてターミナルからコマンドを実行してインストールするこ
ともできます。

●**コマンド2-3-1** コマンドを使った機能拡張のインストール

```
code -install-extension myextension.vsix
```

拡張機能の保存フォルダー

拡張機能は、ユーザーごとの拡張機能フォルダーにインストールされます。
OSに応じて、次のフォルダーにインストールされます。

▼**表2-3-2**　OS別、拡張機能の保存先

OS	拡張機能のフォルダー
Windows	%USERPROFILE%¥.vscode¥extensions
macOS	$HOME/.vscode/extensions
Linux	$HOME/.vscode/extensions

　また、コマンドラインから起動する場合は、起動時に`extensions-dir`オプションを付けることで拡張機能のフォルダーを変更できます。次のコマンドは、拡張機能のインストール先のフォルダーとして`path-to-extentions`を指定してVS Codeを起動する例です。

● **コマンド2-3-2** 拡張機能の読み込み元フォルダーを変更して起動

```
code -extensions-dir /path-to-extentions/
```

2-3-3　拡張機能の有効化／無効化

　インストールされている拡張機能は、歯車アイコンをクリックして、一時的に無効化できます。拡張機能をグローバルに無効化することも、現在のワークスペースだけを無効化することもできます。拡張機能を無効にするためには、VS Codeをリロードしてください。コマンドパレットを開き、**［開発者：ウインドウの再読み込み］**を選ぶとリロードができます。

　インストールされたすべての拡張機能をまとめて無効化したい場合は、拡張機能ビューの「…」ドロップダウンメニューから**［インストール済みのすべての拡張機能を無効にする］**を選択します。

▲ **図2-3-4**　拡張機能の無効化

2-3-4　拡張機能のアンインストール

拡張機能をアンインストールするには、歯車アイコンをクリックして、ドロップダウンメニューから **[アンインストール]** を選択します。

2-3-5　拡張機能の更新

VS Codeは拡張機能の更新を自動的に確認してインストールします。もちろん、自動更新を無効化することもできます。無効化するには、settings.jsonに次のように追加します。

● **リスト2-3-1**　自動更新無効化の設定

```
extensions.autoUpdate: false
```

拡張機能の自動更新を無効にしている場合は、検索フィルター「@outdated」を使って **[期限切れの拡張機能を表示]** を行います。これにより、現在インストールされている拡張機能に対して利用可能なアップデートが表示されます。期限切れの拡張機能の **[更新]** ボタンを押すと、更新プログラムがインストールされます。**[すべての拡張機能を更新]** を使用して、まとめて一度に更新することもできます。

Tips　拡張機能のリコメンド機能を使おう

検索フィルター「@recommended」を指定すると、「お勧め拡張機能の表示」が表示されます。その際、ワークスペースのほかのユーザーが利用しているものや最近開いたファイルに基づいたリコメンドが行われるので、便利な機能を見つけたら気軽に試してみるとよいでしょう。

Chapter 3

GitHubとの連携

VS CodeにはGitHubが統合されており、ソースコードの管理をエディター上から行えます。このパートではGitHub連携でできることを説明します。

3-1 認証

GitHubは、ソースコードを保存および共有するためのサービスです。VS Code で GitHub を使用すると、エディター内でソース コードを共有し、他のユーザーと共同作業ができます。

GitHubを利用するには、ブラウザからWebサイト（https://github.com）にアクセスしたり、Git コマンドライン インターフェイス（CLI）などがありますが、VS Code で利用するときは、[GitHub Pull Requests[※1]] という公式の拡張機能をインストールすると便利です。

▲ **図3-1-1** GitHub Pull Requests and Issues

拡張機能をインストールすると、アクティビティバーの下部に **［アカウント］** アイコン🔲が表示されるのでクリックし、**[GitHub Pull Requests と 問題 を使用するにはGitHubでサインインします]** を選択します。

※1　https://marketplace.visualstudio.com/items?itemName=GitHub.vscode-pull-request-github

▲ **図3-1-2**　GitHubサインイン

　ブラウザーが開き、GitHubにアクセスするためのアクセス許可をVS Codeに付与するように求められるので**[続行]**をクリックします。

VS Codeが再び開き、サインインした状態になります。サインインが完了するとGitHubユーザー名が表示されます。

　VS CodeでGitHubアカウントにサインインすると、VS Codeのさまざまな拡張機能がGitHubアカウント情報にアクセスできるようになります。

　GitHubアカウントが使用されている拡張機能をすべて表示するには、[アカウント]アイコンを選択し、GitHubユーザー名を選び、**[信頼された拡張機能の管理]**を選択します。

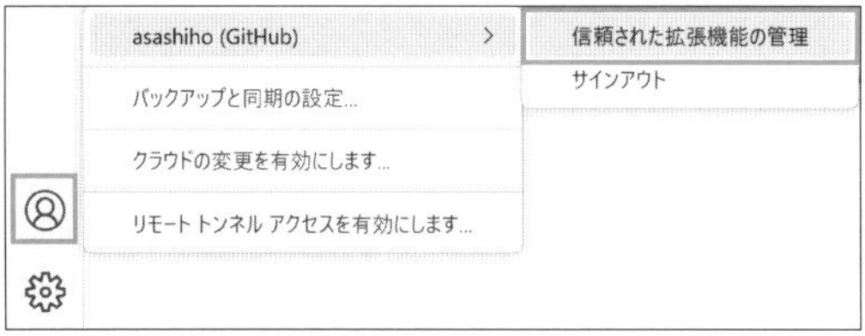

▲ **図3-1-3**　[信頼された拡張機能の管理]を選択

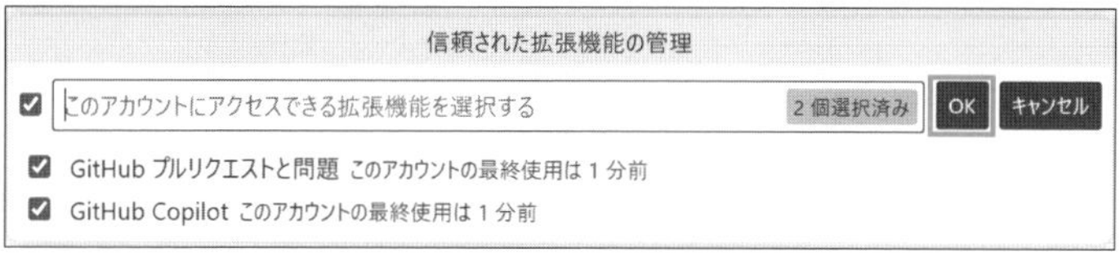

信頼された拡張機能の管理

☑ このアカウントにアクセスできる拡張機能を選択する　　2 個選択済み　OK　キャンセル

☑ GitHub プルリクエストと問題 このアカウントの最終使用は 1 分前
☑ GitHub Copilot このアカウントの最終使用は 1 分前

▲ **図3-1-4** ［信頼された拡張機能の管理］の確認

GitHub アカウントからサインアウトするときは、**[アカウント]** アイコンの [Sign Out] をクリックします。

Column Git コマンドのインストール

コマンド ラインでGitを使うには、公式サイト[※2]から最新バージョンのGitをダウンロードしてインストールします。インストールが完了したらユーザ名とコミットメールアドレスを設定する必要があるため、ターミナルを開き、次のコマンドを実行してください（""の部分はご自分の情報を入力します）。

```
git config --global user.name "Your Name"
git config --global user.email "Your Email"
```

Column GitHub 拡張機能によるコラボレーション開発

GitHubを使ったチーム開発で便利な拡張機能が [GitHub Pull Requests][※3] です。

この拡張機能ではでは次の機能がサポートされています。

・GitHubへの接続と認証
・VS Code内からのプルリクエストの一覧表示と閲覧
・VS Code内からエディター内のコメントを使用し、プルリクエストをレビュー
・VS Code内からチェックアウトしてプルリクエストを検証
・VS Code内からIssueの確認
・「@」でメンションされたユーザーとIssueのカード表示

※2　https://git-scm.com/downloads
※3　https://marketplace.visualstudio.com/items?itemName=GitHub.vscode-pull-request-github

Part1
01
02
03
04
Part2
05
06
07
Part3
08
09
10
11
12
13

Part1
01
02
03
04
Part2
05
06
07
Part3
08
09
10
11
12
13

・ユーザーとIssueに対する完了の提案
・「todo」コメントからイシューを作成するコードアクション

GitHub Pull Requestsをインストールすると、アクティビティバーには【GitHub】
アイコンが増え、サイドバーに［GitHub］ビューが表示されます。

▲ **図3-1-5**　GitHub Pull Requests拡張機能

3-2　Gitの基本

　それでは、VS CodeでGitHubを使う前にGitの基本についておさらいしてお
きましょう。
　Gitはローカルリポジトリ内でのバージョン管理を提供し、GitHubはリモート
リポジトリとしての役割を果たし、複数の開発者が協力してプロジェクトを進め
るためのプラットフォームです。

ステージング

　ステージングは、変更をGitのトラッキング下に置くプロセスです。これにより、
コミット前に変更内容を確認でき、必要な変更のみをコミットに含めることがで
きます。

コミット

コミットは、変更内容をローカルリポジトリに確定させます。コミットメッセージを付けて変更の目的や内容を説明し、プロジェクトの履歴を記録します。分かりやすいコミットメッセージを書くことは、後のトラブルシューティングやコラボレーション開発において重要です。

ブランチとタグ

ブランチは、プロジェクトの異なるバージョンや機能の開発を分岐して管理するための概念です。ブランチを使用することで、同時に複数の作業を進めたり、実験的な変更を行ったりすることができます。タグは特定のコミットをマークし、リリースやマイルストーンを示すのに役立ちます。

プルとプッシュ

プルとプッシュは、リモートリポジトリとの連携に関連する操作です。プルはリモートから最新の変更を取得し、ローカルリポジトリに統合します。プッシュはローカルの変更をリモートリポジトリに反映させ、他の開発者との共同作業を可能にします。

GitHubを理解するためには、Gitの基本的なコンセプトであるworking directory（作業ディレクトリ）、staging area（ステージングエリア）、local repository（ローカルリポジトリ）、remote repository（リモートリポジトリ）を説明することが重要です。以下にそれぞれの説明を提供します。

作業ディレクトリ（Working Directory）

作業ディレクトリは、コンピュータ上の実際のファイルとディレクトリが存在する場所です。ここでは、プロジェクトのファイルやディレクトリを編集、追加、削除などの作業が行われます。Gitでは、作業ディレクトリ内の変更がGitのトラッキング対象になる前に、変更内容をステージングエリアに追加する必要があります。

ステージングエリア（Staging Area）

ステージングエリアは、コミットする前に変更を仮に保存する場所です。

Indexと呼ばれることもあります。作業ディレクトリからステージングエリアに
ファイルや変更内容を追加することで、コミットの対象となります。ステージン
グエリアを介して、コミットする前に変更内容をチェックし、選択的にコミット
できます。

ローカルリポジトリ (Local Repository)

　ローカルリポジトリは、コンピュータ上のGitプロジェクトの完全な履歴を保
存する場所です。ローカルリポジトリには、過去のコミットやブランチ、タグな
どの情報が保存されます。ローカルリポジトリは、作業ディレクトリからの変更
をコミットし、履歴を記録します。

リモートリポジトリ (Remote Repository)

　リモートリポジトリは、ネットワーク上のサーバーに存在し、複数の開発者が
協力して作業するために使用されます。GitHubなどのプラットフォーム上にリ
モートリポジトリを作成し、他の開発者とコードを共有できます。ローカルリポ
ジトリとリモートリポジトリの間でデータの送受信が行われ、コードの共同作業
やバージョン管理が可能になります。

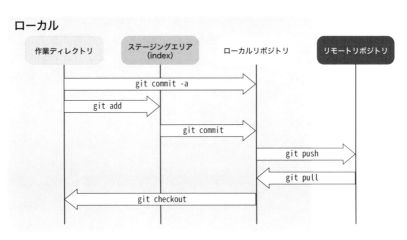

▲ 図3-2-1　Gitの基本

Gitは、これらのコンセプトを組み合わせて、効率的なバージョン管理とチームでの協力を実現します。開発者は作業ディレクトリで作業し、変更内容をステージングエリアに追加し、ローカルリポジトリにコミットして履歴を保存し、最終的にリモートリポジトリにプッシュして他の開発者と共有できます。

3-3　リポジトリの作成

VS Codeでまだフォルダーを開いていない場合、ソース管理ビューには、ローカル コンピューターからフォルダーを開くか、リポジトリの複製（クローン）を作成するかのオプションが表示されます。
なお、この節を実行するには、ローカルにGitをインストールしておく必要があります。

3-3-1　クローンの作成

[リポジトリの複製] を選択すると、リモート リポジトリのURL と、ローカルリポジトリを配置するディレクトリが開かれます。また、コマンドパレットの[Git: Clone] を使用して、リポジトリのクローンを作成することもできます。

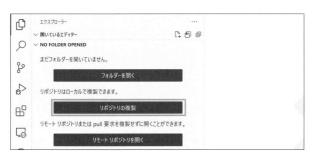

▲ **図3-3-1**　Clone Repository

例えば、本書のサンプルコードのクローンを作成してみましょう。クローンするリポジトリに「https://github.com/vscode-textbook/extensions」と入力します。

Part1

01

02

03

04

Part2

05

06

07

Part3

08

09

10

11

12

13

https://github.com/vscode-textbook/extensions

リポジトリの URL https://github.com/vscode-textbook/extensions

🐙 GitHub から複製

▲ **図3-3-2**　サンプルリポジトリのクローン

　次に、リポジトリをクローンするローカルのディレクトリを指定します。確認
ダイアログが表示されるので、問題なければ **[開く]** をクリックします。これで
ローカルでの開発ができるようになりました。

▲ **図3-3-3**　クローンの完了

　また、コマンド パレットの［Git: Cloneコマンド］を使用して、リポジトリの
クローンを作成するすることもできます。
　コンテンツをローカル マシンに複製せずにリポジトリで作業したい場合は、
[GitHub Repositories] をインストールして、GitHub上で直接参照および編集
できます。

3-3-2　新規リポジトリの作成

　新しいリポジトリを作成するときは、ローカルの任意のディレクトリを開き、
アクティビティバーの［ソース管理］アイコンから［リポジトリを初期化する］
を選びます。

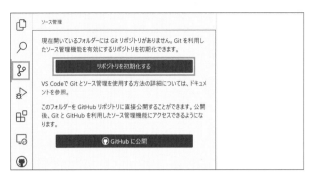

▲ **図3-3-4** リポジトリの初期化

これにより、「.git」ディレクトリが作成され、コード変更の追跡を開始できるようになります。

▲ **図3-3-5** リポジトリの初期化完了

ローカルリポジトリを設定したら、それをGitHubに公開できます。これにより、GitHubアカウントに新しいリポジトリが作成され、ローカルリポジトリのコードがリモート リポジトリにプッシュされます。

具体的には、[**ソース管理**] ビューの [**Branchの発行**] ボタンをクリックします。次に、リポジトリの名前と説明、およびリポジトリをパブリックにするかプライベートにするかを選択できます。リポジトリが作成されると、VS Codeはローカル コードをリモート リポジトリにプッシュします。これでコードがGitHubにバックアップされ、コミットやプル リクエストで他のユーザーとのコラボレーションができるようになります。

▲ **図3-3-6**　Branchの発行

3-3-3　ステージング

　VS Codeでファイルを変更すると、アクティビティバーのソース管理アイコン
には、リポジトリの変更数がバッチで示されます。このサンプルの場合、1件の
変更があったことが分かります。アイコンを選択すると、現在のリポジトリの詳
細が表示されます。

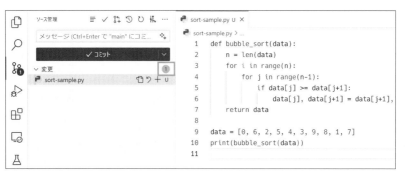

▲ **図3-3-7**　ステージング

　ファイルをステージングするには、ソース管理ビューでファイルの横にある[+]
アイコンを選択します。これにより、ファイルが **[Staged Changes（ステージ
されている変更）]** セクションに追加されます。ファイルの横にある [-] アイコ
ンを選択して変更を破棄することもできます。

　各項目をクリックすると、各ファイル内のテキストの変更が詳細に表示されます。ステージングされていない変更の場合でも、エディターでファイルを編集できます。

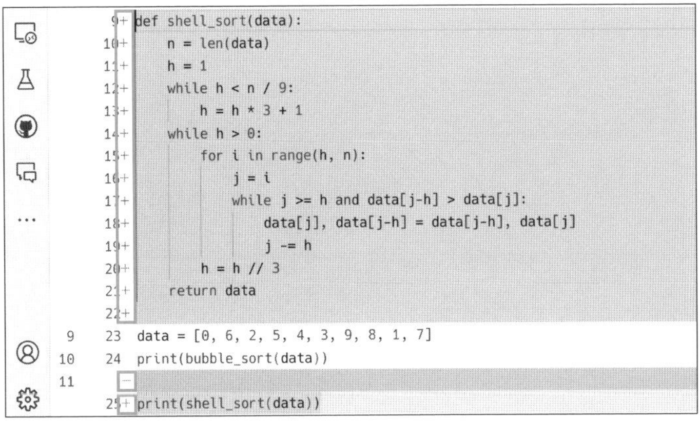

```
 9+ def shell_sort(data):
10+     n = len(data)
11+     h = 1
12+     while h < n / 9:
13+         h = h * 3 + 1
14+     while h > 0:
15+         for i in range(h, n):
16+             j = i
17+             while j >= h and data[j-h] > data[j]:
18+                 data[j], data[j-h] = data[j-h], data[j]
19+                 j -= h
20+         h = h // 3
21+     return data
22+
 9  23  data = [0, 6, 2, 5, 4, 3, 9, 8, 1, 7]
10  24  print(bubble_sort(data))
11
    25+ print(shell_sort(data))
```

▲ **図3-3-8**　変更内容の表示

　各ファイルにどのような変更があったかはアイコンで確認できます。

▲ **図3-3-9**　ファイルの状態アイコン

▼ **表3-3-1** ファイルの状態アイコン

アイコン	説明	状態
U	GitHub管理下にないファイル	untracked
A	新しくステージングされたファイル	added
M	変更されたファイル	modified
D	削除されたファイル	deleted
R	リネームされたファイル	renamed
C	競合ファイル	conflict

　ワーキングディレクトリとステージングを変更するには、次のアイコンをクリックします

▼ **表3-3-2** ファイルの状態変更アイコン

アイコン		コマンド
📄	エディタで開く	－
＋	ステージングに追加する	`git add`
－	ワーキングディレクトリに戻す	`git reset`
↺	変更を戻す	`git checkout`

　エクスプローラービューの下部にある「タイムラインビュー」（メニューから［表示］→［ビュー］→［タイムライン］で開く）で、すべてのローカル ファイルの変更とコミットを移動して確認できます。

　ソース管理ビューでの操作など、VS Code上でのGitHubのオペレーションは［出力］タブに表示されます。こちらから裏側でどのようなコマンドが実行されているかを確認できます。

```
問題  出力  デバッグ コンソール  ターミナル  ポート  コメント          Git        ∨  ≡ 🔒 🗗 ∧ ×
2023-12-28 17:23:17.107 [info] > git cat-file -s
b32f576b77041d59fb4747296aaecb11ac08b612 [65ms]
2023-12-28 17:23:17.466 [info] > git config --get commit.template [77ms]
2023-12-28 17:23:17.476 [info] > git for-each-ref --format=%(refname)%00%
(upstream:short)%00%(objectname)%00%(upstream:track)%00%(upstream:remotename)%00%
(upstream:remoteref) --ignore-case refs/heads/main refs/remotes/main [82ms]
2023-12-28 17:23:17.589 [info] > git status -z -uall [107ms]
```

▲ **図3-3-10　出力タブ**

3-3-4　コミット

　ステージング（git add）とアンステージング（git reset）は、ファイル内のコンテキスト アクションまたはドラッグ アンド ドロップによって実行できます。

　[ステージされている変更] の内容をコミットするには、テキストボックスにコミット メッセージを入力し、[コミット] ボタンをクリックします。これにより、変更がローカルのGitリポジトリに保存され、必要に応じてコードの以前のバージョンに戻すことができます。

　もし間違ったブランチに変更をコミットした場合は、コマンド パレットの [Git: Undo Last Commit] コマンドを使用してコミットを元に戻します。

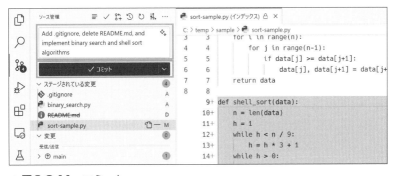

▲ **図3-3-11　コミット**

3-3-5　ブランチとタグ

　[**Git: Create Branch**] を実行すると、現在のリポジトリ内のすべてのブランチまたはタグを含むドロップダウンリストが表示されます。また、新しいブランチを作成する方が良いと判断した場合は、新しいブランチを作成するか、分離モードでブランチをチェックアウトするかを選択することもできます。

　ブランチの作成はソース管理ビューで、右上の［…］から［ブランチ］→ [**ブランチの作成**] を選びブランチ名を作成します。

▲ **図3-3-12**　ブランチの作成

　新しいブランチにチェックアウトされると、ステータスバー左下が「Main」から「develop（=作成したブランチ名）」に代わっていることがわかります。

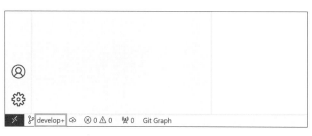

▲ **図3-3-13**　ブランチの作成完了

　同様の手順でブランチ名の変更（Rename Branch）/ブランチの削除（Delete Branch）/ブランチのマージ（Merge Branch）/ブランチのリベース（Rebase Branch）もGUIから操作できます。また、ローカルのブランチをリモートリポジトリにプッシュしたいときは**「ブランチを発行」**を選びます。

　なお、コマンドパレットから操作することもできます。たとえば **[Git: Create Branch]** および **[Git: Checkout to]** を使用すれば、VS Code内でブランチ作成とチェックアウトを、キーボード操作のみでできます。

3-3-6　プルとプッシュ

　リポジトリがリモートに接続されており、チェックアウトされたブランチにそのリモート内のブランチへのリモートリポジトリリンクがあるとすると、VS Codeはそのブランチを同期できます。

　ローカルでの変更をリモートリポジトリに反映するにはプッシュを行います。ソース管理ビューで右上の ［…］ から **[プッシュ]** をクリックします。

△ **図3-3-14**　プッシュ

　念のため、GitHubのサイトも確認してみましょう。［commits］をクリックするとmainブランチに変更が反映されているのが分かります。

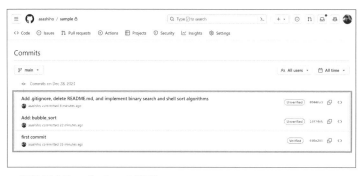

▲ **図3-3-15**　プッシュの確認

　リモートリポジトリの変更をローカルに取り込むには、ソース管理ビューで **[プ ル]** をクリックします。同様にフェッチもできます。

　VS Code は、リモートから定期的に変更を取得できます。これにより、VS Code は、ローカル リポジトリがリモートよりも進んでいる、または遅れている 変更の数を表示できるようになります。この機能はデフォルトでは無効になって おり、`git.autofetch`を使用して有効にすることができます。

3-3-7　ステータスバー

　チェックアウトしているブランチにリモートリポジトリブランチが構成されて いる場合、ステータスバーのブランチ インジケーターの横に **[変更の同期]** ア クションが表示されます。変更の同期は、リモートの変更をローカル リポジトリ にプルし、ローカル コミットをリモートリポジトリブランチにプッシュします。

▲ **図3-3-16**　変更の同期

　現在のブランチをリモートに公開するには、**［Branchの発行］**をクリックします。

▲ **図3-3-17**　ブランチの発行

　作業するブランチを切り替えたいときはステータスバーのブランチ インジケーターをクリックし、切り替え先のブランチを選びます。

▲ **図3-3-18**　ブランチの切替

3-3-8　ガターインジケーター

　VS Codeでファイルを開くとガター（行番号の右側の細い領域）に変更差分が表示されます。

Part1
01
02
03
04
Part2
05
06
07
Part3
08
09
10
11
12
13

▼ **表3-3-3** ガターインジケーター

インジケーター	説明
赤い三角形	行が削除された場所
緑色のバー	新しく追加された行
青いバー	変更された行

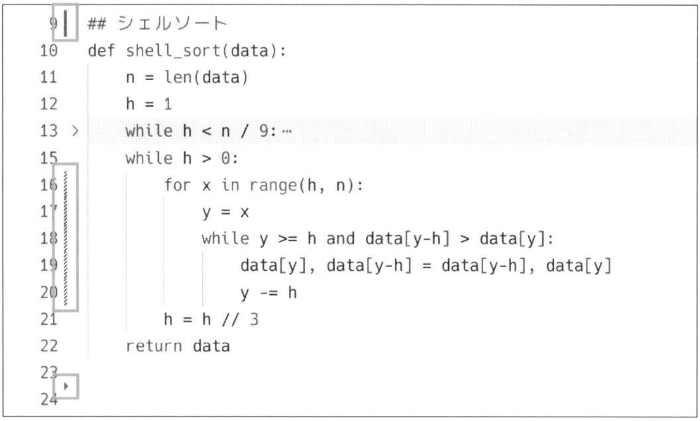

```
 9 │ ## シェルソート
10   def shell_sort(data):
11     n = len(data)
12     h = 1
13 >   while h < n / 9: …
15     while h > 0:
16        for x in range(h, n):
17           y = x
18           while y >= h and data[y-h] > data[y]:
19              data[y], data[y-h] = data[y-h], data[y]
20              y -= h
21        h = h // 3
22     return data
23
24
```

▲ **図3-3-19**　ガターインジケーター

ルーラーで変更のあった場所をクリックすると、変更内容が表示されます。

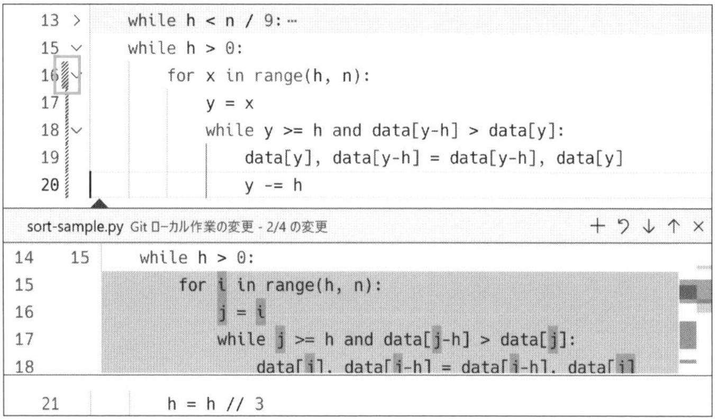

```
13 >   while h < n / 9: …
15 ∨   while h > 0:
16        for x in range(h, n):
17           y = x
18 ∨        while y >= h and data[y-h] > data[y]:
19              data[y], data[y-h] = data[y-h], data[y]
20              y -= h
```

sort-sample.py　Git ローカル作業の変更 - 2/4 の変更　　＋ ↺ ↓ ↑ ×
```
14   15   while h > 0:
15          for i in range(h, n):
16             j = i
17             while j >= h and data[j-h] > data[j]:
18                data[i], data[i-h] = data[i-h], data[i]
21        h = h // 3
```

▲ **図3-3-20**　変更内容の表示

　ファイル内の変更内容を確認するときは Alt + F3 または Shift + Alt + F3 で変更箇所を行き来できます。また、ステージング環境に追加したり、元に戻したりもできます。

3-4　マージ

　マージは、Gitにおいて分岐した履歴を戻して統合する手段です。git merge コマンドは、git branch コマンドで作成された、独立した複数の開発ラインをひとつのブランチに統合するコマンドです。

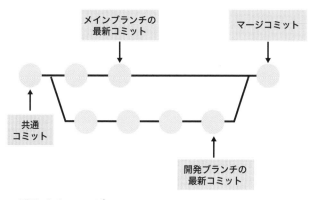

▲図3-4-1　マージ

3-4-1　差分の表示 (diff)

　2つのファイルの差分を比較するには、まずエクスプローラーまたはエディターを開くリストでファイルを右クリックして［比較対象の選択］を選択し、次に比較する 2 番目のファイルを右クリックして［選択項目と比較］を選択します。また、コマンドパレットの「File: Compare Active File With」で比較できます。

▲ **図3-4-2**　差分の表示

　追加された行は赤、変更された行は緑で表示されます。また、ファイルの変更
履歴は時計マークの **[履歴アイコン]** または Alt + H で確認できます。だれがい
つどのような目的で変更したのかが分かります。

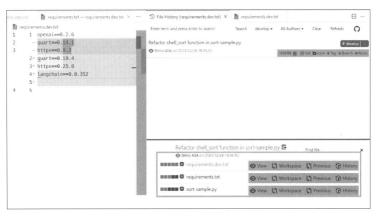

▲ **図3-4-3**　履歴アイコン

　ファイル全体の変更箇所の確認は、F7 または Shift + F7 で移動できます。

3-4-2　マージエディター

　GitHubのマージコンフリクト（Merge Conflict）は、複数のソースコード変更
が競合する場合に発生する問題です。

　マージコンフリクトは通常、次のような状況で発生します。

・同じファイルの同じ行または近くの行を複数の開発者が変更した場合

・ある開発者がリモートリポジトリから最新の変更をプルしてマージしようとしたが、自分のブランチでの変更と競合している場合

このような競合が発生すると、GitやGitHubは自動的にマージを行えないため、開発者が手動で競合を解決する必要があります。競合の解決は、以下の手順で行います。

1. マージコンフリクトが発生した場所を特定する。通常、競合があるファイルや行はマークアップで表示される。
2. 開発者は競合したコードのセクションを手動で編集して、競合を解決する。競合のあるコードのどちらを保持するか、またはそれらを組み合わせて新しいコードを作成するか、決定する。
3. 競合を解決したら、変更をコミットしてコミットメッセージを記述する。
4. 競合が解決されたコードをリモートリポジトリにプッシュして、マージを完了する。

VS Codeにはマージコンフリクトを解決する「3方向マージエディター」が提供されています。これを使うと、受信した変更と現在の変更を対話的に受け入れ、結果としてマージされたファイルを表示および編集できます。3方向マージエディターは、Git マージ競合があるファイルの右下隅にある**[マージエディターで解決]** ボタンを選択すると開きます。

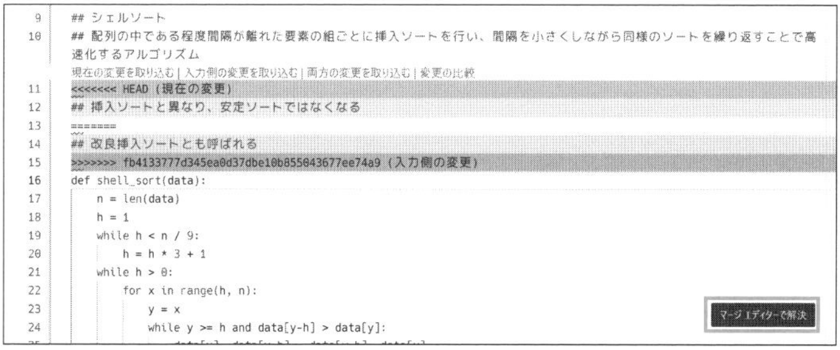

▲ **図3-4-4** ［マージエディターで解決］ボタン

3-4-3　コンフリクトの解消

　3方向マージエディターで変更を残したいファイルの［Accept Current］を選ぶと、下のマージエディターに変更内容が取り込まれます。

また、両方の変更を取り込んだり、無視したりすることもできます。修正できる内容は次の表の通りです。

▼ **表3-3-4** コンフリクトの解消

コンフリクトの対応	操作
Incoming と Current 両方の更新内容を自動的にマージして適用する	［受信］または［現在のマシン］どちらか好きな方の［組み合わせを受け入れる］をクリック
Incoming 側の更新内容だけを採用する	［受信中］の［受信を適用する］をクリック
Current 側の更新内容だけを採用する	［現在のマシン］の［現在のマシンを適用する］をクリック
自分で更新内容を記述する	競合の発生箇所の文字列をクリックし、直接編集
どちら側の更新内容も採用せず、スクロールバー上から対象の競合の発生箇所を示す表示を消す	［変更は承諾されませんでした］をクリック
Incoming のスクロールバー上からのみ対象の競合の発生箇所を示す表示を消す	［受信中］の［無視する］をクリック
Current のスクロールバー上からのみ対象の競合の発生箇所を示す表示を消す	［現在のマシン］の［無視する］をクリック

▲ **図3-4-5**　コンフリクトの解消

修正ができたら、**[マージの完了]** をクリックします。これで **[Commit]** がで
きる状態になります。

3方向マージエディターの詳しい使い方については［The EXTREMELY
helpful guide to merge conflicts］（https://code.visualstudio.com/docs/
sourcecontrol/overview#_3way-merge-editor）が参考になります。

3-4-4　タイムラインビュー

開発が進むにつれて、コミットが増えてきます。Gitのコミット履歴を確認し
たいときは、デフォルトで［エクスプローラー］ビューの下部からアクセスでき
る［タイムライン］ビューが便利です。このビューは、ファイルの時系列イベン
トを視覚化するための統合ビューです。

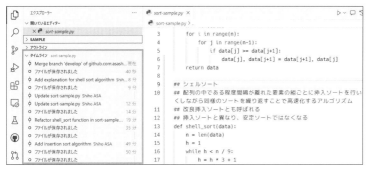

▲ **図3-4-6**　［タイムライン］ビュー

開発が進むにつれて、コミットが増えてきます。Gitのコミットグラフを確認
するための便利な拡張機能はいくつかありますが、［Git Graph］（https://
marketplace.visualstudio.com/items?itemName=mhutchie.git-graph）がおすす
めです。

▲ 図3-4-7　Git Graph

　ソース管理から［**Git Graph**］ボタンをクリックするとGUIでコミットグラフが確認できます。mainブランチが左に表示され、その他のブランチでどのようなコミットがあって、どのタイミングでマージされたのかが分かります。
各コミットの変更内容は、コミットをクリックすると変更内容を確認できます。

▲ 図3-4-8　Git Graphの確認

　また、あるコミットを選択した状態で [Ctrl] （macOS: [⌘] ）キーを押しながら別のコミットをクリックすると、選択したコミット間のファイル変更を確認したり、選択したコミット間で影響を受けたファイルのパスをクリップボードにコピーできたりします。

▲ **図3-4-9** コミットの確認

3-4-5　Git Diff Tool/Marge Tool

　コマンドラインからVS Codeの差分機能とマージ機能を使用できます。gitconfigに以下を追加して、差分およびマージツールとしてVS Codeを使用できます。gitconfigは、Gitバージョン管理システムの設定ファイルです。

● **リスト3-4-1** gitconfigの設定例

```
[diff]
    tool = default-difftool
[difftool "default-difftool"]
    cmd = code --wait --diff $LOCAL $REMOTE
[merge]
  tool = code
[mergetool "code"]
  cmd = code --wait --merge $REMOTE $LOCAL $BASE $MERGED
```

3-5　GitHubのリモート利用

　GitHubは、リモートでの共同作業やコラボレーションに便利な機能を提供しています。この節では、GitHubのリモートでの利用に便利なツール、「GitHub Repositories」と「GitHub Codespaces」を紹介します。

3-5-1　GitHub Repositories

　ソースコードを閲覧したりちょっとした編集を加えたりするときに、GitHubのリポジトリをローカルすることなく直接利用できると便利です。

　この機能を提供するのが「GitHub Repositories (https://marketplace.visual studio.com/items?itemName=GitHub.remotehub)」です。

　この拡張機能をインストールして、コマンドパレットを開き **[Remote Repositories: Open Repository]** → **[リモートリポジトリを開く]** を選びます。

▲ **図3-5-1**　リモートリポジトリを開く

ローカルのディレクトリを選ばなくてもリポジトリが開いているのが分かります。このRemote Repositories拡張機能で開いたリモートリポジトリはローカルにすべてコピーされず、「仮想ワークスペース」に展開されアクセスしたコンテンツだけがオンデマンドで取得されるしくみで、エクスプローラー／検索機能／タイムラインビュー／クイックオープン／ソース管理などの機能が利用できます。

コミットされていない変更がない限り、リポジトリは常にGitHub上の最新バージョンで開きます。GitHubで直接編集するのと同様に、変更はコミット時にGitHubに送信されます。ブランチのプッシュやパブリッシュは必要ありません。

GitHubに新しい変更があるかどうかを自動的に検出し、常に最新の状態に保ちます。他のユーザが同じファイルを変更した場合に、潜在的なマージ競合にフラグを立てます。リポジトリ拡張機能は、Git LFS（ラージ ファイル システム）をローカルにインストールしなくても、LFSで追跡されるファイルの表示とコミットをサポートします。LFSで追跡するファイルの種類を .gitattributesファイルに追加し、ソース管理ビューを使用して変更をGitHubに直接コミットします。

また、ステータスバーのインジケーターをクリックしてブランチを切り替えることができます。

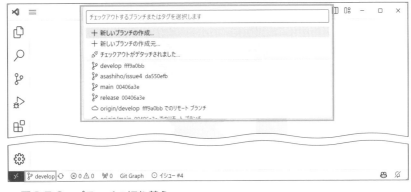

▲ **図3-5-2**　ブランチの切り替え

　ただしGitHub Repositories拡張機能には以下の制限もあります。本格的に開発を行うというよりは「ちょっとコードを参照したいんだけど……」という用途に使うのがよいでしょう。

言語サーバの対応
　利用できる言語が限られます。TypeScriptは、リモートリポジトリの単一ファイルインテリジェンスをサポートしています。

拡張機能のサポート
　言語サーバと同様に、多くの拡張機能はリモートリポジトリでは機能しません。拡張機能はオプトアウトでき、仮想ワークスペースに対してはアクティブ化されません。

検索
　全文検索では、正確なテキスト一致のために事前に構築されたインデックスが必要ですが、リモートリポジトリでは対応していません。

ターミナル
　サポートされていません。開いているターミナルはすべてローカルファイルシステム上にあります。

デバッグ / タスク
　サポートされていません。

3-5-2　GitHub Codespaces

　GitHub Codespacesは、クラウドで動く開発環境です。構成ファイルをリポジトリにコミットすることで、GitHub Codespacesのプロジェクトをカスタマイズできます。そして、GitHub Codespacesのインスタンスのことを「Codespace」と呼びます。
　GitHub Codespacesは次のメリットがあります。

開発に必要なツールがセットアップ済みの環境を利用できる

　リポジトリ用に構成された開発環境で作業できます。 そのプロジェクトで作業するために必要なすべてのツール、言語、構成が揃っています。Codespace内のリポジトリで作業するすべてのユーザーが、同じ環境を使います。 これにより、環境関連の問題が発生し、デバッグが困難になる可能性が低くなります。

開発用の仮想マシンが利用できる

　ローカル コンピューターに処理能力や記憶域がなくて、プロジェクトで作業することが必要な場合があります。GitHub Codespacesでは十分なリソースを備えたコンピュータを利用できます。

Webブラウザで開発できる

　PCだけでなく、タブレットを使ってWebブラウザ上で開発ができます。そのため、外出先に別のデバイスで手軽に修止したいなどができます。

複数のプロジェクトで作業できる

　複数の Codespace を使って、個別のプロジェクト、または同じリポジトリの異なるブランチで作業を行い、作業のある部分で行われた変更が、誤って他の部分の作業に影響を与えないようにします。

プログラムとチームメイトをペアにする

　VS CodeのLive Share を使ってチームの他のユーザーと共同作業できます。

CodespaceからWebアプリをデプロイする

　Codespaceからポート転送し、URLを共有して自分がアプリケーションで行った変更を pull request で送信する前に、チームメイトがそれらの変更を試すことができます。

フレームワークを試す

　新しいフレームワークを使いたいときは便利なクイックスタート テンプレートが用意されています。

Part1

01

02

03

04

Part2

05

06

07

Part3

08

09

10

11

12

13

Codespace は一般的な言語とツールの選択を含むUbuntu Linux イメージから作成されますが、任意のLinux ディストリビューションのイメージを使用して構成をカスタマイズできます。WindowsとMacOS はサポートされていません。

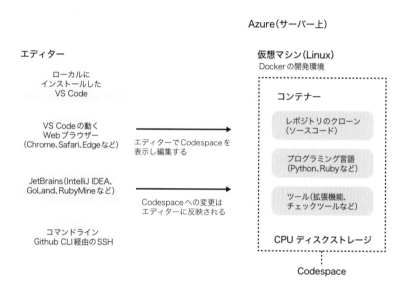

▲ **図3-5-3**　Codespaces の全体像

Codespaceは、仮想マシンで実行されているDockerコンテナ上で動きます。仮想マシンの種類は、2コア/8 GB RAM/32GBストレージから、最大32コア、64 GB RAM/128GBストレージまでが用意されています。

3-5-3　Codespaces の利用料金

執筆時点でのCodespacesの利用料金は以下の通りです。価格は変更になる場合があります。最新の情報は公式サイト[1]を確認してください。

※1　https://github.co.jp/features/codespaces

▼ **表3-5-1**　Codespacesの利用料金

コア数	メモリ	価格
2 core	4GB	$.18/時間
4 core	8GB	$.36/時間
8 core	16GB	$0.72/時間
16 core	32GB	$1.44/時間
32 core	64GB	$2.88/時間

停止中にはCodespacesストレージ（$0.07/GB/月）がかかります。

個人アカウントの場合

すべての個人GitHub.com アカウントには、無料または Proプランに含まれるGitHub Codespacesの無料使用の月次クォータがあります。

Organization 所有のリポジトリの場合

Organization（Organization がこれに対して構成されている場合）または個人アカウントに対して課金されます。

3-5-4　GitHub Codespaces のカスタマイズ

Codespace のランタイムとツールをカスタマイズするには、リポジトリ用に1つ以上の開発コンテナー構成を作成できます。 開発コンテナー構成をリポジトリに追加すると、ユーザーがリポジトリで実行する作業に適したさまざまな開発環境の選択肢を定義できます。

開発コンテナーを構成せずに、リポジトリからCodespaceを作成する場合、GitHub Codespacesによって、多くのツール、言語、ランタイム環境が含まれるデフォルトの Codespaceイメージを含む環境に、リポジトリがクローンされます。ブラウザーまたは VS Code で GitHub Codespaces を使う場合は、設定の同期を使用して、VS Codeのローカルインストールと同じ設定で、キーボード ショートカット、スニペット、拡張機能を利用できます。

3-5-5　GitHub Codespacesの作成

　GitHub Codespacesを使用して開発を開始するには、テンプレートまたは任意のブランチから Codespaceを作成するか、リポジトリにコミットします。 テンプレートからCodespaceを作成する場合は、空白のテンプレートから開始するか、作業に適したテンプレートを選ぶことができます。

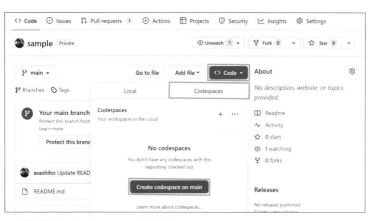

▲ **図3-5-4**　Codespacesの作成

　テンプレートを選びたいときは、https://github.com/codespaces にアクセスします。

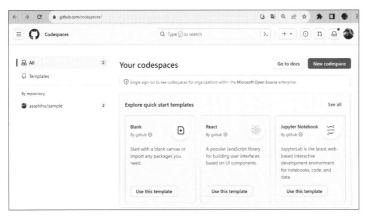

▲**図3-5-5**　Codespacesのテンプレート

　起動したCodespace環境の「…」メニューの「Change machine type」をクリックすると、Codespaceを動かすマシンタイプを変更できます。マシンタイプによって課金額が変わります。

▲**図3-5-6**　マシンタイプの選択

　Codespaceが起動すると、ブラウザ上でコードの変更ができます。見た目もVS Codeと似ているので戸惑うことはないでしょう。

▲ **図3-5-7**　Codespacesの起動

　開発コンテナーの設定を変更したいときは `.devcontainer/devcontainer.json` を編集します。「Codespaces」のパネルの「…」の「Configure dev container」をクリックすると編集できます。ここでベースイメージやFeaturesなどを指定できます。

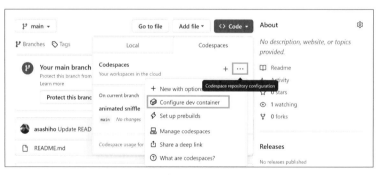

▲ **図3-5-8**　開発コンテナーの設定

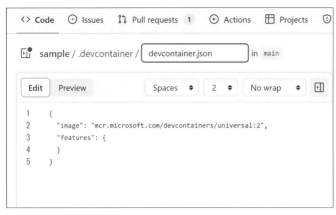

▲ **図3-5-9**　devcontainer.jsonの編集

3-5-6　GitHub Codespacesの停止/終了

Codespace は、一定時間非アクティブになるとタイムアウトします。 エディターとターミナル出力からのファイルの変更はアクティビティとしてカウントされるため、ターミナル出力が継続されていればCodespaceはタイムアウトしません。 既定のタイムアウト期間は30分です。

次の方法でCodespaceを停止できます。

ブラウザ

https://github.com/codespaces にある Codespaceの一覧で、停止したいCodespace の右側にある ［...］ をクリックし、**[Stop Codespace]** をクリックします。

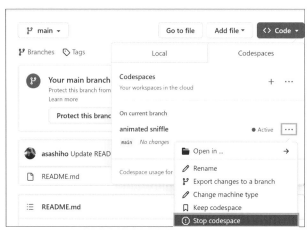

▲ **図3-5-10** codespaceの停止

　または、VS Codeでコマンドパレットを開き、「**Codespaces: stop**」と入力して`Enter`を押します。

ターミナル

　GitHub CLI コマンド「`gh codespace stop`」を使用します。

　なお、**stop**コマンドを実行せずにCodespace を終了した（たとえばブラウザータブを閉じる）場合、または操作なしでCodespace を実行したままにした場合、codespace とその実行中のプロセスは、非アクティブ タイムアウト期間中は続行されるので注意してください。

　Codespaceを終了または停止すると、Codespaceに再度接続するまで、コミットされていない変更はすべて保持されます。

3-6　プルリクエスト

　プルリクエスト（Pull Request）は、ソフトウェア開発プロセスにおいて、コード変更を元のプロジェクトに統合するための提案を行う手段です。通常、複数の開発者が同じプロジェクトで作業する際に使用されます。

新機能の追加や修正

　開発者は、元のプロジェクトのリポジトリをフォークして、そのフォーク上で変更を行います。

プルリクエストの作成

　開発者は変更内容を含む新しいブランチを作成し、それを元のプロジェクトにマージしてもらいたいというリクエストを作成します。このリクエストが**プルリクエスト**です。

レビュー

　プルリクエストが作成されると、他の開発者やチームメンバーがコードの変更をレビューし、議論を行うことができます。これによって品質を確保し、潜在的な問題を発見・修正できます。

承認・マージ

　レビューが終わり、変更が問題ないと確認されれば、プルリクエストは承認されます。　承認されたプルリクエストは、元のプロジェクトに統合され、新しい機能や修正がプロジェクトに取り込まれます。

　GitHubでは、これらの手順を簡略化し、プルリクエストの作成やレビュー、統合などを効果的に行えるツールや機能が提供されています。これにより、分散した開発者チームが効率的かつ協力的に作業できるようになります。

3-6-1　プルリクエストの作成

　VS Codeからプルリクエストを作成するには、まずブランチを作成してGitHubにプッシュします。次に [**GitHub Pull Requests: Create Pull Request**] コマンドまたは [Github] ビューの [**Pull Requests**] ビューで [**Create Pull Request**] ボタンを使用してプルリクエストを作成します。

Part1

01

02

03

04

Part2

05

06

07

Part3

08

09

10

11

12

13

▲ **図3-6-1**　プルリクエスト

　新しい作成ビューが表示され、プルリクエストの対象とするベースリポジトリ
とベースブランチを選択したり、タイトルと説明を入力したりできます。もしリ
ポジトリにプルリクエストテンプレートがある場合は、自動的に説明が追加され
ます。

　担当者/レビュー担当者/ラベル/マイルストーンは上部のアクションバーの
ボタンで追加します。

▲ **図3-6-2**　コミットメッセージの入力

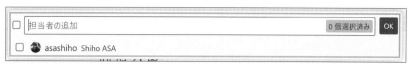

▲ **図3-6-3**　担当者の設定

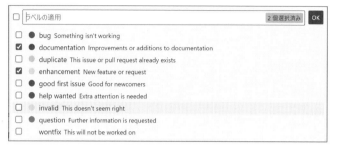

▲ **図3-6-4**　ラベルの設定

[Create] ドロップダウンを押すと、**[作成]** または **[ドラフトの作成]** を選択できます。

▲ **図3-6-5**　プルリクエストの作成

[Create] をクリックすると、プルリクエストを作成できます。

Part1
01
02
03
04
Part2
05
06
07
Part3
08
09
10
11
12
13

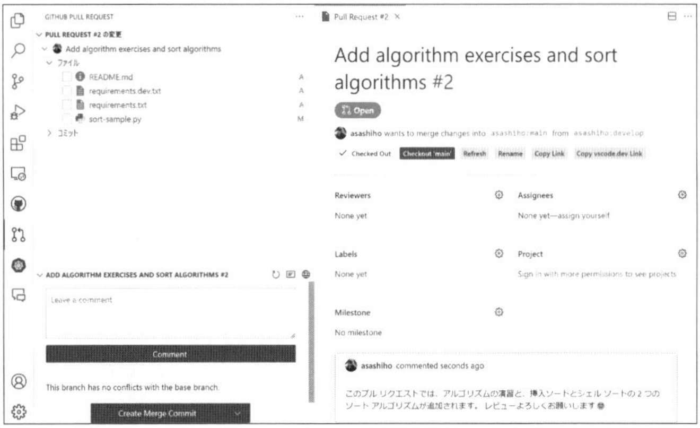

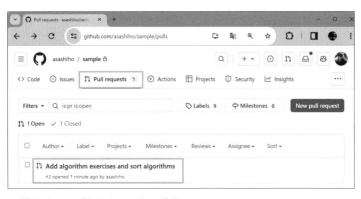

▲ 図3-6-6　プルリクエストの作成完了

　ビューがレビューモードになり、プルリクエストの詳細を確認できます。ここで修正内容に問題がないかを確認したり、コメントを追加したりできます。準備ができたらプルリクエストをマージできます。

　また、このようにGitHubのWebページからもプルリクエストが作成されているのが確認できます。

▲ 図3-6-7　プルリクエストの確認

　ソースコードにコメントを残すこともできます。修正のあったファイル「README.md」を開き、行番号部分の［+］マークをクリックするとコメント入力欄が表示されます。コメントを入力し、**［提案する］**／**［レビューを開始する］**／［コメントの追加］のいずれかのボタンを押します。

▲ **図3-6-8**　レビューの開始

　コメントに返信することも可能です。

▲ **図3-6-9**　プルリクエストのコメント

このように、コードコメントをエディター上で確認できる機能は非常に強力な体験です。従来は、GitHub上でコメントを確認して、コードエディターでソースコードを修正して……と、ツールを行ったり来たりする必要がありましたが、これによってVS Code上でプルリクエスト中に起きるすべての作業を完結できます。プルリクエストのレビューコメントに対応してコードを修正する作業は非常に集中力を要するため、このように意識を分断せずに作業を継続できることで、効率の向上が期待できます。

修正箇所の確認がおわり、問題がないことがわかればマージします。

▲ **図3-6-10　プルリクエストのマージ**

なお、GitHubのマージ方法については、いくつかの方法があります。まず、ブランチが以下のようになっているとして、それぞれを説明します。

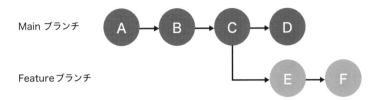

▲ **図3-6-11**　ブランチの構成

Create a merge commit

　FeatureブランチのすべてのコミットがマージコミットのMainブランチに追加されます（`git merge --no-ff`）。このマージ方法では何をマージしたか記録が残るので、変更履歴を確認できます。一方、マージ前のブランチが残るので、ブランチが増えていくと、`git log --graph`で見たときに複雑になります。

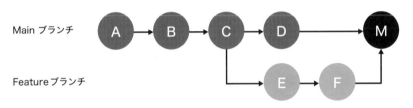

▲ **図3-6-12**　Create a merge commit

Squash and merge

　Featureブランチのコミットが1つのコミットにまとめられて追加されます（`git merge --squash`）。このとき、マージコミットのAuthorはMainブランチのものになります。

Part1

01

02

03

04

Part2

05

06

07

Part3

08

09

10

11

12

13

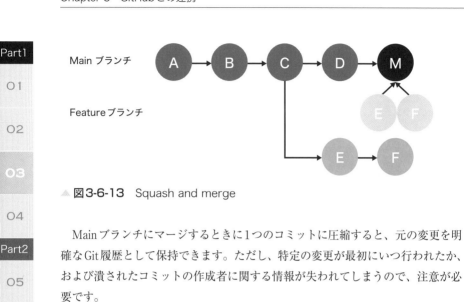

▲ **図3-6-13**　Squash and merge

　Mainブランチにマージするときに1つのコミットに圧縮すると、元の変更を明確なGit履歴として保持できます。ただし、特定の変更が最初にいつ行われたか、および潰されたコミットの作成者に関する情報が失われてしまうので、注意が必要です。

Rebase and merge
　Featureブランチの分岐先がCからDに代わります。その後Mainブランチに取り込まれます（git rebase）。この場合、マージコミットは作成されません。

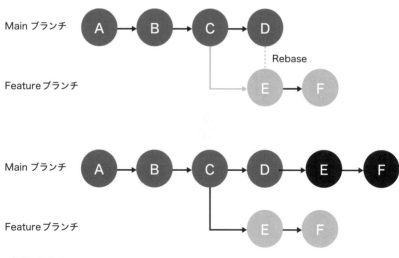

▲ **図3-6-14**　Rebase and merge

これらをまとめると以下のようになります。

▼ **表3-6-1**　GitHubのマージ方法

Create a merge commit	Squash and merge	Rebase and merge	
マージコミット	あり	あり	なし
マージコミットのAuthor	マージ先(Feature)	マージ元(Main)	-
Featureのコミットログ	残る	残らない	残る
Featureブランチとの関係	残る	残らない	残らない

　プルリクエストがマージされた後、リモートブランチとローカルブランチの両方を削除するオプションが表示されます。

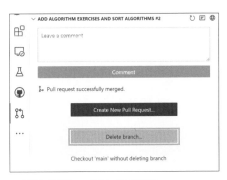

▲ **図3-6-15**　ブランチの削除

　GitHubのWebページからもプルリクエストが問題なくマージされているのが確認できます。

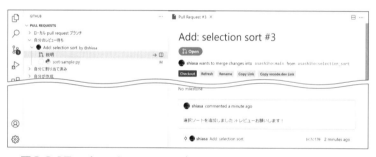

▲ 図3-6-16　プルリクエストの確認

3-6-2　プルリクエストのレビュー

　自分がレビューアーや担当者として指定されると **［自分のレビュー待ち］** /**［自分に割り当て済み］** にリクエストが表示されます。

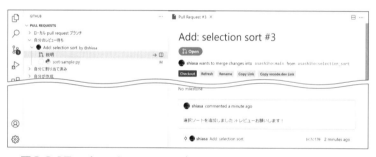

▲ 図3-6-17　プルリクエストのレビュー

　［説明］をクリックしてアサインされたプルリクエストの詳細を確認できます。ここで **［チェックアウト］** ボタンを押すとプルリクエストをローカルでチェックアウトできます。これにより、VS Code が切り替わり、プルリクエストのフォークとブランチ（ステータス バーに表示）がレビューモードで開き、プルリクエストに新しい変更が追加され、現在の変更の差分とすべてのコミットおよび変更内容を確認できます。

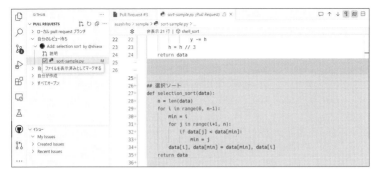

▲**図3-6-18**　変更内容の確認

　レビューが完了したら、プルリクエストをマージするか、レビューが完了した
ら、**[Merge Pull Request]** をクリックしてプルリクエストをマージします。

▲**図3-6-19**　レビューの終了

　なお、プルリクエストの表示をカスタマイズしたいときは、settings.jsonの
githubPullRequests.queriesで設定できます。たとえば、「自分にアサインされ
ているものを表示したい」場合のクエリーは、is:open assignee:${user}となり
ます。このクエリーはGitHub検索構文を使用できます。

●リスト3-6-1　settings.jsonの設定例

```
"githubPullRequests.queries": [
    {
        "label": "Waiting For My Review",
        "query": "is:open review-requested:${user}"
    },
    {
        "label": "Assigned To Me",
        "query": "is:open assignee:${user}"
    },
    {
        "label": "Created By Me",
        "query": "is:open author:${user}"
    },
    {
        "label": "Mentioned Me",
        "query": "is:open mentions:${user}"
    }
]
```

3-7　イシュー

GitHubのイシューは、プロジェクトやリポジトリに関連するさまざまなトピックやタスクを追跡するための機能です。イシューは、バグの報告、新機能の提案、タスクの進捗の追跡など、さまざまな目的で使用されます。

イシューは通常、タイトル、本文、コメント、ラベル、担当者、プロジェクト、マイルストーンなどの情報を書きます。

3-7-1　イシューの作成

イシューは、[イシュー]ビューの[+]ボタン、またはコマンドパレットの**[GitHub Issues: Create Issue from Selection]** および **[GitHub Issues: Create Issue from Clipboard]** コマンドを使用して作成できます。

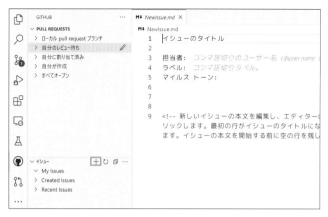

▲ **図3-7-1**　イシューの作成

またソースコード内のTODOコメントのコードアクションを使用して作成することもできます。

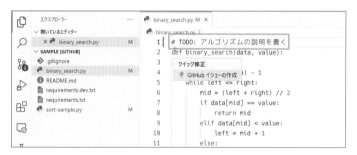

▲ **図3-7-2**　TODOコメントを使ったイシューの作成

このコードアクションは任意のトリガーを設定できます。デフォルトのトリガーは次のとおりです。カスタマイズしたいときは、settings.jsonで`githubIssues.createIssueTriggers`の値を変更ください。

● **リスト3-7-1**　settings.jsonの設定例

```
"githubIssues.createIssueTriggers": [
  "TODO",
  "todo",
```

```
  "BUG",
  "FIXME",
  "ISSUE",
  "HACK"
]
```

3-7-2　イシューに対応する

　［イシュー］ビューから、イシューの内容を確認し、プルリクエストの作成などができます。

▲**図3-7-3**　イシューの確認

　デフォルトでは、イシューへの作業を開始すると以下の画像のステータスバーに示すように、ブランチが作成されます。

▲**図3-7-4**　ブランチの作成

　ステータスバーにはアクティブな課題も表示され、その項目を選択すると、GitHubのWeb サイトでイシューを開いたり、プルリクエストの作成などができます。

▲ 図3-7-5　ステータスバーの確認

　ここで作成するブランチの名前は、「**GitHub Issues: Issue Branch Title（githubIssues.issueBranchTitle）**」で設定できます。ワークフローにブランチの作成が含まれない場合、または毎回ブランチ名の入力を求めるプロンプトが表示されるようにしたい場合は、「**GitHub Issues: Use Branch For Issues（githubIssues.useBranchForIssues）**」をオフにしてください。

3-7-3　#イシュー番号と@ユーザーの表示

　[GitHub Pull Requests] [※1]をインストールすると、「#イシュー番号」「@ユーザー」で詳細が表示されます。
　たとえば、「#イシュー番号」の箇所にカーソルを移動すると、対応するイシューの概要とリンクが表示されるので、内容を確認できます。

※1　https://marketplace.visualstudio.com/items?itemName=GitHub.vscode-pull-request-github

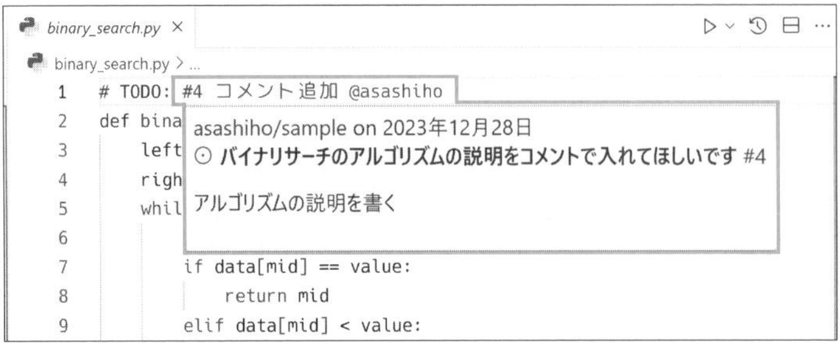

▲ **図3-7-6**　イシュー番号による参照

　また、「@ユーザー名」でメンションされた箇所では、ユーザーのプロフィールが表示されます。

```
ファイル(F)  編集(E)  選択(S)  ...      ←  →              sample

chat_completions.py M ×
chat_completions.py > ...
1   from openai import OpenAI
2   client = OpenAI()
3
4   # TODO: #5 ChatGPT4対応 @asashiho
5   completion = client.chat
6     model="gpt-3.5-turbo",          Shiho ASA asashiho
7     messages=[                      I love♥ Kubernetes.
8       {"role": "system", "                                    d in
         programming concepts         ⊙ Tokyo/JAPAN
9       {"role": "user", "co          ◊ 2023年12月28日 でこのリポジトリにコミットしました  cept
         "}                           ⊡/Microsoft Japan Co., Ltd. のメンバー
10    ]
11  )
12  ,
13
```

▲ **図3-7-7**　ユーザー名による参照

Chapter **4**

GitHub Copilotの活用

本章では、AIを活用したコード補完ツールであるGitHub CopilotをVS Codeから利用する方法を紹介します。

4-1　GitHub Copilotとは

　GitHub CopilotはGitHub社が提供するAIを活用したコード補完ツールです。AIがコードの自動補完や提案を行い、プログラミングの作業を効率化します。GitHub Copilotは、オープンソースのコードとプログラミングのパターンを学習したモデルに基づいており、開発者がコードを書き始めると、続きのコードや関数を予測して提案します。

　Copilotは、コードの文脈やコメントを基にして、適切なコードを提案するため、開発者は手動でコードを書く時間を削減できます。

　GitHub Copilotは、GitHub/OpenAI/Microsoftによって開発された大規模言語モデルを利用しています。

　GitHub Copilotは、GitHubのパブリックリポジトリにある言語でトレーニングされます。 各言語で、受け取る提案の品質は、その言語のトレーニングデータの量と多様性によって異なります。そのため、パブリックリポジトリにあまり公開されていないプログラミング言語では、生成される候補の信頼性が低下する可能性があります。

　GitHub Copilotは以下のエディタ/IDEで拡張機能として使えます。

　・Visual Studio Code
　・Visual Studio
　・Vim
　・Neovim

・JetBrains

> **Column**　GitHub Copilotが生成するコードは正しいの？
>
> GitHub Copilotは、無数のオープンソースコードから学習したモデルに基づいて
> おり、トレーニングデータには安全でないコーディングパターンやバグが含まれ
> ている可能性があります。開発者はコードのセキュリティと品質を確保するために、
> GitHub Copilotで生成されたコードを使用する際には、提案されたコードを確認
> し、必要に応じて修正する責任が開発者にあります。GitHub Copilotはまた、プ
> ロンプト内の不適切な単語や機密性の高いコンテキストに対するフィルターを使
> 用しており、不快な候補を検出し削除するためにフィルターシステムを改善し続
> けています。

4-2　Copilot IndividualとCopilot Business

GitHub Copilotには、個人向けの「Copilot Individual」とビジネス用途向けの
「Copilot Business」があり、以下の違いがあります。

▼ **表4-2-1**　Copilot IndividualとCopilot Businessの違い

	Copilot Individual	Copilot Business
価格	10ドル/月または100ドル/年	19ドル/月
GitHubアカウントの種類	個人用アカウント	OrganizationまたはEnterpriseアカウント
テレメトリ	○	×
パブリック コードに一致する候補をブロックする	○	○
エディターに直接接続	○	○
複数行の関数の候補の提案	○	○
Organization全体にわたるポリシー管理	×	○
指定したファイルの除外	×	○
監査ログ	×	○
カスタム証明書を使用したHTTPプロキシサポート	×	○

カスタム証明書によるプロキシのサポートの詳細については、「GitHub Copilot のネットワーク設定の構成」（https://docs.github.com/ja/copilot/configuring-github-copilot/configuring-network-settings-for-github-copilot）を参照してください。

GitHub Copilotを使用するには、GitHub Copilotサブスクリプションが必要です。詳しくは、「GitHub Copilotの課金について[1]」を参照してください。

4-3　GitHub Copilotの導入前の設定

ここでは、GitHub Copilotを使い始めるにあたり知っておきたいことを説明します。なお、以降の説明はGitHub Copilotサブスクリプションが有効であることを前提として解説を進めていきます。

4-3-1　パブリックコードと一致するコードの有効化/無効化

GitHub Copilotには、GitHubのパブリックコードと一致するコード候補を検出するフィルターが含まれています。このフィルターの有効化/無効化を設定できます。設定手順は次の通りです。

1. GitHubのプロファイルの画像をクリックし、**Settings**をクリックします。
2. サイドバーの**Copilot**を選びます。
3. **Suggestions matching public code**でメニューを選択し、いずれかを選びます。
   - **Allow**：パブリックコードに一致する候補を許可する
   - **Block**：パブリックコードに一致する候補をブロックする

---

[1]　https://docs.github.com/ja/enterprise-cloud@latest/billing/managing-billing-for-github-copilot/about-billing-for-github-copilot

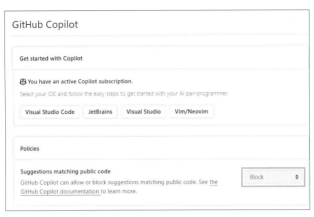

▲ **図4-3-1**　GitHub Copilotの設定

　フィルターが有効になっている場合、GitHub Copilotによって、周囲の約150文字のコードに関するコード候補が、GitHubでのパブリックコードに対してチェックされます。一致または近い一致がある場合、候補は表示されません。

4-3-2　GitHub/Microsoftへのデータ共有

　入力したプロンプトや採用した提案のデータ収集して保持し、GitHub/Microsoftと共有するかどうかを選択できます。設定手順は次の通りです。

1. GitHubのプロファイルの画像をクリックし、**Settings**をクリックします。
2. サイドバーの**Copilot**を選びます。
3. GitHubでデータの使用を許可または禁止するには、**GitHubで製品向上のためにコード スニペットを使用することを許可する**を選択または選択解除します。

　詳細については、「追加の製品および機能に適用されるGitHub条件」https://docs.github.com/ja/site-policy/github-terms/github-terms-for-additional-products-and-features#github-copilot）を参照してください。

> **Column** GitHub Copilotは何のデータを収集するの？
>
> ユーザーエンゲージメントデータ/プロンプト/候補は、GitHub Copilotと関連の
> サービスを改善したり、製品や学術の調査を実施したりするためにGitHubと
> Microsoftによって次の目的で使用されます。
>
> ・GitHub Copilotの強化
> ・関連する開発者向けの製品とサービスの開発
> ・不正使用とポリシー違反の検出
> ・実験と調査の実施
> ・GitHub Copilotの評価
> ・コード生成モデルの改善
> ・ランク付けおよび並べ替えのアルゴリズムの微調整
>
> 詳細については、公式サイトの「GitHub.comでのGitHub Copilot設定の構成」
> (https://docs.github.com/ja/copilot/configuring-github-copilot/configuring-
> github-copilot-settings-on-githubcom）を参照してください。

4-3-3　GitHub Copilotを使うためのネットワーク設定

ファイアウォールやプロキシサーバーなどのセキュリティ対策を採用している
場合は、「許可リスト」に以下のURLを追加して下さい。

▼ **表4-3-1**　GitHub Copilotのネットワーク設定

URL	目的
https://github.com/login/*	認証
https://api.github.com/user	ユーザー管理
https://api.github.com/copilot_internal/*	ユーザー管理
https://copilot-telemetry.githubusercontent.com/telemetry	テレメトリ
https://default.exp-tas.com/	テレメトリ
https://copilot-proxy.githubusercontent.com/	APIサービス
https://origin-tracker.githubusercontent.com	APIサービス
https://*.githubcopilot.com	APIサービス

その他、VS Codeを動かすために必要となるネットワークは「Network

Connections in Visual Studio Code」（https://code.visualstudio.com/docs/setup/network）を参照してください。

　GitHub Copilotは、基本的なHTTPプロキシ設定をサポートしています。プロキシへの認証は基本認証またはKerberos認証をサポートします。

［ファイル］メニュー→［ユーザー設定］（macOS：［Code］→［基本設定］）→［設定をクリックします。または、$\boxed{\text{Ctrl}}$+$\boxed{,}$（macOS：$\boxed{\text{⌘}}$+$\boxed{,}$）で設定できます。設定タブの左側のパネルの**アプリケーション**選び、**プロキシ**を設定します。

▲ **図4-3-2　プロキシ設定**

もしVS Codeでプロキシを構成しない場合は、次の環境変数を参照します。

・HTTPS_PROXY
・https_proxy
・HTTP_PROXY
・http_proxy

110

4-4　GitHub Copilot拡張機能

VS CodeでGitHub Copilotを使用するには、「GitHub Copilot拡張機能」
(https://marketplace.visualstudio.com/items?itemName=GitHub.copilot) をイン
ストールする必要があります。

GitHub Copilotが有効なGitHubアカウントで認証を行うとVS Codeの下部パ
ネルにアイコンが表示されます。

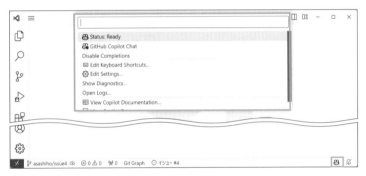

▲ **図4-4-1**　GitHub Copilot拡張機能

では、具体的にGitHub Copilot拡張機能がどのように動作しているかを見てみ
ましょう。

ユーザがVS Codeでコードを書くと、そのコンテキストを含むプロンプトが
GitHub Copilotに送信されます。このリクエストは「Copilot Proxy」という中間
サーバーを経由し、大規模言語モデルに到達します。Copilot Proxyは、セキュ
リティーフィルターや認証などのプロセスを経て、プロンプトを大規模言語モデ
ルに送信します。GitHub Copilotが利用している大規模言語モデルは、GitHub
のパブリックリポジトリにある膨大な数のコード例とドキュメントをもとに学習
したもので、コードのパターンやコードの意味を推論します。このモデルで推論
した結果を提案の候補としてVS Codeに返します。

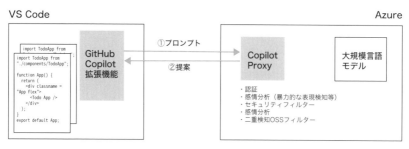

▲ **図4-4-2**　GitHub Copilotの動作

　GitHub Copilotは、Python、JavaScript、TypeScript、Ruby、Go、C#、C++ などさまざまな言語とフレームワークに対する候補を提示します。

Column　GitHub Copilotはどういうプロンプトを送っている？

大規模言語モデルを活用した生成AIはモデルの精度も重要ですが、モデルにどのような情報を与えるかのプロンプトエンジニアリングも重要になってきます。
GitHub Copilotが大規模言語モデルにどのようなプロンプトを送るかというところでもさまざまな工夫がなされています。たとえば、GitHub Copilotは、Fill-In-the-Middle（FIM）という考え方を取り入れています。FIMが導入される前は、ソースコード上でカーソルがおかれている箇所より前のコードのみがプロンプトに入力され、カーソルの後ろのコードは無視されていました。しかし、FIMではカーソルの前後のコードをプロンプトに入力することで、より多くのコンテキストをモデルに与えます。こうすることで、開発者が意図するコードとプログラムの残りの部分とがどのように整合されるべきかについて、より多くのコンテキストを得ることができます。
また、次の情報もプロンプト作成に関するパラメータとして利用されます。

　・使用されているプログラミング言語情報
　・プロジェクト内の現在のファイルへのパス情報
　・VS Code上で開いているタブ上のデータ

興味がある人は「How GitHub Copilot is getting better at understanding your code」（https://github.blog/2023-05-17-how-github-copilot-is-getting-better-at-understanding-your-code/）を参照してください。

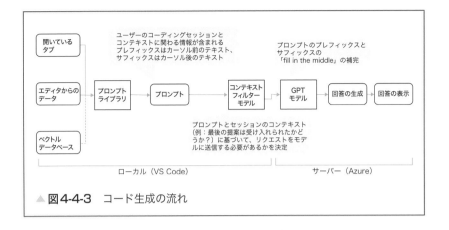

▲**図4-4-3**　コード生成の流れ

4-4-1　コードの提案

　GitHub Copilotが有効になっている状態でコードを入力すると、自動的に次の候補が灰色のテキストで表示されます。次の例の場合、「def calculateDaysBetweenDates(」まで入力した段階で候補が表示されています。この候補をそのまま受け入れるときは [Tab] を押します。

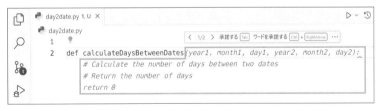

▲**図4-4-4**　コードの提案

　さらにほかの候補を表示したいときは次のショートカットキーを使います。

▼**表4-4-1**　Copilotの候補表示ショートカットキー

OS	次の候補を表示	前の候補を表示
macOS	[Option] または [Alt]+[]]	[Option] または [v]
Linux/Windows	[Alt]+[]]	[Alt]+[]]

```
day2date.py > calculateDaysBetweenDates
  1
  2   def calculateDaysBetweenDates(year1, month1, day1, year2, month2, day2):
          days = 0
          while year1 < year2:
              if isLeapYear(year1):
```

< 1/1 > 承諾する [Tab] ワードを承諾する [Ctrl] + [RightArrow] ···

```
              days += 365
          year1 += 1
      while month1 < month2:
          days += daysInMonth(year1, month1)
          month1 += 1
      days += day2 - day1
      return days
```

▲ 図4-4-5　コード提案の確認

候補を受け入れるときは [Tab] すべての候補を拒否するには、[Esc] を押します。

候補が複数あって、じっくり選びたいときは新しいタブに表示すると便利です。コードを入力して [Ctrl]+[Enter] を押します。

いくつか提示されたなかから、これは良いな！と思ったコードがあれば候補の上にある **Accept Solution** をクリックするとそれがコードに取り込まれます。どの候補も拒否したい場合は、そのままタブを閉じます。

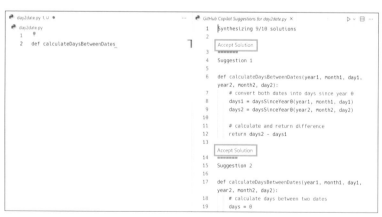

▲ 図4-4-6　コード提案の受け入れ

4-4-2　コメントからコード/コードからコメントを生成する

どのような関数を実装したいかを先にコメントを書き、そのコメントをもとにコードを提案させることもできます。

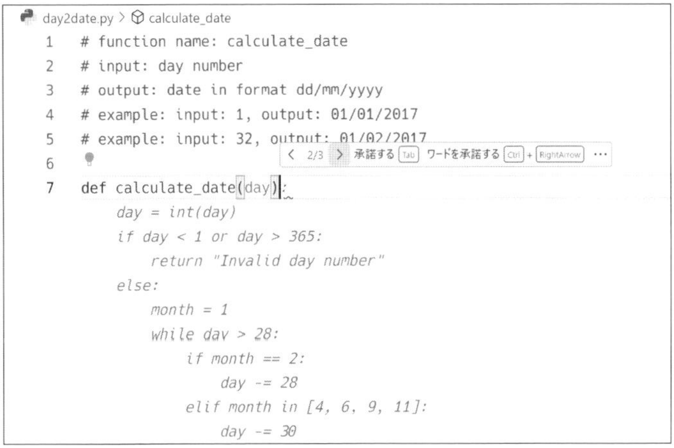

```python
day2date.py > calculate_date
1  # function name: calculate_date
2  # input: day number
3  # output: date in format dd/mm/yyyy
4  # example: input: 1, output: 01/01/2017
5  # example: input: 32, output: 01/02/2017
6
7  def calculate_date(day):
       day = int(day)
       if day < 1 or day > 365:
           return "Invalid day number"
       else:
           month = 1
           while day > 28:
               if month == 2:
                   day -= 28
               elif month in [4, 6, 9, 11]:
                   day -= 30
```

▲ **図4-4-7**　コメントからコード生成

逆にコードからコメントを生成したり、コードのロジックを説明したりもできます。クイックチャット技法を使用すると、コード内で直接質問をし、Copilotから回答を得ることができます。

● **リスト4-4-1**　クイックチャット技法

```
# me: <GitHub Copilitに質問したいことを入力する>
# copilot:
```

115

```
eratosthenes_sieve.py >
 1  # me: このコードを説明してください
 2  # copilot: エラトステネスの篩です。素数を求めるアルゴリズムです。
 3  def eratosthenes_sieve(n):
 4      primes = []
 5      sieve = [True] * (n + 1)
 6      for p in range(2, n + 1):
 7          if sieve[p]:
 8              primes.append(p)
 9              for i in range(p * p, n + 1, p):
10                  sieve[i] = False
11      return primes
```

▲ 図4-4-8　クイックチャット技法の例

クイックチャット技法は「Q:」「A:」でも動作します。

● リスト4-4-2　クイックチャット技法

```
# Q: <GitHub Copilitに質問したいことを入力する>
# A:
```

なお、生成AIに役割をあたえることで、より的確な情報を得ることができます。

● リスト4-4-3　役割を与える例

```
# Roles: copilot
#    Python のエキスパートで 15 年以上の経験があります
# Role: me
#    中堅エンジニア
#
# me: このループを最適化する最良の方法は何ですか?
# copilot: ベクトル化されたアプローチを使用するか、中間結果をキャッシュす
ることを検討してください。
```

> **Column** GitHub Copilotはどんなモデルが使われている？
>
> GitHub Copilotが登場した当初は、OpenAI社の「OpenAI Codex」(https://openai.com/blog/openai-codex) が使われていました。OpenAI CodexはGPT-3をもとに作られており、トレーニング データには自然言語に加えて公開されているGitHubリポジトリにある数十億行のソースコードが含まれていました。その後、GPT-3.5turboの派生版である「Sahara-base」というモデルを利用し、Copilot ChatはGPT-3.5turboを利用しました。そして、さらに改良が加えられ、2023年11月にはCopilot ChatがGPT–4を利用しているとのアナウンスがありました。GitHub Copilotは、今後も生成AIの進化とともに改良されていくことでしょう。
>
> GitHub Copilotの開発チームは、機械学習の専門家だけでなくMicrosoftでBing検索を担当していたメンバーなど、さまざまなバックグラウンドを持つメンバーで構成されています。OpenAIの大規模言語モデルを扱うことがどのようなものであったか、そしてそれがCopilotの開発にどのような影響を与えたかについて詳しくまとめたブログ「Inside GitHub: Working with the LLMs behind GitHub Copilot」(https://github.blog/2023-05-17-inside-github-working-with-the-llms-behind-github-copilot/) が公開されています。興味のある方は一読するとよいでしょう。

4-4-3　Copilotの無効化

　プロジェクトに関係のないファイル／提案をしてほしくないコードなどがある場合、GitHub Copilotを無効化できます。VS Codeの下部パネルにある**GitHub Copilot**アイコンを押し、**Disable Completions**メニューを選ぶと無効化されます。有効にすると、**GitHub Copilot**のアイコンに斜線が入るので、ステータスが確認できます。

▲ **図4-4-9**　Copilotの無効化

特定の言語を無効化したいときは、`settings.json`で定義します。たとえば、次はyamlファイルとテキストファイルについて、Copilotを無効化する例です。

●**リスト4-4-4**　Copilotの無効化の設定

```
{
    "editor.inlineSuggest.enabled": true,
    "github.copilot.enable": {
        "*": true,
        "yaml": false,
        "plaintext": false,
        "markdown": true,
        "javascript": true,
        "python": true
    }
}
```

4-5　GitHub Copilot Chat

GitHub Copilot Chat（以下Copilot Chat）とは、サポートされているエディタ/IDE内でコーディング関連の質問に対する回答をチャット型式で質問できる機能です。

VS Code内で生成AIに質問できるため、Webブラウザとエディタ/IDEの間を行ったり来たりすることなく、効率よく開発を進められます。

Copilot Chatを使うためには、「GitHub Copilot Chat拡張機能」（https://marketplace.visualstudio.com/items?itemName=GitHub.copilot-chat）をインストールします。

Copilot Chatは執筆時点で以下のエディタ/IDEで動作します。

・Visual Studio Code
・Visual Studio
・JetBrains IDE

・Vim/Neovim

・Azure Data Studio

Copilot Chatは、設計・プログラミング・テスト・デバッグなどのトピックに関する質問に回答できます。コーディング以外の質問に回答したり、コーディング以外のトピックに関する一般的な情報を提供したりする用途には適していません。

4-5-1　Copilot Chatの主なユースケース

VS CodeでCopilot Chatを使うと、さまざまなシナリオでコーディング支援ができます。

コーディングに関する質問への回答

コーディングに関する質問をすると、自然言語形式またはコードスニペット形式で回答してくれます。上級プログラマに相談したいけど、いまちょっと声をかけづらい…… などのタイミングで相談するなどができます。

コードの解説と修正

コードの機能と目的をわかりやすく説明してくれるので、たとえば他人が書いたコードや難解な処理を理解する助けになります。

また、エラーやエッジケースの処理の改善や、コードを読みやすくするためのリファクタリングなど、コードに対する潜在的な改善を提案することもできます。ただし解説や提案は必ずしも正しいとは限らないので、人間によるチェックは欠かせません。

また、エラーや問題のコンテキストに基づいてコードスニペットと解決策を提案することで、コードのバグを教えてくれます。たとえば、エラーメッセージが出た場合、コードの構文、および周囲のコードをみて可能な修正を提案してくれます。ただし、提案された修正が常に最適または完全であるとは限りません。かならず開発者自らが提案を確認して十分にテストする必要があることに注意してください。

Part1

O1

O2

O3

O4

Part2

O5

O6

O7

Part3

O8

O9

1O

11

12

13

単体テスト生成

　Copilot Chatは、VS Codeで開いているコードで単体テストケースを作成した
いときに役立ちます。たとえば、特定の関数のテストケースを記述する場合、
Copilot Chatを使用して、関数のシグネチャと本文に基づいて、可能な入力パラ
メーターと予想される出力値を提案してくれます。

　また手動で特定するのが難しいエッジケースや境界条件のテストケースの作成
にも役立ちます。たとえば、Copilot Chatは、エラー処理、null値、予期しない
入力タイプのテストケースを提案し、コードの堅牢性と回復力を確保するのに役
立ちます。ただし、生成されたテストケースがすべての可能なシナリオをカバー
しているわけではありません。コードの品質を保証するにはテストとコードレビ
ューが必要です。

Column Copilot Chatのログ

GitHub Copilot拡張機能のログは、VS Code拡張機能の標準ログの場所に格納さ
れます。VS Codeのメニューから［表示］→［出力］をクリックし、［出力］ビュ
ーの右側で、ドロップダウンメニューから［GitHub Copilot］→［GitHub
Copilot Chat］を選びます。

もしネットワークの問題によってGitHub Copilotへの接続に問題が発生した場合
は、コマンドパレットを開き、「Diagnostics」と入力して［GitHub Copilot:
Collect Diagnostics］を選ぶことで、診断ログを確認できます。

4-5-2 コーディングに関する質問への回答

チャットアイコンをクリックするとチャットビューが表示されます。

質問したい事項を入力し、 Enter キーを押すと、回答が返ってきます。

生成したコードをコピーしたいときは、🗋、開いているファイルに挿入したいときは 🔚 をクリックします。

また生成したコードをそのまま新しいファイルに挿入したいときは、「…」アイコンから **新しいファイルに挿入する** を選びます。また **ターミナルに挿入** を選ぶと実行もできます。

▲ **図4-5-1** GitHub Copilot Chatへの質問

スラッシュコマンドとは、GitHub Copilotに特定のタスクを実行するように指示するためのコマンドです。たとえば、コードの説明をさせたり、テストコードを生成したりできます。

Part1

01

02

03

04

Part2

05

06

07

Part3

08

09

10

11

12

13

▼ **表4-5-1**　Copilot Chatのスラッシュコマンド

コマンド	説明
/api	VS Code拡張機能の開発
/explain	選択したコードの詳細な説明
/fix	選択したコードのバグ修正
/new	新しいワークスペースのスキャフォールディング コード
/newNotebook	新しいJupyter Notebookの作成
/terminal	ターミナルでのタスク実行
/tests	選択したコードの単体テスト生成
/vscode	VS Codeのコマンドと設定
/help	GitHub Copilotに関するヘルプ
/clear	セッションクリア

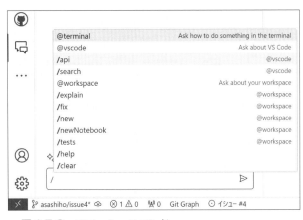

▲ **図4-5-2**　スラッシュコマンド

　エディタ上で Ctrl + Shift + i （macOS: Command + i ）を押すと、Copilot Chat のインラインチャットが開きます。

　インラインモードでは、コード内でプロンプトを入力して回答を得ることができます。

▲ 図4-5-3　インラインモード

4-5-3　コードの解説と修正

　GitHub Copilot拡張機能を使うとクイックフィックスのメニューとして
[Copilotを使用して修正する] と **[Copilotを使用して説明する]** も使えます。

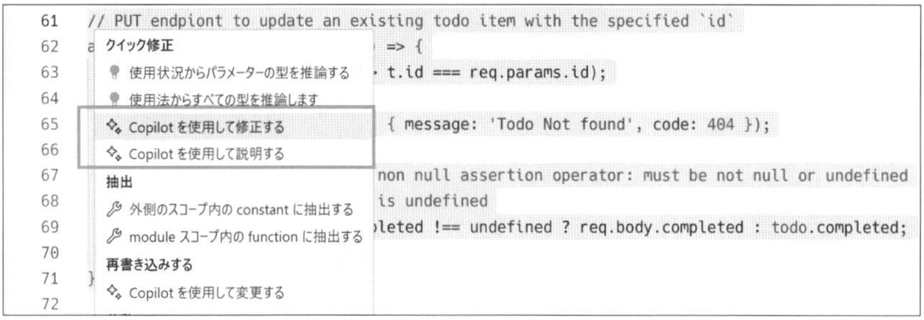

```
61     // PUT endpiont to update an existing todo item with the specified `id`
62   a  クイック修正                          => {
63      💡 使用状況からパラメーターの型を推論する    t.id === req.params.id);
64      💡 使用法からすべての型を推論します
65      ✦ Copilot を使用して修正する           { message: 'Todo Not found', code: 404 });
66      ✦ Copilot を使用して説明する
67      抽出                                non null assertion operator: must be not null or undefined
68      🔎 外側のスコープ内の constant に抽出する    is undefined
69      🔎 module スコープ内の function に抽出する   leted !== undefined ? req.body.completed : todo.completed;
70      再書き込みする
71   }  ✦ Copilot を使用して変更する
72
```

▲ 図4-5-4　コード修正用のメニュー

　コードを選択し、クイックフィックスメニューの **[Copilotを使用して説明する]**
を押すと、Copilot Chatのコードの解説がチャットビューに表示されます。

▲ 図4-5-5　コードの解説

　このサンプルのコードでは、reqとresの型が明示的に指定されていないため、TypeScriptはanyと推測します。ここでクイックフィックスメニューの［Copilotを使用して修正する］を押すと、コードの修正案が提案され、［同意する］を押すと変更内容が反映されます。変更箇所の差分を確認できるので、提案された内容が正しくない場合は［破棄］を押して追加の修正を行うこともできます。

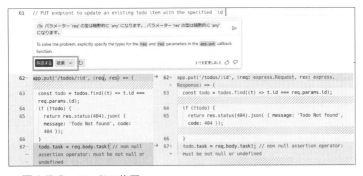

▲ 図4-5-6　コードの修正

4-5-4 単体テスト生成

Copilot Chatで単体テストを生成したいときは、コードを選択して右クリックのメニューの［**Copilot**］→［**テストを生成する**］または、チャットビューで/testsスラッシュコマンドを入力することで自動生成できます。

▲ **図4-5-7** 単体テストの生成

テストコードは別ファイルが生成されるので、保存して実行できます。便利な機能ではありますが、すべてのテストケースを網羅して生成されるというわけではないので、必ず開発者による確認が必要です。

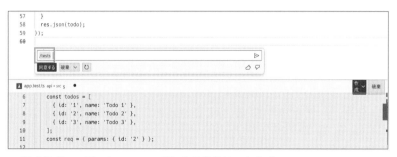

▲ **図4-5-8** スラッシュコマンドによる単体テスト作成

4-5-5 ドキュメントの作成

Copilot Chatを使うとソースコードに書くコメントを自動生成できます。コメ

Part1
01
02
03
04
Part2
05
06
07
Part3
08
09
10
11
12
13

ントを入れたいソースコードを選択し、チャットビューで/doc スラッシュコマンドを入力するか、右クリックのメニューの［**Copilot**］→［**ドキュメントを生成する**］を選ぶと、コードの内容に基づいたコメントが生成されます。

▲ **図4-5-9**　ドキュメントの作成

Column　Jupyter Notebook の作成

GitHub Copilot の /newNotebook スラッシュコマンドを使うとJuputer Notebook を生成できます。たとえばデータサイエンスなどでコードを試行錯誤したいときなどに便利です。なお、Juputer Notebook のコードセル内でもインラインチャットが利用でき、通常のソースコートと同じようにコードの提案もできます。

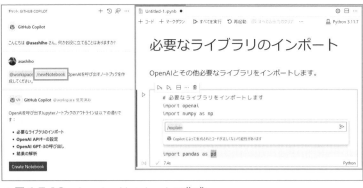

▲ **図4-5-10**　Jupyter Notebook の作成

4-5-6 コンテキスト変数

コンテキスト変数を使用すると、チャット内の質問にコンテキストを追加できます。たとえば、@workspaceエージェントには、ワークスペース内のファイルやコードに関するコンテキストを追加できます。コンテキスト変数は、#で始まります。執筆時点では、表4-5-2のコンテキスト変数が使用できます。

▼ **表4-5-2** Copilot Chatのコンテキスト変数

コンテキスト変数	説明
#file	指定したファイルを含める#file:<ファイル名>
#selection	ユーザーが選択しているコードを含める
#editor	エディターで表示しているコードを含める
#terminalSelection	ターミナルで選択した箇所を含める
#terminalLastCommand	ターミナルで最後に実行したコマンドと結果を含める

たとえば、@workspace /explain #selectionとすると、選択したコードについて説明させることができます。@workspaceエージェントについては後述します。

4-5-7 チャットエージェント

GitHub Copilotの大規模言語モデル（LLM）は、ある時点でのパブリックリポジトリのソースコードでトレーニングされています。そのため、汎用的なプログラミングの知識はもっていますが、今現在開発者がVS Codeで書いているワークスペース上のソースコードについては情報をもっていません。そのため、Copilot Chatは質問に適切に答えるのに役立つコードのスニペットを送信します。そして関連性の高いコードに基づいて、より適切な提案をしようとします。ただし、モデルに送信できるコード／プロンプトの量には制限があります。

小規模なプロジェクトであれば問題になりませんが、大規模なソースコードリポジトリの場合、すべてのファイルの内容をモデルに送信するのは困難です。より良い回答を得るためには、適切な量および関連するコンテキストを効率よく送信することが必要です。これらの課題を解決するのが「エージェント」です。

Part1

01

02

03

04

Part2

05

06

07

Part3

08

09

10

11

12

13

　エージェントは、チャット内で@シンボルを付けて呼び出せます。執筆時点では次のエージェントが用意されています。

▲ 図4-5-11　チャットエージェント

@workspaceエージェント

　ワークスペース内のコードに関するコンテキストをもち、コードをナビゲートして関連するファイルやクラスを見つけることができます。

▲ 図4-5-12　@workspaceエージェント

　GitHubリポジトリはGitHubの検索エンジンである「Blackbird」によってインデックス化されています。@workspaceエージェントは、リポジトリにアクセスするためのツールとしてこのインデックスを使用します。@workspaceエージェントは、関連するコードスニペットとメタデータを返すセマンティック検索を実行し

ます。

　次に@workspaceエージェントは、@workspaceローカルのコミットされていな
い変更やCopilotの会話履歴などの追加のコードを見つけるため、ローカル イン
デックスに対するテキスト検索を行います。さらに、VS Codeの言語インテリジ
ェンスを使用して、関数のシグネチャ、パラメーター、さらにはインライン ドキ
ュメントなどの重要な詳細を追加します。

これらのコンテキストはすべて、@workspaceエージェントによってランク付けさ
れ、要約された後、質問に答えるために大規模言語モデルに送信されます。

@vscodeエージェント

　エディタ自体のコマンドと機能について回答します。設定が必要な箇所は
[Show in Settings Editor] ボタンが表示されます。これは、@vscodeエージェ
ントがVS Codeの設定エディタやコマンドパレットを呼び出すツールも提案でき
るためです。

🔹 **図4-5-13** @vscodeエージェント

@terminalエージェント

　統合ターミナルに関するコンテキストが含まれています。ターミナルで実行したい内容をプロンプトで与えると適切なコマンドが提案されます。また、Ctrl + Alt + Enter を押すと、提案されたコマンドを統合ターミナルにコピーできます。

▲ **図4-5-14**　@terminalエージェント

　また、**@terminal #terminalSelection**で選択した箇所のコマンドの内容を説明させることもできます。

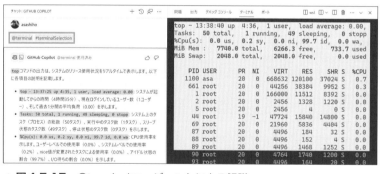

▲ **図4-5-15**　@terminalエージェントによる解説

　また、エージェントは、特定の種類の質問やタスクに対するスラッシュ コマンドと併用できます。たとえば、**@workspace /explain**とすると、ワークスペースのコンテキストを使ってファイルまたはコードの選択について説明します。

▲ **図4-5-16** スラッシュコマンドの活用

▼ **表4-5-3** Copilot Chatのエージェントとスラッシュコマンド

エージェントとスラッシュコマンド	説明
@workspace /explain	選択したコードがどのように機能するかを説明
@workspace /fix	選択したコードのバグの修正を提案
@workspace /new	新しいプロジェクトの作成
@workspace /newNotebook	新しいJupyter Notebookの作成
@workspace /tests	選択したコードの単体テストを生成
@vscode /api	VS Code拡張機能の開発に関する質問
@terminal	ターミナルでの処理を説明

Column GitHubのコード検索を支えるエンジン「Blackbird」

GitHubは新しいコード検索エンジン「Blackbird」を開発しました。これは、Rustでゼロから作られたもので、コード検索の領域に特化しています。Blackbirdの開発は、以下の3つの理由から進められました。

・コードの質問をすることで答えを得るというユーザーエクスペリエンスが必要
・コード検索が一般的なテキスト検索とは異なる
・常に変化するGitHub上の膨大なデータをインデックス化する必要がある

そのため、GitHubは既存のソリューションを使用するのではなく、独自の検索エンジンを開発することを決めました。この新しいコード検索エンジンは、現在、ベータ版では、約4500万のリポジトリ/115TBのコードを検索できます。
Blackbirdで使用されている技術の詳細については、ブログ「The technology behind GitHub's new code search」（https://github.blog/2023-02-06-the-technology-behind-githubs-new-code-search/）で公開されています。

4-5-8　コミットメッセージの自動作成

GitHubではコミットメッセージからどのような更新があったのかを判断することが多いため、適切なコミットメッセージを記述するのが望ましいものの、文章を作成するのは面倒な作業でもあります。

Copilot Chatを使うとコミットメッセージの **[sparkle]** ボタンをクリックすると、コードの変更内容に基づいて、自動でコミットメッセージを生成できます。

▲ **図4-5-17**　コミットメッセージの自動作成

Column Copilot Chatの言語設定

Copilot ChatはVS Codeで設定された表示言語を使用して応答します。使用する言語を変更したいときは、settings.jsonのgithub.copilot.chat.localeOverrideで設定できます。ここで日本語「ja」を設定しておけば、コミットメッセージも日本語で生成されます。

```
"github.copilot.chat.localeOverride": "ja",
```

なお、ユーザー設定UIで設定するときは、次のように「ja」を設定します。

▲ **図4-5-18**　Copilot Chatの言語設定

4-5-9 音声入力のサポート

「VS Code Speech拡張機能」（https://marketplace.visualstudio.com/items?itemName=ms-vscode.vscode-speech）をインストールすると、チャットの入力フィールドで音声入力が利用できます。

コードを開き「Hey Code」と呼びかけることで、チャットが開きます。続けて音声で質問をすると、Copilot Chatが回答を返します。

どのチャットを開くかは、settings.jsonの`accessibility.voice.keywordActivation`で設定できます。

▼**表4-5-4** accessibility.voice.keywordActivationの設定値

設定値	説明
chatInView	チャットビューを開く
quickChat	クイックボイスチャットを開く
inlineChat	インラインチャットを開く
chatInContext	フォーカスがエディターにある場合はインラインチャットを開き、それ以外の場合はチャットビューから音声チャットを開く

また、インライン チャットに「ホールドして話す」機能が追加されました。Ctrl + I（macOS：⌘ + I）を押して、インライン チャットを起動します。キーを押したままにすると、音声録音が自動的に開始されます。キーを話すと、音声入力が停止し、録音された音声がテキストに変換されます。音声から文字への変換はローカルマシン上で行われます。

言語を設定したいときは、settings.jsonの`accessibility.voice.speechLanguage`で指定します。たとえば、日本語を認識させたいときは、次のように設定します。

```
"accessibility.voice.speechLanguage": "ja-JP",
```

なお、ユーザー設定UIで設定するときは、次のように言語を選択してください。

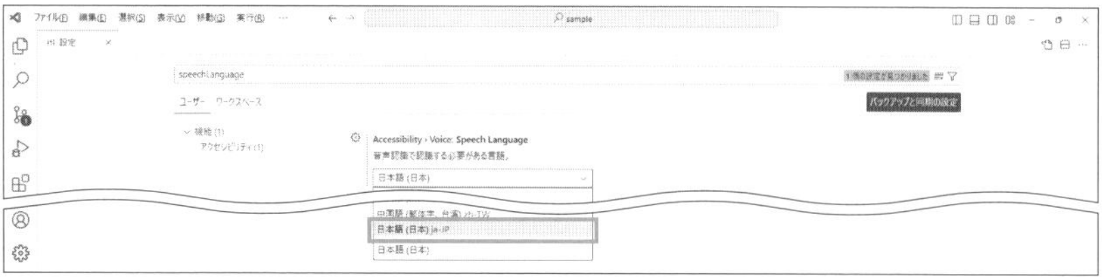

▲ 図4-5-19　Copilot Chatの言語設定

　音声入力を無効化したいときは、settings.jsonの `inlineChat.holdToSpeech`の
チェックを外してください。

4-6　Copilotを使うときのコツ

　Copilotに具体的にどのような質問をすれば、より意図に近い回答を得られる
のでしょうか？ここでは、いくつかのコツを説明します。

プロンプトを工夫する

　Copilot Chatは、コーディングに関連する質問に答えることに最適化したモデ
ルをつかっています。コーディングに関係する質問のみ留めましょう。また、英
語で書いたほうがより意図したコードを提案します。プロンプトのヒントは「How
to use GitHub Copilot: Prompts, tips, and use cases」（https://github.blog/2023-
06-20-how-to-write-better-prompts-for-github-copilot/）にまとまっています。

適切なコンテキストを送る

　Copilotに何を助けてほしいのか明確にするため、適切なコンテキストを送る
ことが重要です。たとえば、特定のファイルや関数についての質問をするときは、
そのファイルや関数を選択して質問をすると、より適切な回答を得られます。た
とえば、型定義ファイルやインターフェースの定義、さらにコーディング規約な
どがある場合は、それらを明示しましょう。

トップレベルのコメント

　人間に仕事を依頼するのと同じように、作業中のファイル内のトップに概要を
コメントしておくとCopilotが理解するのに役立ちます。

134

適切なインクルードと参照

　作業に必要なインクルードまたはモジュール参照を手動で設定することをお勧めします。使用したいフレームワーク、ライブラリ、およびそれらのバージョンをCopilotに知らせることが大事です。

わかりやすい関数名

　処理内容が推測できる分かりやすい関数名は可読性が上がりますが、Copilotもコード補完をするのに役立ちます。また、関数のコメントはCopilotが詳細を把握するのに役立ちます。

サンプル コードの利用

　Copilotを適切なページに表示するためのコツは、探しているものに近いサンプルコードをコピーして、開いているエディターに貼り付けることです。例を提供することで、Copilotがそれをもとにした提案を生成するのに役立ちます。Copilotが必要な実際に使用するコードの提供を開始したら、ファイルからサンプルコードを削除すればよいでしょう。

Copilot Chatをツールとして使う

　Copilot Chatはコードを生成するための便利なツールですが、100% 人間のプログラミングの代わりをしてくれるものではありません。Copilot Chatによって生成されたコードや回答が正しいかどうかを判断できる人が利用し、エラーやセキュリティ上の懸念がないことを確認する必要があります。

　Copilotが生成するコードは常に安全であるとは限りません。ハードコードされたパスワードやSQLインジェクションの脆弱性の回避、コードレビューのベストプラクティスなど、安全なコーディングのためのベストプラクティスに従う必要があります。

繰り返し質問する

　Copilotは、必ずしも正しいコードを提案するとは限りません。最適なコードを提案させるには、繰り返して質問して修正させ、開発者が意図したコードになるようにすることが重要です。たとえば、分かりにくい変数名を提案されたときは、その変数名を変更して再度質問したり、古いライブラリを使った提案があっ

Part1

01

02

03

04

Part2

05

06

07

Part3

08

09

10

11

12

13

たときは、最新のライブラリを使った提案を求めるなどを行ってください。

最新の状態を保つ

　Copilot Chatは新しいテクノロジーであり、今も進化をつづけています。そのため常に最新の拡張機能を利用するようにしましょう。VS Codeでは拡張機能を自動で更新をすることができます。

`Column` GitHub Copilot はどうやって改良している？

GitHub Copilotの開発は、GitHub社の研究開発を行うチーム「GitHub Next」から始まりました。大規模言語モデルの性能向上だけでなく、ユーザから収集した以下のメトリックをもとに、GitHub Copilotの改良を行っています。

- **Acceptance rate:** 生成されたコードのうち、開発者が受け入れたものの割合
- **Accepted and retained characters:** 生成されたコードのうち、開発者が受け入れたものの文字数

GitHub社は、GitHub Copilotを開発者のライフサイクル全体に拡張するために大規模言語モデルをどのように検証しているかを垣間見ることができるブログ「How we're experimenting with LLMs to evolve GitHub Copilot」(https://github.blog/2023-12-06-how-were-experimenting-with-llms-to-evolve-github-copilot/) を公開しています。

4-7　GitHub Copilot の今後の機能拡張

　GitHub Copilotは進化が早く、今後も機能拡張が予定されています。ここでは、今後の機能拡張の予定を紹介します。

　今後どのような機能が追加されるかの最新情報は、「The latest GitHub previews」(https://github.com/features/preview) で確認できます。

　いち早く試したい機能があるときは、waitlistに登録することで、先行して試すことができます。

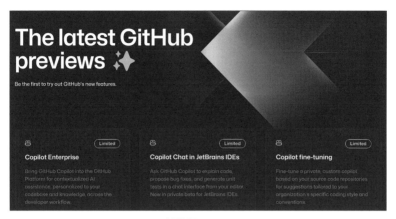

▲ **図4-7-1**　GitHub Copilotの機能拡張

特に筆者が注目している機能は**GitHub Copilot Workspace** です。

これは、米GitHubの年次イベント「GitHub Universe 2023」で発表された機能で、Issueを起点にCopilotがIssueに対応した仕様を書き、実装プランを示し、それに沿ってコーディングや既存のコードの修正を行い、ビルドをしてエラーがあれば修正までをAIで行うというものです。

Copilot Workspaceは執筆時点ではテクニカルプレビュー段階ですが、将来的には、CodeQLを通じて見つかったセキュリティアラートに対処したり、依存関係を新しいバージョンに移行したり、あるライブラリから別のライブラリに移行したり、Pull Requestのレビューのコメントを解決したりするなどが計画されています。

・「Universe 2023: CopilotがGitHubをAIを駆使した開発者プラットフォームへと変貌させる」（https://github.blog/jp/2023-11-09-universe-2023-copilot-transforms-github-into-the-ai-powered-developer-platform/）
・「Copilot Workspace」（https://githubnext.com/projects/copilot-workspace）

Part1

O1

O2

O3

O4

Part2

O5

O6

O7

Part3

O8

O9

10

11

12

13

> **Column** 「AIによるコーディング支援のエンタープライズ向けプラン
> 「GitHub Copilot Enterprise」
>
> 2024年2月に「GitHub Copilot Enterprise」が一般提供されました。GitHub
> Copilot Enterpriseは、組織のコードベース全体のコンテキストを理解し、組織の
> コードベースの集合知を利用して、開発者が迅速にコードを書くことができます。
>
> Copilot Chat in GitHub.comは、チャットをGitHub.comに組み込むことで、開
> 発者がコードに関する質問を自然言語で行い、回答を受け取れるようになります。
> このとき、リポジトリにあるマークダウンで書かれたドキュメントを確認できるた
> め、組織固有のコードベースと基準に合わせてパーソナライズされた提案ができ
> ます。たとえば議事録やプロジェクトで準拠している仕様書などのドキュメントを
> md（マークダウンファイル）で書いておけば、その内容を考慮した回答が得られ
> ます。
>
> また、GitHub Copilot pull request summariesでは、プルリクエストの変更内容
> を要約できるため、プルリクエストの変更内容を理解しやすくなります。プルリク
> エストのdiff（差分）を分析する機能もあり、レビュアーは提案された変更を確認
> しながら適切なフィードバックができます。
>
> ・「GitHub Copilot Enterpriseについて」（https://docs.github.com/ja/copilot/
> github-copilot-enterprise/overview/about-github-copilot-enterprise）
>
> さらに、アドオン機能として大規模言語モデルそのものを組織のコードベースを
> 使ってファインチューニングすることにより、Copilotの出力をその組織のコーディ
> ングスタイルや慣例に沿ったものにすることが可能になります。執筆時点ではま
> だ出てきたばかりですが、今後の発展が期待されます。公式サイトを参照して、
> 最新の情報を確認してください。

Part 2
統合開発環境としての
Visual Studio Code

Chapter 5 ● プログラミング支援機能
Chapter 6 ● リモート開発
Chapter 7 ● Web アプリケーション開発

VS Codeには、エディターとしての機能だけではなく、プログラミングを支援するための機能やソフトウェアをチームで開発するための機能などが提供されています。それらの機能群は、VS Codeの拡張機能を通して提供されるものも多く、活用することでVS Codeの威力を最大限に発揮できます。

このパートでは、まず、ターミナルやIntelliSense、リファクタリング、デバッグなど、プログラミング支援機能について説明します。そして、リモート開発やアプリケーション開発をVS Codeで実現する方法についても解説します。これらの機能群を体感すると、VS Codeは開発作業を部分的に支えるだけのものではなく、開発全体を中心で支えるソフトウェアだということを理解できることでしょう。

Part1
01
02
03
04
Part2
05
06
07
Part3
08
09
10
11
12
13

Chapter 5

プログラミング支援機能

VS Codeは、デバッグやリファクタリング、IntelliSenceなど、開発者向けの便利な機能を数多く備えています。この章では、プログラマーの開発支援向けの機能を紹介します。

5-1　準備&インストール

　このパートでは、Node.jsを利用しています。すでにインストール済みでなければ、まずはインストールしましょう。

5-1-1　Node.jsとnpm

　Node.jsの公式サイトからインストーラーパッケージを入手します。

・https://nodejs.org/en

▲ 図5-1-1　Node.js公式サイト

　利用環境に合ったLTS（Long Term Support）版を選択し、ダウンロードします。ダウンロードできたら、セットアップウィザードを実行します。いくつかの選択肢が出てきますが、デフォルトのまま進めても問題ありません。環境に合わせて、パスなどを変更することも可能です。また、Node.js関連のツールやパッケージをインストールしたり管理したりするパッケージ管理システムである

「npm（Node Package Manager）」も同時にインストールされます。

▲ **図5-1-2** セットアップウィザードの実行画面

次の画面が表示されたらインストールは完了です。

▲ **図5-1-3** セットアップウィザードの終了

インストールが完了したら、Windowsであればコマンドプロンプトから、
macOS／Linuxであればターミナルから次のコマンドを実行し、正常にインス

トールされていることを確認してください。

● **コマンド5-1-1**　node.jsのインストール確認

```
node --version
v20.11.1
npm --version
10.2.4
```

※ 執筆時点でのバージョンです。以降のバージョンであれば問題ありません。

5-1-2　TypeScript

　ここでは、npmを利用したTypeScriptのインストール方法を紹介します。TypeScript公式ドキュメント[※1]も参考にしてください。

　npmがインストールされていれば、次のコマンドでTypeScriptのインストールが可能です。

● **コマンド5-1-2** TypeScriptのインストール

```
npm install -g typescript
...
...
updated 1 package in 1.847s
```

　Linuxなどの環境によっては、sudo権限でインストールしなければならない場合があります。

● **コマンド5-1-3**　sudo権限でのTypeScriptのインストール

```
sudo npm install -g typescript
```

　次のコマンドで、正常にインストールされていることを確認してください。

※1　https://www.typescriptlang.org/docs/handbook/typescript-in-5-minutes.html

● コマンド5-1-4　TypeScriptのインストール確認

```
tsc -v
Version 5.3.3
```

※ 執筆時点でのバージョンです。以降のバージョンであれば問題ありません。

5-2　統合ターミナル

VS Codeには、「統合ターミナル」パネルが用意されています。

メニューから［表示］→［ターミナル］を選択するか、Ctrl+`（macOS：Ctrl+`）を入力すると、VS Codeの下部のパネルにターミナルウィンドウが開きます。もう一度同じショートカットを入力すると非表示になります。

また、Ctrl+Shift+`（macOS：Ctrl+Shift+`）を入力すると、新しいターミナルウィンドウが開きます。

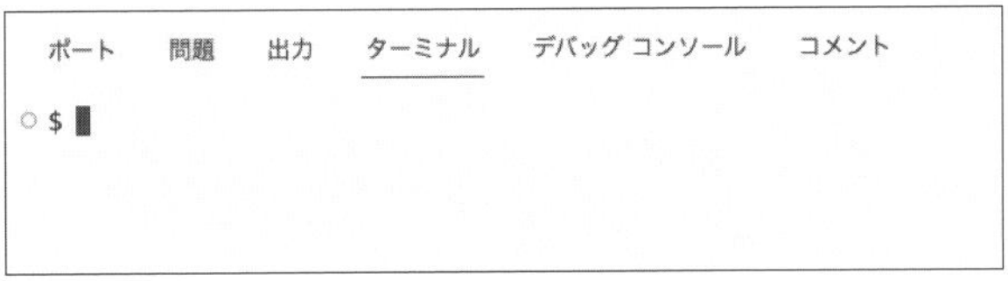

▲ 図5-2-1　ターミナルウィンドウ

> **Hint　バッククォートキーが認識されない場合**
> Windowsの英語配列キーボードで日本語IMEを利用している場合は`（バッククォートキー）が無効になってしまい認識されない場合があります。その場合は他のショートカットキーを割り当てるなどしましょう。

5-2-1　ターミナルの基本操作

VS Code下部のパネルには、［ポート］［問題］［出力］［ターミナル］［デバッグコンソール］というタブが並んでいます。それぞれのタブをクリックすると、パネルに表示するものを切り替えられます。また、パネル上部の境界線をドラッグすれば、画面上での表示サイズを変更できます。右端の∧をクリックすると、

パネルを最大化表示できます。なお、複数のターミナルを起動することが可能です。新しいターミナルを起動したいときは、右端の⊞をクリックします。作業対象のターミナルは、その下にあるリストから選択します。このように複数のターミナルを作成すれば、ターミナルごとに作業を分けることができます。🗑をクリックすると、現在表示されているターミナルが削除されます。

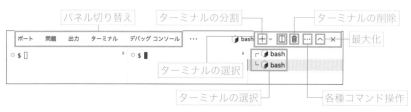

▲ **図5-2-2**　ターミナルウィンドウの機能

　ターミナルでは、ショートカットキーによるコピー&ペーストが可能です。

▼ **表5-2-1**　ターミナルでのコピー&ペーストのキーバインド

OS	コピー	ペースト
Windows	[Ctrl]+[C]	[Ctrl]+[V]
macOS	[⌘]+[C]	[⌘]+[V]
Linux	[Ctrl]+[Shift]+[C]	[Ctrl]+[Shift]+[V]

ターミナル分割

　ターミナルを分割表示したいときは分割アイコンをクリックするか、[Ctrl]+[Shift]+[5]（macOS：[⌘]+[\]）を押します。
また、分割したターミナルは、次のショートカットキーでフォーカス移動ができます。左右にグループ分割している場合、左右のターミナルを行ったり来たりすることができます。

▼ **表5-2-2**　ターミナルのフォーカス移動

OS	前のペインにフォーカス	次のペインにフォーカス
Windows	[Alt]+[←]	[Alt]+[→]
macOS	[Option]+[⌘]+[←]	[Option]+[⌘]+[→]

選択したテキストを実行

　VS Codeでは、エディターで選択している文字をそのままターミナルで実行できます。それにはrunSelectedTextコマンドを使用します。まずエディターでテキストを選択し、コマンドパレットから［**ターミナル：アクティブなターミナルで選択したテキストを実行**］を選びます。すると、エディター上で選択したテキストがそのままターミナル上で実行されます。この機能を使うことで、一連のコマンドをエディターで編集して連続で実行する場合に、1行ずつコピー＆ペーストをせずに済むので便利です。

▲ **図5-2-3**　選択したテキストを実行

　上記の例では、エディターで選択している ls の行が、ターミナルで実行されています。
　なお、エディターでテキストが選択されていない場合は、カーソルが置かれている行の全てがターミナルで実行されます。

5-2-2　ターミナルの設定

　統合ターミナルで設定できる項目は、メニューの［ファイル］→［ユーザー設定］（macOS: ［Code］→［基本設定］）→［設定］で［設定］エディターを開いて左側のメニューで［機能］→［ターミナル］とナビゲーションします。または、［設定］エディターを開いたあと、［設定の検索］入力ボックスから「Terminal」で検索しましょう。

▲ **図5-2-4**　ターミナルの設定

ターミナルの既定のプロファイル（Default Profile）

統合ターミナルのデフォルト設定では、Windows 10以降ではPowerShellが、それ以前のWindowsではcmd.exeが開きます。macOS ／ Linuxでは$SHELLが開きます。これを変更するには、コマンドパレットから［**ターミナル:既定のプロファイルの選択**/Terminal: Select Default Profile］を選択します。

▲ **図5-2-5**　ターミナルの既定のプロファイル設定

たとえば、Windowsの場合は「コマンドプロンプト」「PowerShell」「WSL Bash」「Git Bash」が、Macの場合は「bash」「zsh」などが選べます。自分が一番便利に使えるシェルを設定しておくとよいでしょう。

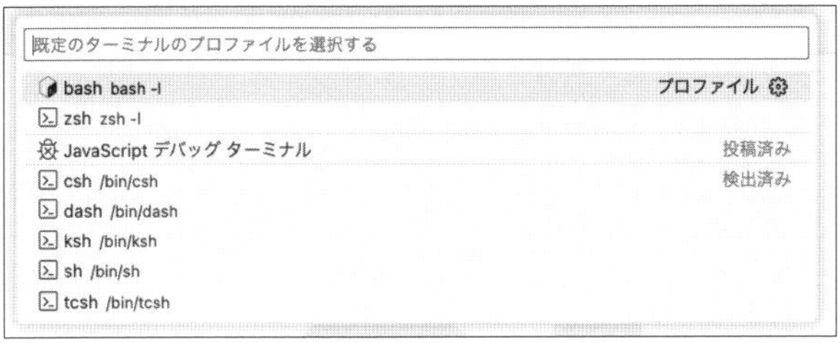

▲ **図5-2-6** ターミナルの既定のプロファイルのカスタマイズ例

settings.jsonでユーザー設定を指定するときは、次のような設定を行います。以下のように［設定］エディターから［settings.jsonで編集］を選択するとよいでしょう。

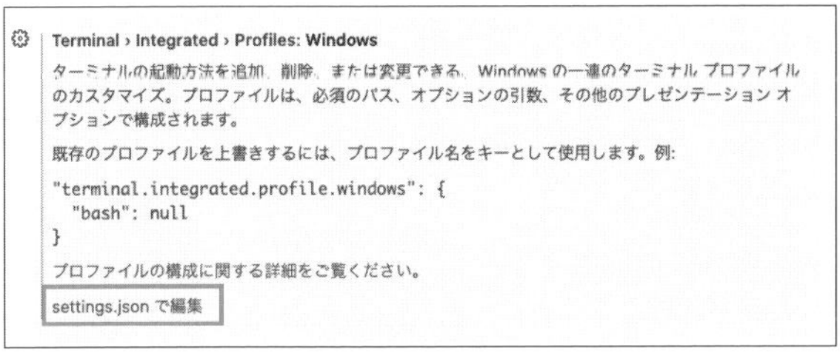

▲ **図5-2-7** ［settings.jsonで編集］を選択するとsettings.jsonを編集できる

● **リスト5-2-1** ユーザー設定でターミナルで使うシェルを指定（Windowsの例）

```
"terminal.integrated.profiles.windows": {

    "PowerShell": {
        "source": "PowerShell",
        "icon": "terminal-powershell"
    },
    "Command Prompt": {
        "path": [
            "${env:windir}\\Sysnative\\cmd.exe",
            "${env:windir}\\System32\\cmd.exe"
        ],
        "args": [],
        "icon": "terminal-cmd"
    },
```

```
    "Git Bash": {
        "source": "Git Bash"
    }
}
```

　さらにこのなかで既定のプロファイルを指定する場合、以下のように設定します（Windowsの例）。
　ここでの名前の指定「PowerShell」は上記の設定と一致するようにしましょう。

```
"terminal.integrated.defaultProfile.windows": "PowerShell"
```

　なお、ターミナルで実行されるシェルは、VS Codeの権限で実行されます。

組み込みのプロファイルを非表示にする
　自分では決して使わないターミナルを非表示にしたい場合もあるでしょう。その場合は以下のようにnullで上書きすることで、⊞アイコンで新たにターミナルを開く選択するときなどに非表示にできます。

```
{
  "terminal.integrated.profiles.windows": {
    "Git Bash": null
  }
}
```

フォントと行の高さ
　ターミナルのフォントと行の高さをカスタマイズ可能です。ターミナルのフォントの設定項目は、リスト5-2-2のとおりです。これらはエディターの設定と区別されているため、ターミナルのフォントをエディターのフォントとは別に設定したいときに有効です。

●リスト5-2-2　ターミナルのフォント設定項目

```
terminal.integrated.fontFamily
terminal.integrated.fontSize
```

```
terminal.integrated.fontWeight
terminal.integrated.fontWeightBold
terminal.integrated.lineHeight
```

ターミナルのセッション名の変更

　統合ターミナルのセッション名は、コマンドパレットより［Terminal：Rename（workbench.action.terminal.rename)］コマンドを使用して変更できます。このコマンドを実行すると、新しい名前を入力するためのテキストボックスが表示されます。

特定のフォルダーで開く

　デフォルトでは、ターミナルは現在エクスプローラーで開かれているフォルダーをカレントにして起動しますが、terminal.integrated.cwdを設定することで、任意のフォルダーをカレントにして開くことができます。たとえば、/home/userでターミナルを開きたいときは、ユーザー設定で次のように記述します。

●リスト5-2-3　デフォルトのフォルダーをカレントに設定

```
"terminal.integrated.cwd": "/home/user"
```

5-3　IntelliSense

　「IntelliSense」は、コード補完、パラメーター情報、クイック情報、メンバーリストなど、さまざまなコード編集機能を指す一般用語です。「コード補完」「コンテンツアシスト」「コードヒント」などの名前で呼ばれることもあります。

5-3-1　プログラミング言語

　VS CodeのIntelliSenseは、JavaScript、TypeScript、JSON、HTML、CSS、SCSS、LESSなどの言語に関しては、すぐに使用できるように提供されています。また、言語拡張機能をインストールすることで、さらに多くの言語でIntelliSenseを使用するように構成できます。

　次に示したのは、VS CodeのMarketplaceで人気のある代表的な言語拡張機能です。

- ・Python
- ・C/C++
- ・C #
- ・Java Extension Pack
- ・Go
- ・Dart
- ・PHP Extension Pack
- ・Ruby

5-3-2　IntelliSenseと言語サービス

　IntelliSenseの機能は、「**言語サービス**」（Language Service）によって強化されています。言語サービスは、言語セマンティクスとソースコードの分析に基づいて、賢いコード補完を提供します。言語サービスが補完が可能であると認識した場合、入力時にIntelliSenseの提案がポップアップ表示されます。文字の入力を続けると、メンバー（変数、メソッドなど）のリストがフィルターされ、入力した文字を含むメンバーのみが含まれます。Tab または Enter を押すと、選択したメンバーが挿入されます。また、Ctrl + Space を押すか、起動文字（JavaScriptのドット文字「.」など）を入力することにより、エディターウィンドウでIntelliSenseを起動できます。

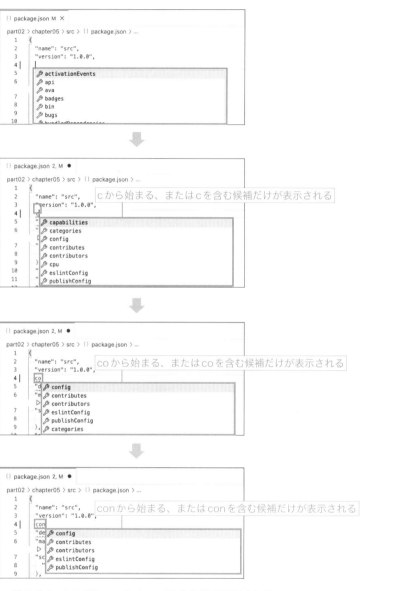

▲ **図 5-3-1** IntelliSenseによって入力候補が表示される

Part1

01

02

03

04

Part2

05

06

07

Part3

08

09

10

11

12

13

Column　言語サービスとは

VS Code自体の実装に、すべてのプログラミング言語の実装が組み込まれていると、利用者としては追加で拡張機能をインストールする必要がなく、便利だと思うかもしれません。しかし、実際のVS Codeの実装はそうなっていません。世の中に数多く存在するプログラミング言語の挙動をカバーしようとすると、莫大な量の実装が必要になるからです。

このように爆発的にVS Codeの実装が大きくならないように、VS Codeにおける各言語の実装は「言語サーバー」(Language Server)という仕組みで分離されています。VS Codeと言語サーバーが「言語サーバープロトコル」(Language Server Protocol)という標準化されたプロトコルを介して連携することで各言語サポートが実現されています。

次に示した図は、右側の各プログラミング言語ごとの言語サーバーを、左側の1つのクライアントであるVS Codeが複数利用している図を示しています。

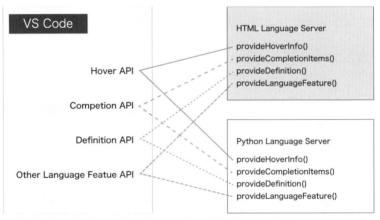

▲ **図5-3-2**　VS Codeが複数の言語サービスを利用する構造

逆に、これらの言語サーバーは、ほかのクライアントから利用されることも想定しています。たとえば、AtomやVimなどのVS Code以外のエディターからも同様に言語サーバーを利用することができます。

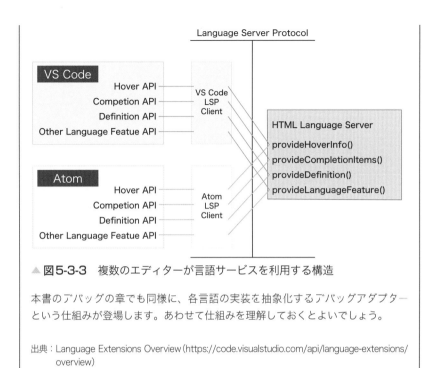

▲ 図5-3-3　複数のエディターが言語サービスを利用する構造

本書のデバッグの章でも同様に、各言語の実装を抽象化するデバッグアダプターという仕組みが登場します。あわせて仕組みを理解しておくとよいでしょう。

出典：Language Extensions Overview（https://code.visualstudio.com/api/language-extensions/overview）

Tips　補完候補の絞り込みをするために便利なテクニック

補完機能を利用する際に、覚えておきたいのが「キャメルケースフィルタリング」です。たとえば、「createApplicationServer」のような候補を出すために「crAS」のように入力して、大文字の箇所で絞り込むことが可能というものです。補完したいクラスやメソッドなどの名前を覚えているときに便利です。

5-3-3　クイック情報（Quick Info）

　IntelliSenseが便利なのは、補完機能だけではありません。候補一覧から上下で選択して Ctrl + Space を押すか、マウスオーバーして表示される［>］マークを選択することで、そのメソッドのクイック情報を表示できます。これによって、数多くのメソッドの役割を詳細に覚えておかなくても、「補完で探す」→「クイック情報で求めているものかどうかを確認する」といった作業をドキュメントを参

153

照することなく、VS Codeだけで完結できます。

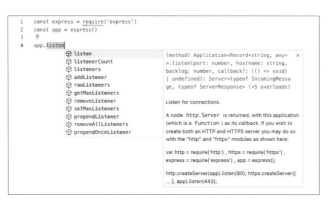

```
1    const express = require('express')
2    const app = express()
3
4    app.listen
```

▲ **図5-3-4**　クイック情報（Quick Info）

　表示されたIntelliSenseを閉じるときは、`Ctrl` + `Space` をもう一度押すか、閉じるボタンを押します。

5-3-4　パラメーター情報

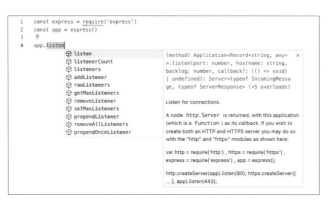

▲ **図5-3-5**　パラメーター情報

　図5-3-5に示した画面のように、言語サービスは、メソッドシグネチャから`bind()`のパラメーターとして相応しい型情報などを表示します。そのため、すべてのシグネチャを覚えたり毎回ドキュメントを探したりする必要はありません。

5-3-5　補完の種類

　IntelliSenseは、一度にさまざまなタイプの補完を提供しています。このとき、補完に表示されているアイコンを区別できると、複数の選択肢の中から求めるも

のをすばやく検索できます。

▼ 表5-3-1　補完の種類

アイコン	種類	
⬡	メソッド、関数	`method`、`function`
[∅]	変数	`variable`
⬡	フィールド	`field`
⅋	クラス	`class`
•–o	インターフェイス	`interface`
{ }	モジュール	`module`
🔧	プロパティ、属性	`property`
⊞	値、列挙型	`value`、`enum`
⤴	参照	`reference`
☰	キーワード	`keyword`
🎨	カラー	`color`
🗒	ユニット	`unit`
☐	スニペット	`sunippet`
abc	ワード	`text`

5-3-6　IntelliSenseのカスタマイズ

設定方法

　設定（settings.json）では、**リスト5-3-1**のような項目がカスタマイズできます。

　もちろん、同じ項目を［設定］エディターで行うことも可能です。ただし、非常に多くの項目からこれらの設定を探すのは大変なので、項目名で検索するとよいでしょう。

● **リスト5-3-1**　設定（settings.json）によるIntelliSenseのカスタマイズ

```
{
    // 入力中に候補を自動的に表示するかどうかを制御します。
    "editor.quickSuggestions": {
        "other": true,
        "comments": false,
```

```
        "strings": false
    },

    // 'Tab'キーに加えて'Enter'キーで候補を受け入れるかどうかを
    // 制御します。
    // 改行の挿入や候補の反映の間であいまいさを解消するのに役立ちます。
    "editor.acceptSuggestionOnEnter": "on",

    // クイック候補が表示されるまでのミリ秒を制御します。
    "editor.quickSuggestionsDelay": 10,

    // トリガー文字の入力時に候補が自動的に表示されるようにするかどうかを
    // 制御します。
    "editor.suggestOnTriggerCharacters": true,

    // タブ補完を有効にします。
    "editor.tabCompletion": "on",

    // 並べ替えがカーソル付近に表示される単語を優先するかどうかを
    // 制御します。
    "editor.suggest.localityBonus": true,

    // 候補リストを表示するときに候補を事前に選択する方法を制御します。
    "editor.suggestSelection": "recentlyUsed",

    // ドキュメント内の単語に基づいて入力候補を計算するかどうかを
    // 制御します。
    "editor.wordBasedSuggestions": true,

    // 入力時にパラメータードキュメントと型情報を表示するポップアップを
    // 有効にします。
    "editor.parameterHints.enabled": true,
}
```

タブ補完

　［Tab］を押したときに、最適な補完を挿入する機能です。デフォルトでは無効になっているため、editor.tabCompletionを設定して有効にします。次の選択肢から選びます。

・off：（デフォルト）タブ補完は無効

- on：すべてのサジェストに対してタブ補完が有効になっており、繰り返し呼び出しを行うと、次のサジェストが挿入される
- onlySnippets：現在の行のプレフィックスと一致する静的スニペットのみを挿入する

位置による優先度

通常、候補の並べ替えは、ファイル種別（拡張子情報）と、入力中の単語との一致度によって優先付けされます。これに加えて、editor.suggest.locality Bonus設定を使用すると、カーソル位置の近くに表示されるサジェストを優先するように制御できます。

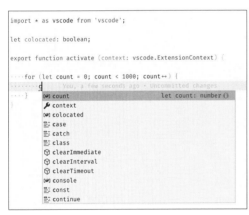

▲ 図5-3-6　位置によって補完候補の優先度が変わる

図5-3-6では、カーソルの近くにあるcountとcontextとcolocatedが上位に来ていることがわかります。

サジェストの選択

デフォルトでは、VS Codeはサジェストリストで以前に使用されたものを事前に選択します。このようになっていることで、同じ補完を繰り返しすばやく挿入できるため、非常に便利です。たとえば、提案リストの一番上の項目を常に選択するなど、別の動作が必要な場合は、editor.suggestSelection設定を使用できます。使用可能な値は、次のとおりです。

・first：常に一番上のリスト項目を選択する
・recentlyUsed（デフォルト）：プレフィックス（絞り込み入力）が別のアイテムを選択しない限り、以前に使用したアイテムが選択される
・recentlyUsedByPrefix：提案を完了した以前のプレフィックスに基づいてアイテムを選択する

「絞り込み入力」とは、何文字か入力して、候補をフィルタリングおよびソートすることです。recentlyUsedオプションは、まずは以前に使用したアイテムを優先しますが、絞り込み入力によって候補が特定された場合には、その結果を選択します。

最後のオプションを使用すると、VS Codeは特定のプレフィックス（部分テキスト）に対して、選択されたアイテムを記憶します。たとえば、入力して「co」まで入力して表示された補完候補から「console」を選択した場合、次回に「co」まで入力すると、「console」が事前に選択されます。これにより、さまざまなプレフィックスをさまざまな提案にすばやくマッピングできます。

キーバインド

リスト5-3-2に示したキーバインドは、デフォルトの設定です。キーバインドは、keybindings.jsonに記載されているので、これらをファイルで変更できます。

● リスト5-3-2　settings.jsonによるIntelliSenseのカスタマイズ

```
[
    {
        "key": "ctrl+space",
        "command": "editor.action.triggerSuggest",
        "when": "editorHasCompletionItemProvider && editorTextFocus && !ed
itorReadonly"
    },
    {
        "key": "ctrl+space",
        "command": "toggleSuggestionDetails",
        "when": "editorTextFocus && suggestWidgetVisible"
    },
    {
```

```
        "key": "ctrl+alt+space",
        "command": "toggleSuggestionFocus",
        "when": "editorTextFocus && suggestWidgetVisible"
    }
]
```

なお、IntelliSenseには、さらに多くのショートカットキーがあります。

メニューの［ファイル］ → ［ユーザー設定］（masOS：［Code］ → ［基本設定］）
→ ［キーボード ショートカット］を開くと、キーボードショートカット一覧が表
示されます。各行をダブルクリックすると、希望するキーバインドに設定できま
す。

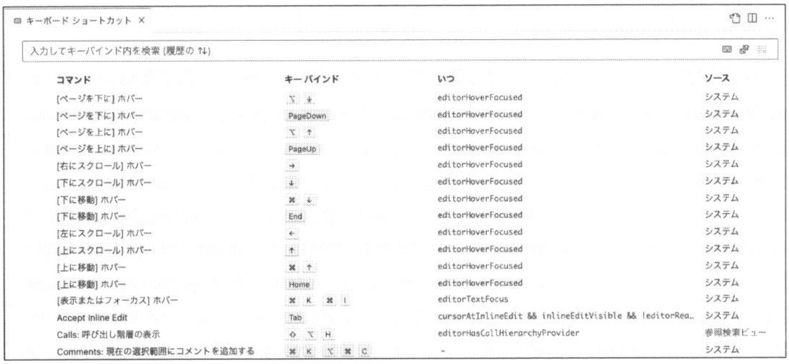

▲**図5-3-7** キーバインドの一覧と設定

5-3-7 トラブルシューティング

VS Codeを利用していて、先ほどまで機能していたIntelliSenseが停止してい
ると気づくことがあるかもしれません。まず、候補が一切表示されない場合は、
言語サービスが実行されていない可能性があります。VS Codeを再起動すれば、
解消できることが多いようです。これは、VS Codeの再起動によって言語サービ
スも再起動されるためです。

▲ **図5-3-8**　「Loading...」のまま候補が表示されていない様子

　メソッドや変数の候補が表示されない場合は、VS Codeがサジェストに必要な情報が不足していることが考えられます。JavaScriptにおいては、型情報が不足している場合が典型的です。このようなときには、JSDoc[1]で型情報を与えるなどして解決できることが多いです。VS Code自体の再起動で解決しない場合は、型情報が不足していないかも疑ってみてください。

5-4　CodeLens

「CodeLens」は、ソースコードの中に有用なコンテキスト情報を表示する機能で、VS Codeでも人気のある機能です。具体例をみてみましょう。

・Gitの変更履歴をソースコード内に表示する
・監視ログのスタックトレース情報を元にソースコードの中でどこが失敗しているかを表示する
・コードのメンテナンス性を向上させるために、ソースコードの中で複雑になっている箇所を可視化する

　CodeLens機能は、こういった補助的な情報をVS Codeのコードの行間に自動的に表示してくれます。

※1　JSDoc リファレンス https://www.typescriptlang.org/ja/docs/handbook/jsdoc-supported-types.html

5-4-1　TypeScriptのCodeLens

　VS Codeには、TypeScript用のCodeLensが付属しています。設定（`settings.json`）で有効にできます。

● **リスト5-4-1**　設定（settings.json）でTypeScriptのCodeLensを有効にする

```
"typescript.referencesCodeLens.enabled": true
```

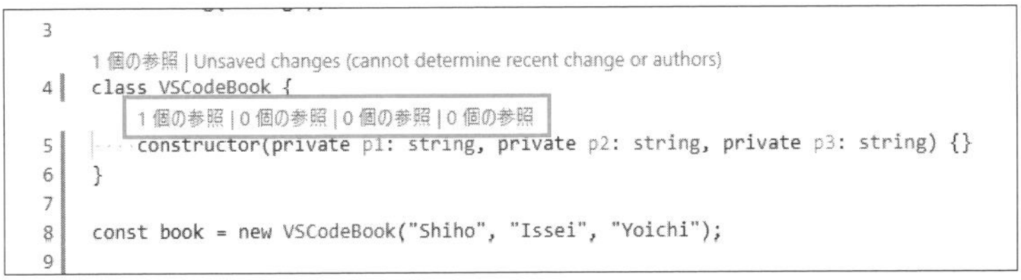

```
  3
        1 個の参照 | Unsaved changes (cannot determine recent change or authors)
  4 │ class VSCodeBook {
            1 個の参照 | 0 個の参照 | 0 個の参照 | 0 個の参照
  5 │     constructor(private p1: string, private p2: string, private p3: string) {}
  6 │ }
  7
  8 │ const book = new VSCodeBook("Shiho", "Issei", "Yoichi");
  9
```

▲ **図5-4-1**　TypeScript用CodeLensを使用したところ

　4行目と5行目の間に、行番号がない行があることに注目してください。これが、CodeLens機能によって与えられたコンテキスト情報です。まさに行間を埋めるように情報が表示されています。この例では、その関数を参照している箇所をリンクする形で表示しています。5行目のコンストラクターは、8行目から参照されていることを示しています。

参照表示

```
        4 個の参照 | You, a few seconds ago | 1 author (You)
  4 │ class VSCodeBook {
            2 個の参照 | 0 個の参照 | 0 個の参照 | 0 個の参照
  5 │     constructor(private p1: string, private p2: string, private p3: string) {}
            0 個の参照
  6 │     publish() {}
  7 │ }
```

▲ **図5-4-2**　参照数の表示

　「4個の参照」や「0個の参照」のように、クラスや関数に対する参照箇所の数を表示できます。この情報によって、参照されていないコードを見つけるのに役立ったり、逆にたくさん参照があって影響度が大きい箇所を知ることができます。

また、参照数だけでなく、CodeLens表示部分をクリックすると、参照箇所へのリンク一覧を表示できます。

▲ **図5-4-3**　参照箇所へのリンク一覧

5-4-2　拡張機能

ほかにも、拡張機能によって多くのCodeLens機能をインストールできます。ここでは、代表的なものをいくつか紹介しましょう。

GitLens [1]

Gitに関する拡張機能は、CodeLens拡張の中でも人気のあるものの1つです。GitHubなどのGitリポジトリを使っているすべての人にお勧めであるといってもよいでしょう。

なかでも、GitLens拡張機能は、次のようなGitに関する情報を表示します。

・該当箇所の変更者、変更日付、コミットメッセージなど
・何名が該当行を変更しているか
・そのファイルの変更履歴
・その行の変更履歴

まだまだ紹介しきれないほど豊富な機能があります。Marketplaceの拡張機能ページもぜひ参考にしてください。ここでは代表的な表示の例を紹介します。

---

[1]　https://marketplace.visualstudio.com/items?itemName=eamodio.gitlens

現在行表示

　現在行の終わりに、「誰が」「いつ」変更したか、コミットメッセージ、といった情報を表示します。

● リスト5-4-2　現在行表示の例

```
function publish(version: string) {
    return printBook(version);    Issei Hiraoka, 1 month ago * commit in
Onsen
}
```

GitLens の CodeLens 機能

　GitLensのCodeLens機能が有効になっていると、ファイルや各関数の冒頭に次のような情報が行間に表示されます。

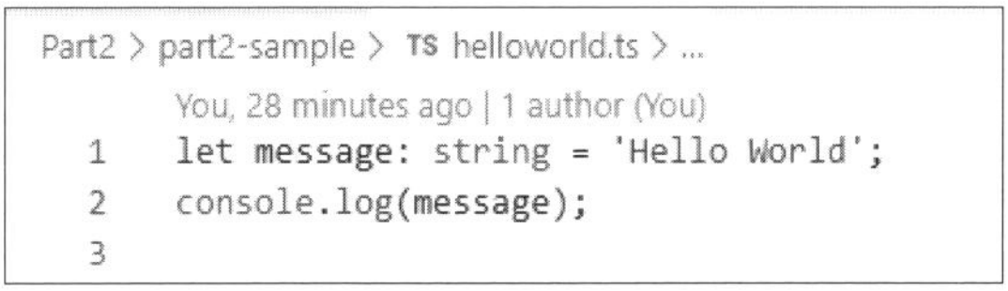

```
Part2 > part2-sample > TS helloworld.ts > ...
        You, 28 minutes ago | 1 author (You)
    1   let message: string = 'Hello World';
    2   console.log(message);
    3
```

▲ 図5-4-4　CodeLensの機能

　・最終変更者と日付（例：You、xx minites ago）
　・誰がこのファイルを変更しているか（例：N author (You, , , ,)）

　この場合、「N author」の部分はリンクになっていて、クリックするとガターに行ごとの変更履歴が開きます。

ガター表示

　「ガター」とは、行番号と本文の間にある隙間のことです。ここに該当行のコミットメッセージなどを表示します。これによって、どの部分が誰によっていつ変更されたか、そして、その変更のコミットメッセージを一度に把握できます。

▲ 図5-4-5　ガター表示

ホバー表示

　カーソルを行に合わせると、変更履歴などを表示します。上から下へ行をなぞるようにカーソルを動かすだけで、履歴情報が次々と表示されるのでとても便利です。

▲ 図5-4-6　ホバー表示

ステータスバー表示

　下部のステータスバーに、開いているファイルの変更者と日付を表示します。表示部分をクリックすると、クイックメニューが開きます。

▲ 図5-4-7　ステータスバー表示

CodeMetrics[※2]

コードの複雑さを計算して表示する拡張機能です。複雑さを示す数値をコードの行間に表示するので、複雑なコードになってしまったことが明確にわかります。「Complexity is NN」のCodeLens説明のリンクをクリックすると、どの個所で複雑さがカウントされているかを一覧表示できます。

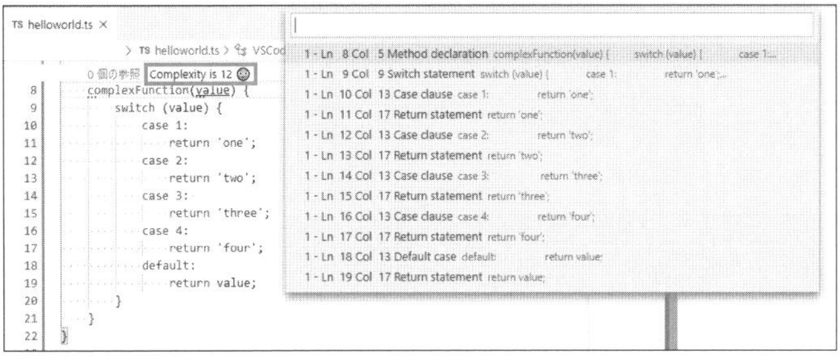

▲ **図5-4-8** CodeMetricsの機能

Version Lens[※3]

JavaScriptであれば、package.jsonなどの設定ファイルに利用するライブラリと、そのバージョンを記述しておくような場合がよくあります。しかし、各ライブラリのバージョンが最新になっているかを1つひとつ確認するのは困難です。こういったときに、この拡張機能を使うと、行間に最新バージョンを表示できます。このように、能動的に確認しなくても、情報に気付くことができる点もCodeLens機能の魅力です。

※2 https://marketplace.visualstudio.com/items?itemName=kisstkondoros.vscode-codemetrics

※3 https://marketplace.visualstudio.com/items?itemName=pflannery.vscode-versionlens

Part1

01

02

03

04

Part2

05

06

07

Part3

08

09

10

11

12

13

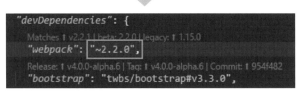

▲ **図5-4-9**　Version Lens

出典：https://marketplace.visualstudio.com/items?itemName=pflannery.vscode-versionlens

5-5　ナビゲーション

　左サイドバーのエクスプローラーを使うと、直感的に複数のファイルを編集できます。しかし、コードエディターとしてのVS Codeの機能はそれだけではありません。キーボードショートカットを使いながら、さまざまな機能を駆使することで、コードの編集に集中した状態を維持できます。

　ここでは、ファイルをすばやく開いたり移動したりするテクニックを紹介します。

5-5-1　クイックオープン

　クイックオープンはコーディング中に多用する操作です。[Ctrl] + [P]（macOS：[⌘] + [P]）で、上部に「クイックオープン」のテキストボックスが表示されます。開いてみましょう。

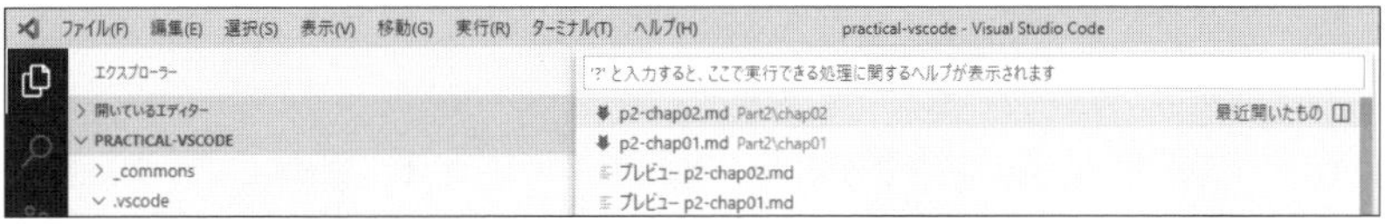

▲ **図5-5-1** クイックオープン

最近開いたファイルを中心に、$\uparrow$$\downarrow$でファイルを選択できます。また、ファイル名を入力して絞り込みながら開くことも可能です。

5-5-2 タブ移動

複数のファイルを開いた際に、別のタブに移動できます。これはWebブラウザーなどでも馴染みのあるショートカットなので、違和感なく操作できるでしょう。

▼ **表5-5-1** タブ移動のショートカットキー

操作	Windows / Linux	macOS
次(右側)のタブを開く	Ctrl + Tab	Ctrl + Tab
前(左側)のタブを開く	Ctrl + Shift + Tab	Ctrl + Shift + Tab
特定のタブを開く	Ctrl] + 1 〜 9	Ctrl + 1 〜 9

また、直前に作業していたファイルや場所をもう一度開くショートカットも便利です。

複数ファイルを開いていても、一度に作業しているのは2、3ファイルであることが多いでしょう。このショートカットを使うと、作業ファイル間をすばやく移動できます。

▼ **表5-5-2** 作業ファイル間移動のショートカットキー

操作	Windows / Linux	macOS
前のファイルや場所へ戻る	Alt + ←	Ctrl + −
次のファイルや場所へ進む	Alt + →	Ctrl + Shift + −

5-5-3　定義に移動

　プログラミング言語の機能でサポートされている場合は、頻繁に行うナビゲーションを簡単に行うことができます。

　シンボルにマウスオーバーすると定義を確認できます。ここではhandlerのAddTodoメソッドの定義を確認しています。

```
 4    const router: Router = Router()
 5    const handler = new TodoHandler();
 6
 7    router.get('/todos', handler.G    (property) TodoHandler.AddTodo: (req: Request, res: Response) => void
 8    router.post('/todos', handler.AddTodo)
 9    router.put('/todos/:id', handler.UpdateTodo)
10    router.delete('/todos/:id', handler.DeleteTodo)
11
12    export default router
13
```

▲ **図5-5-2**　マウスオーバーによる定義の確認

　シンボルにカーソルを合わせた後に、F12 を押すと、定義されている箇所へ移動できます。

　定義されたファイルを開くまでもなく、定義を確認したいだけなら、Ctrl（macOS: ⌘ ）を押しながらマウスカーソルをシンボルに合わせると、プレビューウィンドウの形式で確認できます。

```
 6
 7    router.get('/todos', handler.GetTodos)
 8    router.post('/todos', handler.AddTodo)
 9    router.put('/todos/:id', handl    (property) TodoHandler.AddTodo: (req: Request, res: Response) => void
10    router.delete('/todos/:id', ha    public AddTodo = (req: Request, res: Response) => {
11                                          const todo: Todo = {
12    export default router                   id: uuidv4(),
13                                            task: req.body.task,
                                             completed: req.body.completed || false,
                                           };
                                           this.todos.push(todo);
                                           res.status(201).json(todo);
                                         };
```

▲ **図5-5-3**　定義をプレビューで確認

　このプレビュー状態で該当ファイルを開きたい場合は、Ctrl （macOS: ⌘ ）を

押したままクリックします。

5-5-4 型定義に移動

型が存在する言語では、型定義ファイルに移動できます。
右クリックもしくはコマンドパレットから、[**型定義へ移動**/Go to Type Definition] メニューで移動できます。コマンドパレットは、⌨️Ctrl + Shift + P（macOS：⌘ + Shift + P）あるいは F1 で、上部に表示されます。

型定義へ移動するコマンドに対して、デフォルトではキーボードショートカットが設定されていません。このコマンドを多用するようであれば、カスタムキーバインディングを設定しておくとよいでしょう。このカスタマイズ方法については、Chapter 2の「キーボードショートカットとキーマップ」で説明があります。型定義へ移動のコマンド名は [editor.action.goToTypeDefinition] です。キーボードショートカットの設定画面で、このコマンド名で検索して、任意のキーマップを設定しましょう。

5-5-5 実装に移動

Ctrl + F12（macOS：⌘ + F12）を押すと、実装部分に移動できます。インターフェイスや抽象メソッドの場合、具体的な実装をすべてリストアップします。

5-5-6 シンボルに移動

VS Codeにおけるシンボルとは、クラス、関数、メソッドなど、言語サービスが認識する単位のことです。このシンボルの移動を使うことで想定している箇所に素早くアクセスできます。次のショートカットを利用します。

▼**表5-5-3** シンボルに移動のショートカットキー

操作	Windows / Linux	macOS
シンボルへ移動する	Ctrl + Shift + O	⌘ + Shift + O
シンボルへ移動する（クイックオープン経由で）	Ctrl + P → @	⌘ + P → @

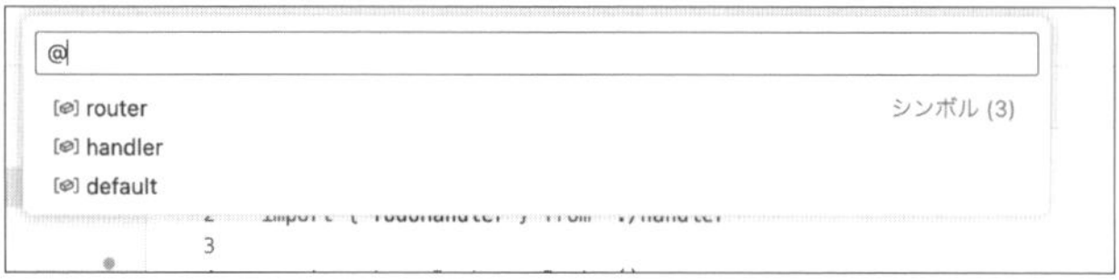

▲ **図5-5-4**　シンボルに移動するショートカットキーを入力する

5-5-7　名前でシンボルを開く

移動する前に、移動先の名前がわかっている場合は、Ctrl + T（macOS：⌘ + T）を使います。すべてのシンボルが一覧表示されるので、名前を入力して絞り込めるため、非常に便利です。

5-5-8　ピーク（ちら見）

ファイルを開くまでもなく、必要な情報をすばやく確認したいだけということはよくあります。このようなときは、ピーク（ちら見）機能を利用します。

この機能を利用すると、同じファイル内に埋め込まれる形でファイルを開くことができます。このように開いたピークウィンドウの中でもファイルの編集が可能です。ピークウィンドウを閉じるには、Esc を押します。

▼ **表5-5-4**　ピークのショートカットキー

操作	Windows／Linux	macOS
参照ピーク(ちら見)	Shift + F12	Shift + F12
定義ピーク(ちら見)	Alt + F12	Option + F12
ピークウィンドウを閉じる	Esc	Esc

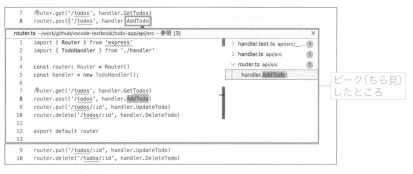

▲図5-5-5　ピーク機能

ピーク機能は、設定の`editor.stablePeek`項目で無効にできます。

5-5-9　括弧を移動

　対応する括弧と閉じ括弧は、カーソルを合わせるとそれぞれ強調表示されて、始まりと終わりが視覚的にわかります。この強調表示されているときに、`Ctrl` + `Shift` + `\`（macOS: `⌘` + `Shift` + `\`）を押すと、対応する括弧に移動できます。

　対応する括弧と閉じ括弧に同じ色で強調表示ができます。これは括弧が複数ネストされているような場合に、対応がわかりやすくなり便利です。以下の設定（settings.json）を`true`にすることで変更できます。

● リスト5-5-1　設定（settings.json）で対応する括弧を同じ色で強調する

```
"editor.bracketPairColorization.enabled": true
```

5-6　LintとFormat

　LintとFormatはどちらもコードをチェックして、問題があれば修正する機能です。これらは、コードの品質を保つために欠かせない機能です。LintとFormatは以下のように違いがあります。

・**Lint**はコードの品質をチェックします。コンパイルエラーでは検出できないような、潜在的な問題を早い段階で発見できます。
具体的には、変数の未使用や、変数の再代入、未定義の変数の参照、かっこの欠落などを検出します。

・**Format**はコードのフォーマットを統一します。
具体的には、インデントや改行、スペースの数などを統一します。これによって、コードの可読性が向上します。また、チームでコーディング規約を定めている場合には、それに従ったフォーマットに変換できます。

> **Hint**
>
> Lintと言われてもあまり日本語訳のイメージがないかたも多いのではないでしょうか。一般的なLintは、衣服の毛玉のような繊維くずのことです。コードの品質をチェックするツールが、コードの毛玉を取るようなイメージを持っていただくとよいのではないでしょうか。

　LintとFormatはどちらも拡張機能によって実現されています。各言語ごとに代表的な拡張機能が存在しますので、まずはその中から選択するのがよいでしょう。以降ではJavaScriptにおけるLintとFormatを紹介します。

5-6-1　Lint

ESLint拡張機能のインストール

　JavaScriptで代表的なLinterの拡張機能は、Microsoft社から提供されているESLint拡張です。Marketplaceから検索してインストールしてみましょう。

・https://marketplace.visualstudio.com/items?itemName=dbaeumer.vscode-eslint

　MarketplaceでLint 拡張機能を効率よく探すためには検索する際は、@category:"linters"で検索すると、カテゴリを絞り込むことができます。

　なお、ESLint 自体はVS Codeとは独立して存在するツールです。つまり、npm

install eslintのようにローカルにインストールして使うことができます。これを VS Codeの Linterとして利用するために、ESLint 拡張機能が必要です。

eslintをインストール

拡張機能をインストールしたら、続いて eslint コマンドをローカルディレクトリにインストールします。

まず、ニューの［ターミナル］→［新しいターミナル］から、ターミナルを開いてください。

なお、Windowsをご利用のかたはターミナルを開いたのち、ターミナルの選択ボタンから、［Git Bash］もしくは、［Ubuntu (WSL)］を選択しましょう。PowerShellや Command Promptでは実行形式が異なる場合があります。

▲ **図5-6-1**　ターミナルで［Git Bash］または［Ubuntu (WSL)］を選択

そして、ご自身の環境に合わせて、パスを移動してから以下を実行してください。

● **コマンド5-6-1**　eslintのインストール

```
# パッケージを初期化します
# パラメーターを聞かれますが、指定しない場合はすべてデフォルト値でOKです
npm init

# eslint をインストールします
npm install --save-dev eslint
```

以下のように、node_modulesディレクトリに eslintがインストールされます。

●コマンド5-6-2　インストールできたかを確認

```
./node_modules/eslint/bin/eslint.js --version
v8.56.0
```

package.jsonにも以下のように記載が追加されているはずです。

●リスト5-6-1　package.jsonで確認

```
"devDependencies": {
  "eslint": "^8.56.0"
}
```

eslint設定ファイルを初期化

以下のようにeslintコマンドで初期化を行います。結果として、.eslintrc.js が作成されます。

●コマンド5-6-3　初期化コマンド

```
./node_modules/eslint/bin/eslint.js --init
```

※globalにインストールしている場合は、eslint --initでOKです。

以下のように質問されますので、用途に合わせて回答を選択してください。

●リスト5-6-2　質問と回答例

```
You can also run this command directly using 'npm init @eslint/config'.
? How would you like to use ESLint? …
  To check syntax only
> To check syntax and find problems
  To check syntax, find problems, and enforce code style
```
（シンタックスチェックだけ、修正もおこなうか、コードスタイルを強制するか、を選択します）

```
? What type of modules does your project use? …
> JavaScript modules (import/export)
  CommonJS (require/exports)
```

```
  None of these
（モジュールの種類を選択します）

? Which framework does your project use? …
  React
  Vue.js
> None of these
（フレームワークを使う場合は選択します）

? Where does your code run? …  (Press <space> to select, <a> to toggle al
l, <i> to invert selection)
✔ Browser
✔ Node
（スペースで選択有無をトグルします）

? What format do you want your config file to be in? …
> JavaScript
  YAML
  JSON
（設定ファイルのフォーマットを選択します）

...
Successfully created .eslintrc.js file in ...(ご自身のパス)...
```

　上記のようにESLint設定ファイルの作成の実行が終わると、ワークスペース
に次のような内容で.eslintrc.jsが生成されます。（フォーマットとしてJavaScript
を選択しているため、.jsファイルとなっています。）このファイル名末尾のrcは
Run Commandファイルと言われ、bashrcやvimrcのように、eslintのコマンド
実行に関する設定ファイルです。

　この設定ファイルをチーム内でワークスペースを共有することで、全員が同じ
チェックを実行できます。このファイルをGitで管理するとよいでしょう。

● リスト5-6-3　JavaScriptファイルとして生成されたESLintの設定ファイル
（.eslintrc.js）

```
module.exports = {
    "env": {
        "browser": true,
        "es2021": true
    },
```

```
        "extends": "eslint:recommended",
        "overrides": [
            {
                "env": {
                    "node": true
                },
                "files": [
                    ".eslintrc.{js,cjs}"
                ],
                "parserOptions": {
                    "sourceType": "script"
                }
            }
        ],
        "parserOptions": {
            "ecmaVersion": "latest",
            "sourceType": "module"
        },
        "rules": {
            "no-unused-vars": ["warn", { "args": "all" }]
        }
    }
```

VSCode上でeslintを利用する

　ここまでで、VSCodeのESLint拡張機能と、ローカルディレクトリにeslintコマンドをインストールしました。さてファイルを作成して編集してみましょう。

　linter.jsを作成して、以下のように未使用の変数を定義してみます。

● リスト5-6-4　eslintの動作確認のための変数定義 (linter.js)

```
var unused_var = "This is not referred.";
```

　すると以下のように、変数が未使用であることを示す赤い波線が表示されます。マウスオーバーすることで、さらに詳細情報を確認できます。

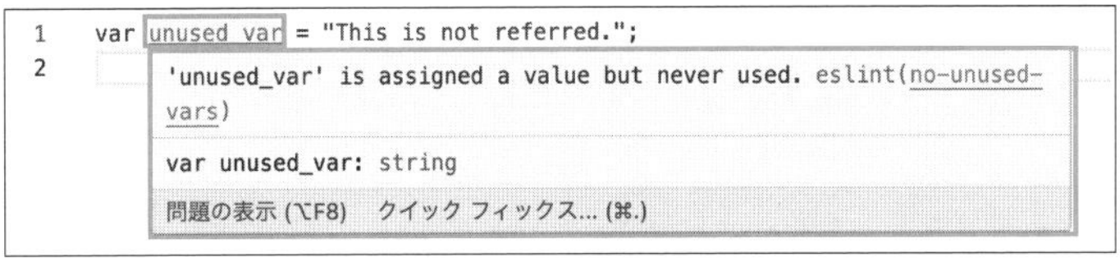

```
1    var unused_var = "This is not referred.";
2        'unused_var' is assigned a value but never used. eslint(no-unused-
         vars)

         var unused_var: string
         問題の表示 (⌥F8)   クイック フィックス... (⌘.)
```

▲ **図5-6-2** 変数が未使用だと赤い波線が表示される

このとき、ターミナルと同じパネルに並んでいる、問題（Problem）ビューにも警告が表示されます。一覧で確認できるので、複数のファイルをまたいで問題を確認することができます。警告が出ている箇所をクリックすることで該当ファイルの該当行まで移動できます。

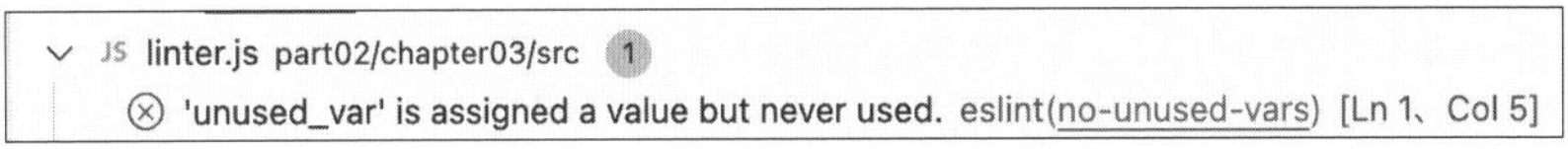

```
∨  JS  linter.js part02/chapter03/src  ①
   ⊗ 'unused_var' is assigned a value but never used. eslint(no-unused-vars) [Ln 1, Col 5]
```

▲ **図5-6-3** 問題（Problem）ビューの表示

ルールのカスタマイズ

初期作成された、.eslintrc.jsには、以下のようにルールが設定されておらず、`"extends": "eslint:recommended"`のデフォルトの設定になっています。

● **リスト5-6-5** .eslintrc.jsの設定

```
// ...
    "extends": "eslint:recommended",
// ...
    "rules": {
    }
// ...
```

・参照: 公式ドキュメント ESLint > Configuration Files >
Using eslint:recommended
https://eslint.org/docs/latest/use/configure/configuration-files#using-eslintrecommended

これは、ESLintがデフォルトで提供しているルールセットです。これをベース

に、ルールを追加したり、変更したりすることができます。以下の公式ドキュメントを参照して、ルールをカスタマイズしてみましょう。

　・参照：公式ドキュメント ESLint>Configuration Rules
　　https://eslint.org/docs/latest/use/configure/rules
　・参照：公式ドキュメント ESLint>Rules Reference>no-unused-vars
　　https://eslint.org/docs/latest/rules/no-unused-vars

　よく使う具体例として、特定のルールをエラーから警告レベルにしたり、エラーが出ないようにする、といった使い方をします。

● **リスト5-6-6**　未使用の変数を、警告（Warning）レベルにする→"warn"

```
"rules": {
    "no-unused-vars": ["warn", { "args": "all" }]
}
```

● **リスト5-6-7**　未使用の変数を、エラーにしない→"off"

```
"rules": {
    "no-unused-vars": ["off", { "args": "all" }]
}
```

自動修正

　ここまでの手順では、エラーを表示するだけでしたが、ルールにしたがって自動修正を行うように設定することも可能です。これによって、コーディング規約をチーム全体に強く遵守させることができます。

　この設定手順は、各言語のLint設定によって異なります。ESLintの場合、次のような手順で設定できます。

　・メニューの［ファイル］→［ユーザー設定］（macOS: [Code]→［基本設定］）
　　→［設定］を開く
　・設定する内容をチームメンバーと共有するため、［ユーザー］、［ワークスペース］のスコープのうち［ワークスペース］を選択

・ `Editor: code actions on save`で検索する
・ `Editor: code actions on save`の［settings.json で編集］をクリックする

```
editor code actions on save

ユーザー　　ワークスペース

∨ テキスト エディター (5)          Editor: Code Actions On Save
   書式設定 (2)                   保存時にエディターのコード アクションを実行します。コード アクショ
                                 ターをシャットダウンしないようにする必要があります。例: "source

                                 settings.json で編集
```

▲ **図5-6-4**　［settings.jsonで編集］をクリック

以下のように settings.json を編集します。

● **リスト5-6-8**　.vscode/setting.json

```
"editor.codeActionsOnSave": {
    "source.fixAll.eslint": "explicit"
}
```

　なお、この動作は以下のように `--fix` をつけて eslint コマンドを実行した場合と同等です。

● **コマンド5-6-4**　eslint コマンドに自動修正のオプションを付ける

```
eslint --fix
```

Hint　eslintの自動修正の実行

eslint の拡張は現在の最新バージョンがv2.x.x です。以前のv1.x.xは以下の設定で保存時の自動修正の実行を設定していました。現在は非推奨となっています。

```
{
    "eslint.autoFixOnSave": true
}
```

5-7　リファクタリング

プログラムの動作を変更せずにコードを再構築することを「リファクタリング」と呼びます。これによって、コードの品質と保守性が向上します。VS Codeは、IDEが備えているような、メソッド抽出や変数抽出などのコードリファクタリング機能もサポートしています。

5-7-1　クイックフィックスコマンド

VS Codeは、リファクタリングできそうな部分を自動的に検出し、緑の波下線と電球マークで強調表示をします。

▲ **図5-7-1**　クイックフィックス

このとき、カーソルを下線に合わせて、電球マークをクリックするか、Ctrl + .（macOS：⌘ + .）を押すと、リファクタリングアクションの候補を表示します。

▲ **図5-7-2**　リファクタリングアクションの候補表示

メソッド抽出

選択した部分をメソッドや関数に変換し、再利用可能にします。もっとも頻繁に利用するリファクタリングアクションの1つといってよいでしょう。メソッド抽出と同時に、メソッドや関数の名前を定義するように求められるため、第三者の可読性を向上させる目的も含めて、意味のある名前を付ける習慣のトリガーに

もなります。

　抽出する部分を選択し、クイックフィックスコマンドを利用します。

5-7-2　変数抽出

　TypeScript言語サポートでは、const変数抽出のリファクタリングが可能です。選択箇所の式を抽出し、新しいローカル変数を作成できます。

▲ **図5-7-3**　TypeScriptの変数抽出のリファクタリング

5-7-3　シンボル名の変更

　変数名や関数名を、あとからわかりやすい名前に変更したり、新たな命名則にしたがって変更することは、よくあります。VS Codeのシンボル名の変更を使うと、言語サポートによっては、該当箇所の名前だけではなく、ファイル全体でそれを参照する部分も名前変更を行えます。

　シンボル名の変更は、リファクタリングの中でも頻繁に使う操作であるため、専用のコマンドがあり、 F2 で実行できます。

▲ **図5-7-4**　シンボル名の変更

手順としては、次のように行います。

①変更したい箇所にカーソルを当てる
②ショートカット（F2）を押す
③新しい名前を入力する
④Enterを押す

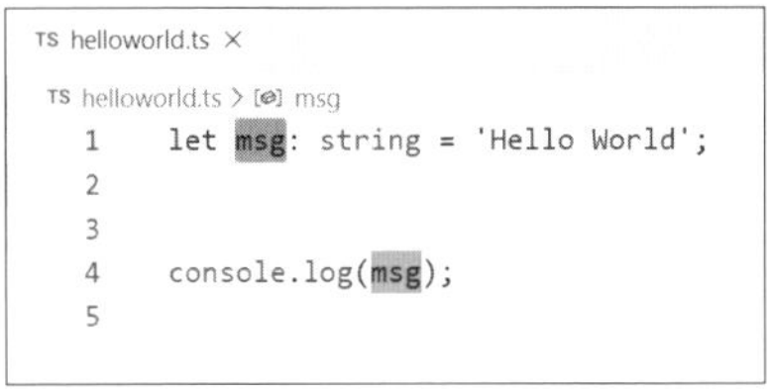

```
TS helloworld.ts ×

TS helloworld.ts > [@] msg
  1     let msg: string = 'Hello World';
  2
  3
  4     console.log(msg);
  5
```

▲ 図5-7-5　シンボル名の変更

図5-7-5を見ると、参照している変数も同時に変更されたことがわかります。

5-7-4　リファクタリング関連の拡張機能

　ここまででは、各種プログラミング言語で共通するリファクタリング操作を紹介しました。これらに加えて、各言語に特有の操作については、拡張機能を利用して追加できます。

JS Refactor[※1]

　次のようなJavaScriptに特化したリファクタリングをサポートします。主要なリファクタリングアクションを紹介します。

・式を変数に割り当てる
・式をアロー関数に変換する
・アロー関数を式に変換する
・関数のパラメーターの順番を左右にシフトする

※1　https://marketplace.visualstudio.com/items?itemName=cmstead.jsrefactor

5-8　デバッグ

VS Codeの主要な機能の1つは、優れたデバッグサポートです。VS Codeのビルトインデバッガーは、編集、コンパイル、およびデバッグループの高速化に役立ちます。

5-8-1　デバッガー拡張機能

VS Codeは、Node.jsランタイムの組み込みデバッグサポートを備えており、拡張機能を追加しなくても、JavaScript、TypeScript、またはJavaScriptに変換される言語をデバッグできます。

それ以外の多くの言語に関しては、拡張機能によってサポートを追加します。

デバッガーの拡張機能を効率よく探すためには、Marketplaceの検索ボックスで@category:debuggersで検索すると、カテゴリを絞り込むことができます。

▲図5-8-1　Marketplaceでカテゴリを絞って検索

183

Part1

01

02

03

04

Part2

05

06

07

Part3

08

09

10

11

12

13

> **Column** デバッグアダプターとは
>
> VS Code自体は、先に説明したように、「Electron」（HTML＋JavaScript＋CSS）という仕組み（フレームワーク）で実装されています。では、実行エンジンを持たないPHPやGoなどのプログラミング言語は、どのようにデバッグ実行されているのでしょうか。
>
> 実は、次に示した図のように、VS Code自体は汎用的なデバッグUIしか備えていないのですが、デバッグアダプターを経由することで、各言語のデバッガーのデバッグ情報を表示しています。このように、VS Code自体の実装と各言語サポート実装は、抽象的なプロトコルを使うことで、きれいに分離されています。これが、VS Codeが多くの言語を柔軟にサポートできる理由の1つです。
>
>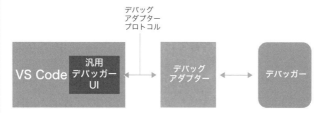
>
> さらに知りたい場合は、公式ドキュメントを参考にしてください。
>
> ・デバッガー拡張
> 　https://code.visualstudio.com/api/extension-guides/debugger-extension

5-8-2　デバッグビュー

　デバッグビューを表示するには、VS Codeの横にある［アクティビティ］バーのデバッグアイコンを選択するか、Ctrl + Shift + D（macOS: ⌘ + Shift + D）を押します。

▲ **図5-8-2** デバッグアイコン

5-8-3 デバッグメニュー

メニューの［実行］メニューから開きます。

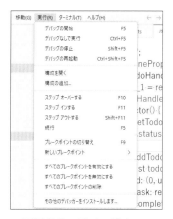

▲ **図5-8-3** デバッグメニュー

それぞれのデバッグアクションの詳細は後述します。

5-8-4 チュートリアル：デバッグ実行する

リスト5-8-1のような簡単な例（app.js）を使って、デバッグ実行してみましょう。

Part1

01

02

03

04

Part2

05

06

07

Part3

08

09

10

11

12

13

● **リスト5-8-1** app.js

```js
var msg = 'Hello World';
console.log(msg);
```

ファイルを保存したら、2行目の「console.log(msg);」に対して、行番号の左部分(「エディターマージン」といいます)をクリックしてブレークポイントを追加します。

▲ **図5-8-4** ブレークポイントの追加

次に、F5 を押して、デバッグ実行を開始します。

Hint デバッグ実行の追加情報

VS Codeの公式サイトに、デバッグ実行をするためのサンプルチュートリアルがあります。
  ・https://code.visualstudio.com/docs/nodejs/nodejs-tutorial

5-8-5 画面構成

デバッグ実行が起動すると、**図5-8-5**のような画面が表示されます。先ほどブレークポイントを設定した2行目で一時停止していることがわかります。

▲ **図5-8-5**　デバッグの画面

さらに、次のことがデバッグ機能からわかります。

・左メニューの［変数］ビューのmsg変数に「"Hello World"」が設定されていること
・エディタービューでmsg変数にカーソルをあわせると「"Hello World"」が表示されること

5-8-6　起動構成 (launch.json)

F5 を押してデバッグ実行を開始すると、現在開いているアクティブなファイルをデバッグしようとします。ただし、多くの場合、ワークスペースごとに起動構成ファイル（launch.json）を作成して、ワークスペースで常に同じプロセスをデバッグを行います。

Node.jsのサーバープロセスを起動してHTTPリクエストで起動するプロセスをデバッグするようなケースを例に説明しましょう。

［アクティビティ］バーの［実行とデバッグ］アイコンを選択し、［launch.jsonファイルを作成します。］をクリックします。

▲ **図5-8-6** ［launch.jsonファイルを作成します。］をクリック

　デバッガーの選択で、［Node.js］を選択します。すると launch.json ファイル
が作成されます。

▲ **図5-8-7** ［Node.js］を選択

　直接作成する場合は、ワークスペース直下の .vscode フォルダーに launch.
json ファイルを作成します。

● **リスト5-8-2**　launch.json

```
{
    "version": "0.2.0",
    "configurations": [
        {
            "type": "node",
            "request": "launch",
            "name": "Launch Program",
            "program": "${file}"
        }
    ]
}
```

起動 (Launch) と接続 (Attach)、2つのデバッグモード

VS Codeには、「起動 (Launch)」と「接続 (Attach)」という2つのコアデバッグモードがあります。

それぞれの概要は以下の通りです。

▼ **表5-8-1** 2つのデバッグモード

デバッグモード	概要
起動(Launch)	VS Code は launch.json の設定に従いデバッガーが直接プログラムを起動します。この方法では、プログラムを外部から起動する必要がなく、ローカル環境内でサーバーアプリケーションなどのプロセスを起動して、その上でデバッグ操作ができます。 開発中のアプリケーションを一からデバッグするときに適しています。
接続(Attach)	このモードでは、VS Code は launch.json の設定に従い、Webブラウザーの開発者ツールなど、既に実行中のプロセスに対してプロセスIDまたは特定のポートにデバッガーが接続して、デバッグ操作ができます。実行中のプログラムをデバッグする必要がある場合に適しています

launch.jsonに新しい構成を追加する

既存の launch.json に新しい構成を追加することができます。つまり、launch.jsonファイルでは、複数の起動構成を管理することができるということです。

launch.jsonを開くと、［構成の追加］が表示されています。これをクリックします。

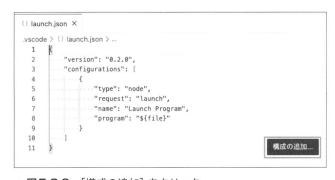

▲ **図5-8-8** ［構成の追加］をクリック

configurationsの要素の下に、［Node.js: アタッチ］を追加してみましょう。

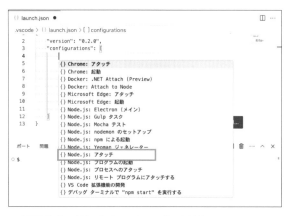

▲ **図5-8-9**　［Node.js: アタッチ］を追加

アタッチ用の定義が追加されました。

```
{} launch.json
.vscode > {} launch.json > [ ] configurations
    1   {
    2       "version": "0.2.0",
    3       "configurations": [
    4           {
    5               "name": "Attach",
    6               "port": 9229,
    7               "request": "attach",
    8               "skipFiles": [
    9                   "<node_internals>/**"
   10               ],
   11               "type": "node"
   12           },
   13           {
   14               "type": "node",
   15               "request": "launch",
   16               "name": "Launch Program",
   17               "program": "${file}"
   18           }
   19       ]
   20   }
```

▲ **図5-8-10**　定義が追加された

5-8-7　デバッグアクション

デバッグセッションが開始されると、デバッグツールバーがエディターの上部に表示されます。

190

▲ **図5-8-11** デバッグツールバー

左から、ショートカットキーと合わせて紹介します。

▼ **表5-8-2** デバッグセッションのショートカットキー

操作	Windows / Linux	macOS
続ける／一時停止	F5	F5
ステップオーバー	F10	F10
ステップイン	F11	F11
ステップアウト	Shift + F11	Shift + F11
リスタート	Ctrl] + Shift + F5	⌘ + Shift + F5
停止	Shift + F5	Shift + F5

5-8-8　ブレークポイント

ブレークポイントは、「エディターマージン」をクリックするか、現在の行で
F9 を押して、ON/OFFを切り替えます。より詳細なブレークポイント制御（有
効化／無効化／再適用）は、デバッグビューの「ブレークポイント」セクション
で実行できます。

・エディターマージンのブレークポイントは、通常、赤い丸で囲まれている
・無効なブレークポイントには、塗りつぶされた灰色の円がある
・デバッグセッションが開始されると、デバッガーに登録できないブレークポ
　イントは灰色の白丸に変わる。ライブ編集がサポートされていないデバッグ
　セッションの実行中にソースが編集された場合も、同じことが起こる

このビューで右クリックをすると、次のようなメニューが表示されます。

▲ **図5-8-12**　ブレークポイントの設定

　メニューの一番下の「すべてのブレークポイントを再適用する」は、すべての
ブレークポイントを元の場所に再設定します。ブレークポイントが反応しなかっ
たり、ズレてしまっている場合に試してみるとよいでしょう。

5-8-9　ログポイント

　「ログポイント」は、ブレークポイントとは異なり、プログラムを「ブレーク」
せず、代わりにコンソールにメッセージをログする機能です。ログポイントは、
WebブラウザーでWebアプリケーションを動かしながらデバッグするときなど、
一時停止させたくないデバッグ中にログを記録するのに特に役立ちます。

　以下のフィボナッチを求める関数で試してみましょう。

● **リスト5-8-3**　フィボナッチ数を求める関数

```
function fibonacci(n) {
  let result;
  if (n <= 1) {
    return n;
  } else {
    result = fibonacci(n - 1) + fibonacci(n - 2);
    return result;
  }
}

const fib = fibonacci(5);
```

Part1
01
02
03
04
Part2
05
06
07
Part3
08
09
10
11
12
13

7行目の左、ブレークポイントを設定していた箇所で、右クリックします。[ログポイントを追加...]を選択します。

▲ **図5-8-13** ブレークポイントの箇所で右クリックして [ログポイントを追加...] を選択

以下のように評価式を入力します。{ }で囲まれた値が評価されるので、ログ出力したい箇所を設定します。入力後、Enter で確定します。

```
7       ··· return result;
ログ メッセージ    ∨    {n} : {result}
8      ·· }
9      }
```

▲ **図5-8-14** 評価式を入力

このファイルをデバッグ実行すると、[デバッグ コンソール] にログポイントの結果が出力されます。

```
ポート  問題  出力  ターミナル  デバッグ コンソール  コメント    フィルター (例: text, !exclude)
/usr/local/bin/node ./part02/chapter03/src/fibonacci.js
2 : 1
3 : 2
2 : 1
4 : 3
2 : 1
3 : 2
5 : 5
```

▲ **図5-8-15** [デバッグ コンソール] にログポイントの結果が出力される

5-8-10　データ検査、変数ウォッチ

　変数は、左のデバッグビューの**変数**セクションで、またはエディターでソースの上にマウスカーソルを合わせると、検査することが可能です。変数値と式の評価は、**コール スタック**セクションで選択されたスタックフレームに関連しています。

▲**図5-8-16**　変数の検査

　変数の値は、変数のコンテキストメニューの**値の設定**アクションで変更、つまりデバッグ実行で一時停止中に書き換えることができます。

　なお、変数と式は、デバッグビューの**ウォッチ式**セクションで評価および監視もできます。

▲**図5-8-17**　変数のウォッチ

5-8-11 トラブルシューティング

デバッグビューに起動設定が表示されずに、デバッグ実行が開始できない場合は、launch.jsonが正しくセットアップされているかを確認するとよいでしょう。

多くの場合、ファイルの構文エラーが原因です。次に示した図は、helloworld.tsのところの拡張子を、誤って.tとしてしまって実行した場合の例です。

▲ **図5-8-18** デバッグ実行エラー。launch.jsonを開くように促される

5-9 タスク

5-9-1 タスクによる自動化

ソフトウェアを開発する際には、コーディングだけではなく、システムのリンティング／ビルド／パッケージ化／テスト／デプロイなどの決まった処理を行うタスクが発生します。たとえば、TypeScriptコンパイラ、ESLintやTSLintなどのリンター（構文チェックツール）、make、Ant、Gulp、MSBuildを使ったビルドなどです。

これらのツールは、主にコマンドラインからジョブを実行します。何度も繰り返される作業なので、VS Code内から各種ツールを自動実行して結果を確認できると便利です。VS Codeには、こういったタスクを自動化するためのツールが搭載されています。

コマンドパレットを表示して［Task］と入力すると、タスクに関連するコマンドが表示されます。よく利用するタスクはショートカットキーを割り当てておくとよいでしょう。

Part1

01

02

03

04

Part2

05

06

07

Part3

08

09

10

11

12

13

```
>task

タスク: タスク ログの表示                                    ⚙
Tasks: Show Task Log

タスク: タスクの構成
Tasks: Configure Task

タスク: タスクの実行
Tasks: Run Task

タスク: タスクの終了
Tasks: Terminate Task

タスク: テスト タスクの実行
Tasks: Run Test Task
```

▲ **図5-9-1**「タスク」の一覧

　タスクの構成情報は tasks.json に保存されます。カスタムタスクについては
あとで説明します。

タスクの実行

　タスクの機能を確認するため、TypeScriptからJavaScriptにコンパイルする
作業をみてみましょう。

　次のコマンドで新しいフォルダー「mytask」を作成し、tsconfig.json ファイ
ルを生成して、そのフォルダーからVS Codeを開始します。

● **リスト5-9-1**　新しいフォルダーを作成し、tsconfig.jsonを生成して、VS
　　Codeを実行

```
mkdir mytask
cd mytask
tsc -init
code .
```

　HelloWorld.ts という名前でファイルを作成します。

● **リスト5-9-2**　HelloWorld.ts

```
function sayHello(name: string): void {
    console.log(`Hello -${name}!`);
}
sayHello('Issei');
```

ここで Ctrl + Shift + B を入力すると、次のようなダイアログが表示されます。

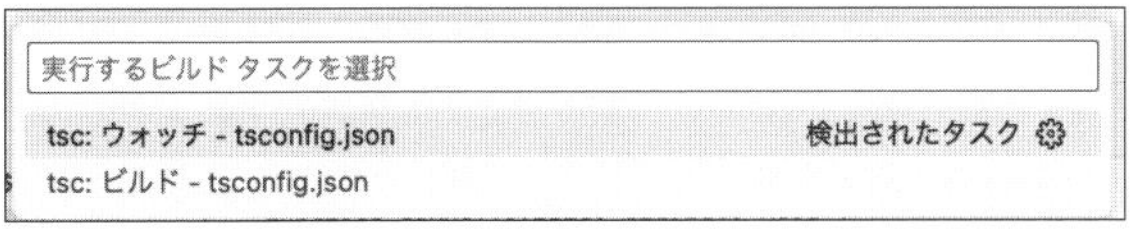

▲**図5-9-2**　実行するタスクの選択

それぞれは、次のような動作を行います。

・tsc: ビルド

TypeScriptコンパイラを実行し、TypeScriptファイルをJavaScriptファイルに変換します。コンパイルが完了すると、`HelloWorld.js`が作成されます。

・tsc: ウォッチ

監視モードでTypeScriptコンパイラを起動します。`HelloWorld.ts`ファイルを保存するたびに`HelloWorld.js`が再生成されます。

では、コンパイルをするため、「tsc: **ビルド**」を選択しましょう。以下のように、左メニューのエクスプローラーで確認すると、「`HelloWorld.js`」が作成されます。

▲**図5-9-3**　実行するタスクの選択

タスク自動検知

VS Codeは、デフォルトでGulp ／ Grunt ／ Jake ／ npm ／ TypeScriptのタスクを自動検出します。拡張機能を利用して、MavenとC#コマンドのサポートも追加できます。

タスクの自動検出は、ユーザー設定またはワークスペース設定で、次のように記述することで無効にできます。

● **リスト5-9-3**　タスクの自動検出の設定

```
{
    "typescript.tsc.autoDetect": "off",
    "grunt.autoDetect": "off",
    "jake.autoDetect": "off",
    "gulp.autoDetect": "off",
    "npm.autoDetect": "off"
}
```

カスタムタスク

　デフォルトでVS Codeが対応していない言語やツールの場合や、任意のコマンドラインツールを起動したい場合には、カスタムタスクの作成を行います。

　VS Codeのメニューから［ターミナル］→［タスクの構成］を選択し、［テンプレートからtasks.jsonを作成］を選択します。これによって、ワークスペースとしているフォルダー以下に.vscodeフォルダーが作成され、その下にtasks.jsonが作成されます。すでにtasks.jsonが存在する場合は、［**テンプレートからtasks.jsonを作成**］が表示されないので、いったんtasks.jsonを削除するか名前を変更します。

　選択できるテンプレートは、次の4つから選択できます。

- ・MSBuild
- ・Maven
- ・.NET Core
- ・Other（任意のコマンドを実行）

　生成されたtasks.jsonをベースにしてタスクを記述するとよいでしょう。たとえば、次の例のようなtasks.jsonを作成します。

● **リスト5-9-4**　tasks.json

```
{
    // See https://go.microsoft.com/fwlink/?LinkId=733558
    // for the documentation about the tasks.json format
    "version": "2.0.0",
    "tasks": [
```

```json
        {
            "label": "Run tests",
            "type": "shell",
            "command": "./scripts/test.sh",
            "windows": {
                "command": ".\\scripts\\test.cmd"
            },
            "group": "test",
            "presentation": {
                "reveal": "always",
                "panel": "new"
            }
        }
    ]
}
```

タスクのプロパティには、次の意味があります。

▼ **表5-9-1　タスクのプロパティ**

プロパティ	説明
label	タスクのラベル
type	タスクの種類。カスタムタスクの場合は、shellまたはprocess。shell(bash / CMD / PowerShell)の場合はシェルコマンドとして動作。processの場合はコマンドを実行するプロセスとして動作
command	実行コマンド
windows	Windows固有のプロパティ
group	タスクが属するグループを定義
presentation	タスク出力の処理方法を定義
runOptions	タスクをいつ、どのように実行するかを定義

　ここで注意しておきたいのは、シェルコマンドにスペースのような特殊文字を含む場合です。単一のコマンドが指定された場合はシェルにコマンドをそのまま渡しますが、コマンドを正しく動作させるためには、エスケープ処理を行う必要があります。たとえば、名前にスペースを含むフォルダーの一覧を表示したいときには、ファイル名のスペースがコマンドの区切りと認識されないように、次のようにシングルクォート(')で囲みます。

●**リスト5-9-5** 名前にスペースを含むフォルダーの一覧を取得するタスク

```
{
  "label": "dir",
  "type": "shell",
  "command": "dir 'folder with spaces'"
}
```

コマンドに引数が渡される場合は、次のように指定できます。

●**リスト5-9-6** コマンドに引数が渡されるタスク

```
{
  "label": "dir",
  "type": "shell",
  "command": "dir",
  "args": [
    "folder with spaces"
  ]
}
```

タスクの依存関係

dependsOn プロパティを使用すると、複数のタスクからタスクを作成すること
もできます。たとえば、クライアントとサーバーの2つのワークスペースがあり、
両方にビルドスクリプトが含まれている場合、それぞれを別々のターミナルで並
列に実行するタスクを作成できます。

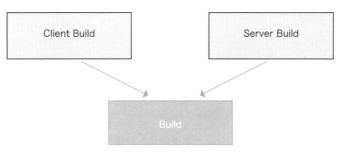

▲**図5-9-4** 複数のタスクを並列で実行するイメージ

● **リスト5-9-7** 複数のタスクを並列で実行するタスク

```
{
    "version": "2.0.0",
    "tasks": [
        {
            "label": "Client Build",
            "command": "gulp",
            〜中略〜
        },
        {
            "label": "Server Build",
            "command": "gulp",
            〜中略〜
        },
        {
            "label": "Build",
            "dependsOn": ["Client Build", "Server Build"]
        }
    ]
}
```

"dependsOrder"プロパティを指定するとタスクの依存関係と実行順序を制御できます。たとえば、次のように「sequence」(直列実行)を指定した場合、One→Two→Threeの順に実行します。

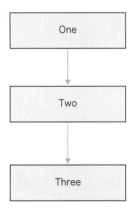

▲ **図5-9-5** 複数のタスクを直列で実行するイメージ

● **リスト5-9-8**　複数のタスクを実行するタスク

```
{
    "label": "One",
    "type": "shell",
    "command": "echo One"
},
{
    "label": "Two",
    "type": "shell",
    "command": "echo Two"
},
{
    "label": "Three",
    "type": "shell",
    "command": "echo Three",
    "dependsOrder": "sequence",
    "dependsOn": [
        "One",
        "Two"
    ]
}
```

runOptionsプロパティでは、タスクの実行動作を次のように指定できます。

▼ **表5-9-2**　runOptionsプロパティ

値	説明
reevaluateOnRerun	タスクが再実行されるときに変数が再評価されるかどうか true / false
runOn	タスクをいつ実行するか folderOpen:フォルダーが開かれたときにタスク実行 default:タスク実行指定時

定義済み変数のタスクでの利用

　タスク構成を作成する場合、アクティブファイル（-${file}）やワークスペースルートフォルダー（-${workspaceFolder}）などの定義済みの変数を使うと便利です。VS Codeは、tasks.jsonファイル内の文字列内での変数置換をサポートしています。

リスト**5-8-9**に示したのは、現在アクティブなファイルをTypeScriptコンパイラに渡すtasks.jsonの例です。

● **リスト5-9-9**　アクティブなファイルをTypeScriptコンパイラに渡すtasks. jsonの例

```
{
    "label": "TypeScript compile",
    "type": "shell",
    "command": "tsc -${file}",
    "problemMatcher": [
        "-$tsc"
    ]
}
```

利用できる定義済み変数は、次の通りです。

▼ **表5-9-3**　定義済み変数

変数	説明
${workspaceFolder}	VS Codeで開かれたフォルダーのパス
${workspaceFolderBasename}	VS Codeでスラッシュなしで開かれたフォルダーの名前
${file}	開いているファイル
${relativeFile}	開いているファイル(workspaceFolderからの相対パス)
${relativeFileDirname}	開いているファイルのフォルダー名(workspaceFolderからの相対パス)
${fileBasename}	開いているファイルのベース名
${fileBasenameNoExtension}	開いているファイルのファイル名なしのベース名
${fileDirname}	開いているファイルのフォルダー名
${fileExtname}	開いているファイルの拡張子
${cwd}	起動時のタスクランナーの作業ディレクトリ
${lineNumber}	アクティブなファイルで選択されている行番号
${selectedText}	アクティブなファイルで選択されているテキスト
${execPath}	実行中のVS Code実行可能ファイルへのパス

詳細については、`Variables Reference`[1] で確認できます。

また、`tasks.json`で設定できるプロパティの詳細は、公式サイト[2]にリファレンスがあるので参照してください。

実際の利用例

これらのTask機能を使うと、次のようなことが実現できます。それぞれの詳細の手順は各公式ドキュメントを参照してみてください。

・TypeScriptからJavaScriptへトランスパイルする

https://code.visualstudio.com/docs/typescript/typescript-compiling#_transpile-typescript-into-javascript

・LESSとSCSSを、CSSにトランスパイルする

https://code.visualstudio.com/docs/languages/css#_transpiling-sass-and-less-into-css

5-10　スニペット

スニペットとは、`for`ループ文や`if`条件文などのように、よく使うコードを簡単に挿入できる機能です。これによって、全てタイプするのではなく、テンプレートのように入力を補助できます。VS Codeでは、組み込みのスニペットを利用することもできますし、独自のスニペットを作成することもできます。

IntelliSense（Ctrl + Space ）でスニペットを表示することができます。スニペットのプレフィックス（例：`for`）を入力したあと、Tab キーを押して、スニペットの変数へカーソルしながら入力します。

5-10-1　組み込みのスニペットを利用する

VS Codeには、JavaScript、TypeScript、Markdown、PHPなど、さまざまな言語のスニペットが組み込まれています。

※1 https://code.visualstudio.com/docs/editor/variables-reference
※2 https://code.visualstudio.com/docs/editor/tasks-appendix

コマンドパレットから、［**スニペットの挿入**/Snippets: Insert Snippet］を実行すると、現在開いているファイルの言語に対応したスニペットが表示されます。

▲ **図5-10-1** ［スニペットの挿入/Snippets: Insert Snippet］を選択

▲ **図5-10-2** JavaScriptの場合に表示されるスニペット

Marketplace からスニペットをインストールすることもできます。Marketplaceでスニペット拡張を効率よく探すためには@category:"snippets"で検索すると、カテゴリを絞り込むことができます。

　言語のスニペットだけではなく、特定のフレームワークやライブラリのスニペットも存在します（例：React、Vue.js、Angular、など）。

　また一方で、読者のかたが独自のスニペットを作成して、Marketplaceに拡張機能として公開することもできます。独自のスニペットを作成する方法を次に紹介します。

5-10-2　独自のスニペットを作成する

独自のスニペットを簡単に定義できます。コマンドパレットから［**ユーザー ス
ニペットの構成**/Snippets: Configure User Snippets］を実行することで、
JSONファイルで定義できます。

▲ **図5-10-3**　［ユーザー スニペットの構成/Snippets: Configure User Snippets］
を選択

JavaScriptの for ループ スニペットの例を見てみましょう。

● **リスト5-10-1**　for スニペット

```
// in file 'Code/User/snippets/javascript.json'
{
  "For Loop": {
    "prefix": ["for", "for-const"],
    "body": ["for (const ${2:element} of ${1:array}) {", "\t$0", "}"],
    "description": "A for loop."
  }
}
```

- ・最初の "For Loop" はスニペット名です。
- ・prefix は、IntelliSenseでスニペットを表示するトリガーワードを定義しま
  す。部分文字列の一致はプレフィックスに対して実行されるため、この場合、
  "fc"は"for-const"と一致することもできます。
- ・body は1行以上のコンテンツで、挿入時に複数行として結合されます。改行
  と埋め込みタブは、スニペットが挿入されたコンテキストに従って書式設定
  されます。

- `description`は、IntelliSenseによって表示されるスニペットの説明（省略可能）です。

　`body` 内に記述されている、`${2:element}`や`${1:array}`といった定義は、プレースホルダーとして機能します。スニペットを挿入した後に Tab を押すと、プレースホルダーにフォーカスが移動します。プレースホルダーの番号は、 Tab を押すたびに順番に移動します。上記の`element`や`array`のようにプレースホルダー番号の後ろに、:で区切ってデフォルト値を指定することもできます。

スニペットのスコープ

　スニペットには、以下2つのスコープというものがあります。
- 言語スニペット ファイル
- グローバル スニペット ファイル

　グローバル スニペットは、全ての言語で有効になるスニペットですが、通常ほとんどの場合は、言語スニペットを使用することになるでしょう。

さらに詳細な入力補完をする

　プレースホルダーの中で、デフォルト値の代わりに、選択肢を提示できます。たとえば`${1|one,two,three|}`のように書きます。

　また、あらかじめ用意された変数を利用することもできます。

ファイルやカーソルの位置
- `TM_FILENAME`：現在のドキュメントのファイル名
- `TM_FILENAME_BASE`：現在のドキュメントのファイル名（拡張子なし）
- `TM_DIRECTORY`：現在のドキュメントのディレクトリ
- `TM_FILEPATH`：現在のドキュメントの完全なファイルパス

日付や時刻
- `CURRENT_YEAR`：現在の年
- `CURRENT_MONTH`：現在の月（2桁）（例: '01'）

207

・CURRENT_DATE：現在の日（2桁）（例: '31'）

　上記の変数は一例です。すべての変数の一覧は以下の公式ドキュメントを参考
ください。

・https://code.visualstudio.com/docs/editor/userdefinedsnippets#_variables

Chapter 6
リモート開発

「Remote Development」エクステンションパックを使うことにより、コンテナーやリモートマシンで、ローカルマシンと同じように開発をすることができます。この章では、このエクステンションパックで使える4種類の開発方法を説明します。特に、コンテナーベースでリモート開発をする「Remote - Container」について、細かく手順を説明します。

6-1　リモート開発のメリット

「Remote Development」エクステンションパックを使うと、コンテナー、リモートマシン、Windows Subsystem for Linux（WSL）を、ローカルマシンと同じエクスペリエンスで開発環境として利用できます。

ローカルマシン上のみに環境が存在するという制約を解決するだけではなく、次のようなメリットもあります。

・Windowsマシン上からLinux用のアプリケーションを開発する、といった、特定のOSを前提とした開発環境を利用できる
・運用環境と同じか近い環境で開発できる。よりハイスペックであったり、特殊なハードウェアも利用できる
・開発環境を分離して、ローカルマシンの設定に影響を与えないように開発できる
・新しいチームメンバーがすぐに作業を開始できたり、チーム全員が一貫した環境・設定を利用できる
・顧客環境やクラウド環境など、別の場所で実行されているアプリケーションをデバッグできる

6-2　接続形式4種類の違い

「Remote Development」エクステンションパックには、次の4つの機能拡張が含まれています。

・Remote - SSH：SSHを使用してリモートサーバーに接続
・Remote - Container：コンテナーベースのアプリケーションに接続
・Remote - WSL：Windows Sub SystemのLinuxに接続
・Remote - Tunnels：SSHを構成せずに、安全なトンネルを介してリモートサーバーに接続

どのように使い分けると便利なのか、それぞれの特徴をまとめました。

▼ 表6-2-1　接続形式4種類の違い

接続形式	VS Codeが実行される場所	適したユースケース
SSH	リモートマシン上	・GPUマシンなど、ローカルマシンでは実現が困難な環境で作業したい。 ・チーム開発で同じマシンを共有したい
Container	ローカルマシン上のDocker環境	・チーム開発で同じコンテナー環境を共有したい
WSL	ローカルマシン上のWSL環境	・Windowsマシンで手軽にLinux環境上で作業したい。 ・すでにWSL上に実行環境を整えている
Tunnels	リモートマシン上	・すでにVS Codeの環境が存在していて、そこへ安全に接続して開発したい

6-3　準備 - エクステンションパックをインストール

　まず、ローカルマシンで起動しているVS CodeにRemote Developmentエクステンションパックをインストールします。拡張機能を「Remote Development」で検索するとよいでしょう。このエクステンションパックをインストールすることで、リモート開発に必要な関連する4つのエクステンションが一度にインストールできます。

・https://marketplace.visualstudio.com/items?itemName=ms-vscode-remote.vscode-remote-extensionpack

▲ **図6-3-1**　Remote-Developmentエクステンションパックのインストール

6-4　Remote - SSH

Remote - SSH拡張機能を使用すると、SSHサーバーが実行されている任意の
リモート コンピューター、仮想マシン、またはコンテナーでリモート フォルダ
ーを開くことができます。これにより、VS Codeの機能セットを最大限に活用で
きます。

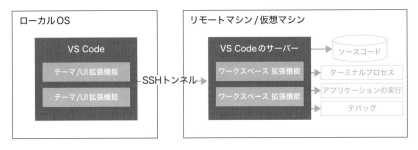

▲ **図6-3-2**　Remote - SSH拡張機能

※参考：https://code.visualstudio.com/docs/remote/ssh

サーバーに接続すると、リモートファイルシステム上のファイルやフォルダー
を操作できるようになります。従来は、SSHで接続したサーバー上で、viなどの

Part1

01

02

03

04

Part2

05

06

07

Part3

08

09

10

11

12

13

コマンドラインツールを使ってファイルを編集するといった作業が必要でしたが、VS Codeでファイルを編集できるようになります。

　この機能を利用するためには、SSH接続が可能なリモートマシンが必要です。マシンを準備する手順については、ここでは割愛しますが、AWS、Azure、Google Cloudなどのクラウドサービスを利用してもよいでしょう。

6-4-1　接続

　SSH接続が可能なマシンを準備して、ターミナルなどからSSH接続ができることを確認しておきます。

● コマンド6-4-1　SSH接続

```
ssh user@hostname
```

　接続できることを確認したら、VS Codeのコマンドパレットから「Remote-SSH: Connect to Host...」を選択します。

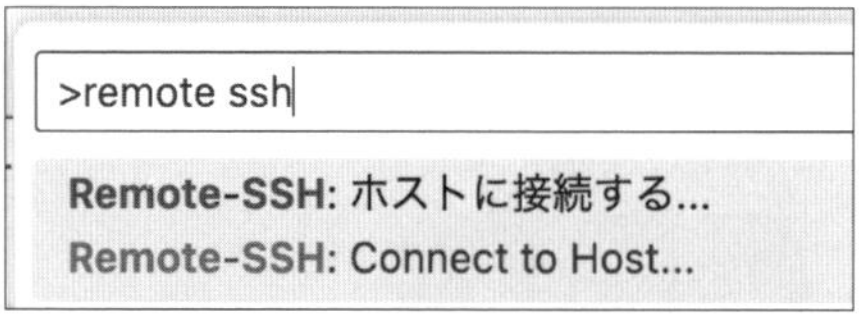

```
>remote ssh

Remote-SSH: ホストに接続する...
Remote-SSH: Connect to Host...
```

▲ 図6-4-1　「Remote-SSH: Connect to Host...」を選択

　準備したマシンのホスト名とユーザー名（user@host）を入力します。一度接続すると、接続先のホスト名がリストに表示され、次からは選択できるようになります。

▲ **図6-4-2**　ホスト名とユーザー名 (user@host) を入力する

　接続完了すると、新規にVSCodeのウィンドウが開きます。左下のステータス
バーに「SSH: hostname」と表示されていることを確認します。

▲ **図6-4-3**　「Remote-SSH: Connect to Host...」を選択

　ローカルで利用しているVS Codeの環境と異なり、拡張機能などが一切入っ
ていない状態であることも確認できます。
　SSH接続した状態で、VS Codeの拡張機能をインストールすると、リモートマ
シン上に拡張機能がインストールされます。また、VS Codeの設定を変更すると、
リモートマシン上の設定ファイルが変更されます。つまり、ローカルの環境を汚
さずに、リモートマシン上で開発環境を構築できるということです。

　冒頭の繰り返しになりますが、この機能を利用すると、GPUを搭載したマシン
などローカルマシンでは実現が困難な環境で作業したり、チーム開発で同じマシ
ンを共有したりすることができます。

6-4-2　切断

　接続を切断するには、ステータスバー左下の「SSH: ...」をクリックし、「Close
Remote Connection」を選択します。

6-5　Remote - Container

Remote - Container拡張機能を使用すると、Dockerコンテナー内の開発環境に接続できます。これにより、VS Codeの機能セットを最大限に活用できます。SSH接続と同じように、リモートマシン上で開発環境を構築できるため、ローカルマシンの設定に影響を影響をあたえることなく開発できます。

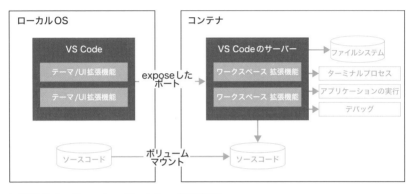

▲ **図6-5-1**　Remote - Container 拡張機能

※参考：https://code.visualstudio.com/docs/devcontainers/containers

ワークスペース・ファイルは、ローカル・ファイル・システムからマウントされるか、コンテナーに複製（クローン）されます。拡張機能はコンテナー内にインストールされて実行され、ツール、プラットフォーム、ファイルシステムに完全にアクセスできます。つまり、別のコンテナーに接続するだけで、開発環境全体をシームレスに切り替えることができます。

6-5-1　接続準備

準備として以下の状態が必要です。

・Dockerがローカルにインストールされている
・Docker準拠CLIを実行できる

以下を実行して、Dockerがインストールされているかを確認してください。

● コマンド6-5-1　dockerのバージョン確認

```
docker --version
```

WindowsやMacの場合、Docker Desktopをインストールすると、Docker CLIがインストールされます。ただし、Docker Desktopは以前は無料でインストールできましたが、現在（2021年9月以降）は有料になっています。ライセンスについては、Docker Desktopのライセンスを参照してください。

ここで、Docker Desktopの代替が必要な場合は、公式ドキュメントでもいくつか候補が紹介されています。以下のページを参照してください。Windows Subsystem for Linux（WSL）、Colima（macOS）、Linux環境について説明があります。

・公式ドキュメント：Alternate ways to install Docker（Dockerをインストールする別の方法）

　https://code.visualstudio.com/remote/advancedcontainers/docker-options

この章では、Docker Desktopを利用した手順を紹介します。

まずはDocker Desktopをインストールします。以下のページからダウンロードできます。OSにあわせてインストールしてください。

・https://www.docker.com/products/docker-desktop/

Windowsの場合

Docker DesktopのWindows版では、Docker DesktopがWindows Subsystem for Linux（WSL）2を利用するかどうかを選択できます。WSL 2上でDocker Desktopを実行すると、Linuxワークスペースを活用できるため、コマンドなどをLinuxベースに統一することができます。また、WSL 2はファイルシステム共有や起動時間の短縮などパフォーマンス面でのメリットも多いです。マシン環境が許す限り、WSL 2ベースの利用をおすすめします。

Part1

01

02

03

04

Part2

05

06

07

Part3

08

09

10

11

12

13

WSL2を使用する場合

　WindowsでWSL2をすでに使用している場合に、WSL2バックエンドが有効になっていることを確認するには、画面右下のタスクバーに表示されるDockerの項目を右クリックし、[Settings]（設定）を選択します。

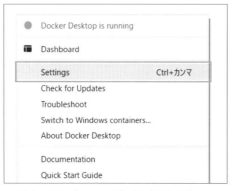

▲ **図6-5-2**　[Settings]（設定）を選択

　Docker Desktopメニューの [General] より、[Use the WSL 2 based engine]（WSL2ベースのエンジンを使用する）をオンにします。

▲ **図6-5-3**　[Use the WSL 2 based engine] をオンにする

　さらに、[Resources]（リソース）→ [WSL Integration] でディストリビューションが有効になっていることを確認します。[Enable Integration with my default WSL distro] がチェックされていればOKです。

▲ **図6-5-4**　［Use the WSL 2 based engine］をオンにする

WSL2を使用しない場合

　Docker Desktopメニューの［General］より、［Use the WSL 2 based engine］（WSL2ベースのエンジンを使用する）をオフにします。

　再起動したら、Dockerタスク バー項目を右クリックし、［Settings］を選択し、［Resources］ → ［File Sharing］（ファイル共有）を選択します。ソースコードが保持されているファイルパスを選択して設定を保存します。ここでDockerエンジンの再起動が必要になる場合は、再起動を行います。

▲ **図6-5-5**　［Resources］ → ［File Sharing］を設定

Macの場合

　Macのメニューバーに表示されているDockerの項目を右クリックし、［Preferences］を選択します。

217

Part1

01

02

03

04

Part2

05

06

07

Part3

08

09

10

11

12

13

▲ 図6-5-6　[Preferences] を選択

　そして、[Resources] → [File Sharing] で、ソースコードが保持されている場所を追加します。

6-5-2　接続

　それでは、開発環境用のコンテナーに接続します。始める前に、Docker Desktopで Dockerが起動していることを確認します。VS Codeの中では、この開発環境用のコンテナーを「開発コンテナー (Dev Container)」と呼びます。

　まずはクイックスタートとして、サンプルの開発コンテナーを利用してみます。主要なプログラミング言語の環境については最小限の設定がされた開発コンテナーが用意されていて、簡単に使い始められるようになっています。コマンドパレットより、[**開発コンテナー：開発コンテナーサンプルを試す...(Dev Containers`: Try a Dev Container Sample...)**] を選択します。

▲ 図6-5-7　[開発コンテナー：開発コンテナーサンプルを試す] を選択

言語ごとにサンプルが用意されています。ここでは、[Node] を選択します。

初回起動時はコンテナーをビルドするために、少し時間がかかります。起動中は以下のように左下のステータスに「リモートを開いています」のメッセージが表示されます。

▲ 図6-5-8　「リモートを開いています」のメッセージが表示される

同時に、右下に「開発コンテナーの開始 (ログの表示)」と表示されます。ここをクリックすると、ターミナルウィンドウに、**図6-5-10**のように**docker build**→**docker run**を実行しているログが表示されます。Node.js用のイメージをビルドしている様子を確認しましょう。

▲ 図6-5-9　「開発コンテナーの開始 (ログの表示)」の表示

▲ 図6-5-10　docker build→docker runが実行される

Part1
01
02
03
04
Part2
05
06
07
Part3
08
09
10
11
12
13

　コンテナーに接続後、ターミナル部分に以下のように、起動後のメッセージが表示されます。

▲ 図6-5-11　起動後のメッセージ

　devcontainer.jsonについては後述しますが、コンテナー作成後に実行される、**postCreateCommand**として、**yarn install**が実行されていることがわかります。

　また、左下のステータスは、「開発コンテナー：Nodes.js」と表示されます。

▲ 図6-5-12　「開発コンテナー：Nodes.js」の表示

　この部分をクリックするとリモート開発のメニューを開くことができます。

リモート ウィンドウを開くオプションを選択します	
コンテナー構成ファイルを開く	開発コンテナー
新しい開発コンテナー...	
実行中のコンテナーにアタッチ...	
コンテナー機能の構成...	
コンテナーのリビルド	
フォルダーをローカルで再度開く	
トンネルに接続...	リモート トンネル
WSL への接続	WSL
ディストリビューションを使用して WSL に接続...	
ホストに接続する...	Remote-SSH
現在のウィンドウをホストに接続する...	
Connect to Codespace...	Codespaces
Create New Codespace...	
Continue Working in New Codespace	
Continue Working in New Local Clone	Git
リモート リポジトリを開く...	リモート リポジトリ
Continue Working in vscode.dev	Remote Repositories
リモート接続を終了する	

▲ 図6-5-13　リモート開発のメニュー

6-5-3 環境を確認する

接続した環境を確認してみます。ターミナルから、以下のコマンドを実行します。

● **コマンド6-5-2** NodeとnpmのバージョンS確認

```
node --version; npm --version
```

これによって次のように、Nodeとnpmのバージョンが表示されます。

● **コマンド6-5-2の実行結果**

```
v18.12.1
8.19.2
```

ここで F5 キーを押すと、コンテナー内でアプリケーションが実行されます。プロセスが開始されたら、ブラウザーでhttp://localhost:3000に移動すると、単純なNode.jsサーバーが実行されているのがわかります。

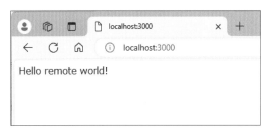

▲**図6-5-14** アプリケーションが実行されたところ

Webアプリケーションの実行を停止する場合は、以下のアイコンメニューから赤い四角の停止アイコンをクリックします。

▲ **図6-5-15**　停止アイコンをクリック

6-5-4　リモートエクスプローラー

リモートエクスプローラーを使うと、以下の情報を見ることができます。

・開発コンテナーは何を使っているか
・コンテナーの属性として、イメージ名や、構成ファイルのパスなど
・ボリュームのマウント先

［アクティビティ］バーから、リモートエクスプローラーのアイコンを選択します。

▲ **図6-5-16**　リモートエクスプローラーのアイコンを選択

6-5-5　接続の終了

コンテナー内のセッションを終了し、メニューの［ファイル］ → ［リモート接続を閉じる］を選択して、VS Codeのローカル実行に戻ることができます。

222

▲ **図6-5-17** ［リモート接続を閉じる］を選択

　または、左下の「開発コンテナー：Node.js」の部分をクリックして、リモート開発のメニューから、「リモート接続を終了する」を選択してください。

▲ **図6-5-18** ［リモート接続を終了する］を選択

6-5-6　まとめ

　コンテナーごとに、VS Codeの設定や拡張機能を変更することができます。これにより、チーム開発で同じコンテナー環境を共有したり、開発環境を分離して、ローカルマシンの設定に影響を与えないように開発できます。特に、開発環境を切り替えながら作業する場合に便利です。例えば、JavaScriptでフロントエンドの開発を行いながら、Javaのバックエンドサーバー開発を行うような場合です。

　また、Dev Containersの仕組み自体は、3章で紹介したGitHub Codespacesでも同じ仕組みが利用されています。そのため、GitHub Codespacesで開発環境を構築した場合、そのままDev Containersで開発を続けることもできます。また逆も同様です。

　Dev Containersの詳しい仕組みについては、章の後半で紹介します。

Part1

01

02

03

04

Part2

05

06

07

Part3

08

09

10

11

12

13

6-6　Remote - WSL

Visual Studio Code WSL拡張機能を使用すると、VS Codeから直接、Windows Subsystem for Linux (WSL) を メ イ ン の 開 発 環 境 と し て 使 用 で き ま す。Windows OSのマシンを使いながら、Linuxベースの環境での開発、Linux固有のツールチェーンとユーティリティの使用、Linuxベースのアプリケーションの実行とデバッグをすべて快適に行うことができます。

拡張機能はコマンドやその他の拡張機能をWSLで直接実行するため、パスの問題、バイナリ互換性、またはその他のOS間の課題を気にすることなく、WSLまたはマウントされたWindowsファイル システム (/mnt/cなど) にあるファイルを編集できます。

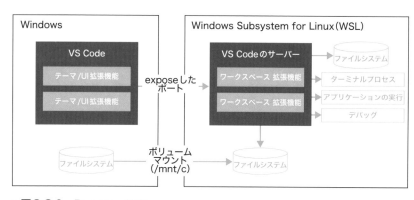

▲ 図6-6-1　Remote - WSL

※参考：https://code.visualstudio.com/docs/remote/wsl

6-6-1　接続準備 - WSLインストール

Windows Subsystem for Linuxをお好みのLinuxディストリビューションと共にインストールします。WSLのインストールについての詳細の手順は、以下のページを参照してください。

・WSLを使用してWindowsにLinuxをインストールする方法
https://learn.microsoft.com/ja-jp/windows/wsl/install

　管理者モードで、コマンドプロンプトやPowerShellを開き、以下のインストールコマンドを実行します。実行後、再起動が求められるので、再起動します。

● コマンド6-6-1　Windows Subsystem for Linuxのインストール

```
wsl --install
```

6-6-2　接続

　WSL側のターミナルから開く方法と、VS Codeから開く方法があります。

WSL側のターミナルから開く方法

　WSLを起動するため、以下のコマンドを実行します。

● コマンド6-6-2　WSLの起動

```
wsl
```

　開きたいフォルダーまで移動し、以下のコマンドを実行します。「.」ドットは、現在のフォルダーを表します。

● コマンド6-6-3　VS Codeの起動

```
code .
```

　少し待つと、新しいVS Codeウィンドウが表示され、VS CodeがWSLでフォルダーを開いているという通知が表示されます。

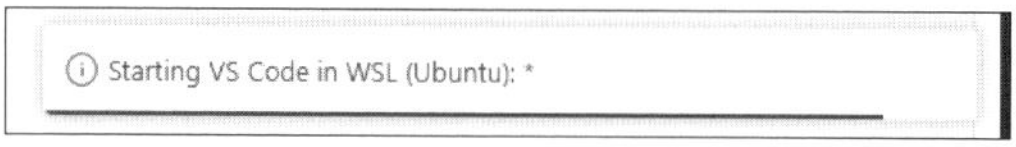

Starting VS Code in WSL (Ubuntu): *

▲図6-6-2　VS CodeがWSLでフォルダーを開いているという通知

完了すると、ステータスバー左下隅にWSLインジケーターが表示され、通常どおりVS Codeを使用できるようになります。

> アウトライン
> タイムライン
WSL: Ubuntu
0
0
0

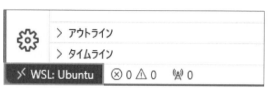

▲図6-6-3　WSLインジケーター

操作や設定変更はすべてWSL環境上で実行されます。

VS Codeから開く方法

VS Codeから直接WSLウィンドウを開くこともできます。

1. VS Codeを起動します。
2. コマンドパレットを開き、既定のディストリビューションに対して［WSL: WSLに接続する］または［WSL:ディストリビューションを使用してWSLに接続する］を選択します。
3. メニューの［ファイル］→［フォルダーを開く］を使用して、フォルダを開きます。

既に フォルダーを開いている場合でも、コマンドパレットから［**WSL: WSLでフォルダーを再度開く**］コマンドを使用することもできます。使用するディストリビューションを求められます。

WSLウィンドウが表示されていて、現在の入力をローカル ウィンドウで開きたい場合は、[**WSL: Windowsで再度開く**] を使用します。

6-7 Dev Containersのしくみ

Dev Containersは、以下の設定ファイル群から構成されています。
ファイルの構造は**.devcontainer**フォルダーの下に関連ファイルが存在します。

● リスト6-7-1 Dev Containersの設定ファイル

```
# Dockerfileを使う場合
ROOT DIR
└─── .devcontainer
    ├─── devcontainer.json
    └─── Dockerfile

# docker-compose.ymlを使う場合
ROOT DIR
└─── .devcontainer
    ├─── devcontainer.json
    └─── docker-compose.yml
```

コンテナーを起動すると、まず指定されたDockerfileまたはイメージ名（例：mcr.microsoft.com/devcontainers/javascript-node:0-18）からイメージがビルドされます。

次に、コンテナーが作成され、最後に、Visual Studio Code環境がインストールされ、開発コンテナーは**devcontainer.json**に従って拡張機能をインストールします。

これらすべてが完了すると、Visual Studio Codeのローカル コピーが、新しい開発コンテナー内で実行されているVisual Studio Codeサーバーに接続します。

Part1
01
02
03
04
Part2
05
06
07
Part3
08
09
10
11
12
13

227

Part1

01

02

03

04

Part2

05

06

07

Part3

08

09

10

11

12

13

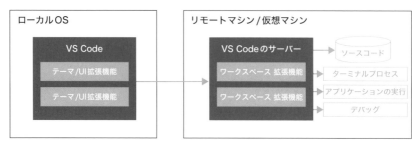

▲ 図6-7-1　Dev Containers

※参考：https://code.visualstudio.com/docs/remote/remote-overview

6-7-1　devcontainer.json

　開発コンテナーのビルド方法と起動方法を決定する構成ファイルです。具体的には以下のような構成情報を含んでいます。

・コンテナーイメージのレジストリ
・VS Codeの設定や拡張などのカスタマイズ情報
・特定の転送ポート

　つまり、これらをソースコードリポジトリで管理することで、チーム内で同じ構成の開発環境を利用できるということです。

　以下の例は、チュートリアルで使用したvscode-remote-try-nodeサンプルから抽出したものです。それぞれの項目について、代表的なものに関して説明を後述します。

● リスト6-7-2　devcontainer.json（例）

```
{
  "name": "Node.js",

  // Or use a Dockerfile or Docker Compose file. More info: https://contai
ners.dev/guide/dockerfile
  "image": "mcr.microsoft.com/devcontainers/javascript-node:0-18",
```

```
  // Features to add to the dev container. More info: https://containers.d
ev/features.
  // "features": {},

  "customizations": {
    "vscode": {
      "settings": {},
      "extensions": ["streetsidesoftware.code-spell-checker"]
    }
  },

  // "forwardPorts": [3000],

  "portsAttributes": {
    "3000": {
      "label": "Hello Remote World",
      "onAutoForward": "notify"
    }
  },

  "postCreateCommand": "yarn install"

  // "remoteUser": "root"
}
```

- name: 開発コンテナー名です。任意の名前を指定できます。複数使い分ける
  場合を想定して、区別しやすいものがよいでしょう。
- image: コンテナーレジストリ（Docker Hub、GitHub Container Registry な
  ど）内のイメージの名前です。docker pullコマンドなどで指定するものと
  同じです。
- customizations: この項目の下には、VS Codeの設定や拡張などのカスタマ
  イズ情報を記述します。この例では、settingsとextensionsを指定してい
  ます。
- settingsは、VS Codeの設定を指定します。settings.jsonに記述する内容
  と同じです。
- extensionsは、VS Codeの拡張機能を指定します。extensions.jsonに記述
  する内容と同じです。
- forwardPorts: コンテナー内のポートの一覧をローカルで使用できるように

Part1

01

02

03

04

Part2

05

06

07

Part3

08

09

10

11

12

13

します。この例では、3000番ポートを指定しています。

・portsAttributes:ポートの属性を指定します。この例では、3000番ポートに対して、ラベルと通知を指定しています。

・postCreateCommand: コンテナーが作成された後に実行するコマンドを指定します。この例では、yarn installを指定しています。

・remoteUser: コンテナー内でVS Codeサーバーを実行するユーザーを指定します。この例では、rootを指定しています。

6-7-2 Dockerfile

先ほど利用していたdevcontainer.jsonファイルでは、コンテナーイメージのを以下のように定義していました。これは、既存のコンテナーイメージをベースにして、開発環境を起動する場合に設定します。

● **リスト6-7-3** imageプロパティの設定

```
"image": "mcr.microsoft.com/devcontainers/javascript-node:0-18"
```

一方で、自分でカスタマイズしたコンテナーイメージで開発環境を起動したい場合は、以下のようにdevcontainer.jsonのbuildプロパティを変更することで、自分で定義したDockerfileをベースにすることができます。

● **リスト6-7-4** buildプロパティの設定

```
{
  "build": { "dockerfile": "Dockerfile" },

  "customizations": {
    "vscode": {
      "extensions": ["dbaeumer.vscode-eslint"]
    }
  },

  "forwardPorts": [3000]
}
```

このとき.devcontainerフォルダーの下に配置するDockerfileでは、以下のように追加のインストールを行うなどの用途を想定しています。

● リスト6-7-5 Dockerfileの設定

```
FROM mcr.microsoft.com/devcontainers/javascript-node:0-18
RUN apt-get update && export DEBIAN_FRONTEND=noninteractive \
    && apt-get -y install git
```

6-8 Podmanを使ったコンテナー環境作成

本文中ではDocker Desktopを利用していますが、Podmanを利用することもできます。Podmanは、Dockerと同じコマンドラインインターフェイスを持つコンテナーエンジンです。Red Hat社を中心とするコミュニティが開発しています。

コンテナーをベースとしたRemote開発環境を作成する場合、Podmanを利用することで、Dockerと同じように開発環境を作成できます。先述の通り、Docker Desktopが商用利用で有料となったため、その代替としてPodmanを多くのユースケースで利用することが増えてきています。VS Codeと併用する場合も、Docker Desktopの役割をそのままPodmanに置き換えて利用することが可能です。

・https://podman.io/

▲ 図6-8-1 Podman公式サイト

　以下にインストール手順を示します。基本的には、上記の公式ドキュメントからインストーラーをダウンロードしてインストールすることが推奨されています。

　macOSの場合、Homebrewでインストールすることもできます。

　また、Windowsの場合、WSL2を利用することを前提としています。これまでの章でWSL2をインストールしていない場合は、先にWSL2をインストールしてください。

6-8-1　Podmanのインストール

　以下の公式ドキュメントに従ってインストールしていきます。macOS、Windows、Linux、それぞれの手順がありますので、手元の環境にあわせてインストールしてください。

　・https://podman.io/docs/installation#macos

　トップページからインストーラーをダウンロードして実行します。

　インストールが完了したら、まずPodmanマシンを作成して実行する必要があります。GUIから実行するか、以下のCLIコマンドを実行します。

●コマンド6-8-1　Podmanマシンの作成と実行

```
podman machine init
podman machine start
```

　拡張機能の設定を行います。ここでは、Remote - Containers拡張機能を利用するため、以下の設定を行います。

　・https://code.visualstudio.com/remote/advancedcontainers/docker-options#_podman

232

メニューの［ファイル］→［ユーザー設定］（macOS:［Code］→［基本設定］）→［設定］より、左メニューの「拡張機能」から、［開発コンテナー］を選択します。

設定メニュー［Dev > Containers: Docker Path］にpodmanコマンドを指定します。デフォルトはdockerコマンドになっています。これによって、VS Codeがdockerコマンドを実行すると、実際にはpodmanコマンドが実行されるようになります。

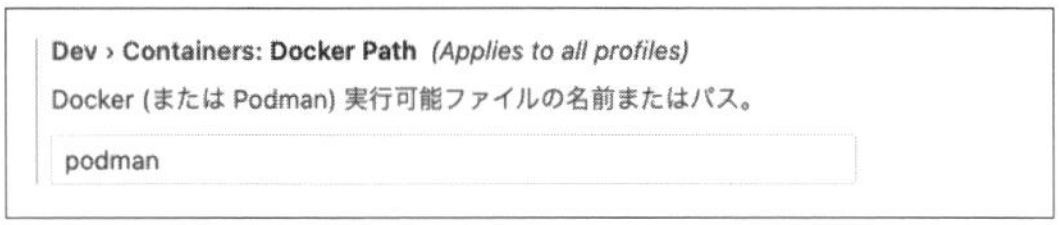

Dev › Containers: Docker Path *(Applies to all profiles)*
Docker (または Podman) 実行可能ファイルの名前またはパス。

```
podman
```

▲図6-8-2　［Dev > Containers: Docker Path］の設定

もう一点、設定メニュー［Dev > Containers: Mount Wayland Socket］にチェックが入っている場合、これをオフにします。オンになっていると、マウントエラーになってしまうことがあります。

Dev › Containers: Mount Wayland Socket *(Applies to all profiles)*
Wayland ソケット、存在する場合、それを開発コンテナーにマウントするかどうかを制御します。

▲図6-8-3　［Containers: Mount Wayland Socket］のチェックを外す

そして、コンテナーに接続をする際に、以下のように、［Dev Containers: Try a Dev Container Sample...］から、サンプルコンテナーを作成しようとすると、権限エラーが発生します。

```
>dev container
開発コンテナー: 開発コンテナーサンプルを試す...                    recently used
Dev Containers: Try a Dev Container Sample...
```

▲図6-8-4　［Dev Containers: Try a Dev Container Sample...］を選択

233

　構成ファイルを作成して、以下の記載を追加する必要があります。[Dev Containers:Add Dev Container Configuration Files…] から、構成ファイルを作成します。

▲ 図6-8-5　[Dev Containers:Add Dev Container Configuration Files…] を選択

　初期作成されたDockerfileに以下の設定を追加してください。これにより、権限が不足しているディレクトリへの書き込みを回避できます。

● リスト6-8-1　権限がないディレクトリへの書き込みを回避

```
"runArgs": [
  "--userns=keep-id"
],
"containerEnv": {
  "HOME": "/home/node"
}
```

　設定を追加した後、[Dev Containers: Reopen in Container] を選択すると、コンテナー上でVS Codeが起動します。

▲ 図6-8-6　[Dev Containers: Reopen in Container] を選択

　あとの利用手順は、Docker Desktopを利用した場合と同じです。

Chapter 7

Webアプリケーション開発

本章では、簡単なTodoリスト管理アプリ開発を通じて、VS Codeを使ったWeb
アプリ開発の基本を学んでいきます[※1]。大きく次の3つのトピックをカバーします。

・OpenAPI仕様によるREST API仕様書の作成
・ExpressとTypeScriptを使用したAPIサーバーの開発
・Next.jsとTypeScriptを使用したSPAの開発

7-1 開発するWebアプリケーションの概要

7-1-1 概要

本章では、簡単なToDoリストを管理するWebアプリを開発します。

　このアプリは、フロントエンドとバックエンド（API）で構成されます。フロン
トエンドはブラウザーで動くSPAアプリケーションで、ReactのWebアプリケー
ションフレームワークであるNext.js（Next.js 14）とTypeScriptを使用します。
バックエンドは、Todoアプリに必要なCRUD機能をREST APIスタイルで提供
するAPIサーバーで、ExpressとTypeScriptを使用します。

[※1] なお、本Webアプリを開発するにあたっては、Node.js 18.17以上がインストールされていることを
前提とします。また、Node.jsのパーケージ管理ツールにはnpm(Node Package Manager)を
活用します。
本章のサンプルコードはGitHubで公開しています。コードを見ながら進めると理解しやすいでしょう。
https://github.com/vscode-textbook/todo-app
・Node.jsバージョン確認方法
```
node -v
```

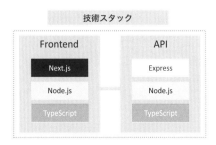

▲ **図7-1-1**　Todoアプリケーションとその技術スタック

アプリ主要機能

　Todo管理アプリは**図7-1-1**のUIを通じて下記4つの操作ができます。この4操作すべてにおいて、ブラウザー側のJavaScriptはAPIサーバとのやりとりを通じてTodoリソースへのアクションを実現します。

　・Todoの一覧表示
　・Todoを追加
　・既存のTodoを更新
　・既存のTodoを削除

処理フロー

　クライアントは、先述の通り、ブラウザーで動くSPAアプリケーションです。処理のフローとしては、次の通りです。

　・ブラウザーは初回アクセスでビルド済みのファイル（HTML、JavaScriptなど）をFrontendサーバー（Next.jsサーバー）から読み込む
　・ブラウザー側のJavaScriptは、APIサーバーにリクエスト送信しTodoの一覧情報を取得し、その内容に基づきDOM操作でページの内容を描画する
　・その後、UI側でTodo追加、更新、削除処理のためのアクションが実行されると、ページ遷移することなくブラウザー側のJavaScriptがAPIサーバーにアクションに関連するリクエストの送信と、ページ内容の描画を行う

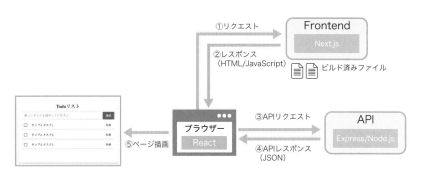

△ **図7-1-2** アプリ処理フロー

7-1-2 アプリ開発の流れ

この章では以下の順序で開発プロセスを進行します：

1. REST API仕様をOpenAPI仕様で作成
2. APIサーバーの開発
3. フロントエンドの開発

通常、フロントエンドとバックエンド（APIサーバー）は別々のチームや担当者によって開発されることが多いため、初めにREST APIの仕様をOpenAPI仕様を用いて明確にドキュメント化します。これにより、両方の開発チームの間での整合性が保たれ、開発の食い違いを防ぐことができます。フロントエンド開発に関しては、API仕様があれば、ドキュメントやモックを用いることで、バックエンドを待たずに進めることが可能ですが、本章では説明のしやすさを優先し、APIサーバーの開発を先に行います。

7-2 OpenAPI仕様でREST API仕様書作成

7-2-1 APIの概要

アプリ主要機能で紹介したTodo管理の処理を満たすためのAPIを用意します。

Part1
01
02
03
04
Part2
05
06
07
Part3
08
09
10
11
12
13

各APIはREST APIのスタイル[1]を採用し、**表7-2-1**のように構築します。

▼ **表7-2-1**　Todoリスト管理 REST API構成[2]

機能	HTTP メソッド	URIパス	リクエスト ボディ	レスポンス ボディ
Todo一覧を取得	GET	/todos	なし	Todo一覧
Todoを追加	POST	/todos	追加するTodo	追加されたTodo
既存のTodoを更新	PUT	/todo/{id}	更新する Todo 内容	更新された Todo
既存のTodoを削除	DELETE	/todo/{id}	なし	なし

次に、Todo単体のデータですが、次のようなプロパティで構成します。

▼ **表7-2-2**　Todoデータ構造

項目	プロパティ名	データ型
Todoの識別ID	id	文字列
タスク名	task	文字列
Todo完了フラグ	completed	ブーリアン

実際の、APIリクエストやレスポンスボディの形式はJSONを採用するので次のようになります。

● **リスト7-2-1**　Todoデータ（JSON）

```
{
    "id": "test-todo-id",
    "task": "サンプルタスク",
    "completed": false
}
```

上記の内容を元にOpenAPI仕様と呼ばれるフォーマットでAPIの仕様書を作成します。

---

[1] RESTとは何か https://learn.microsoft.com/ja-jp/azure/architecture/best-practices/api-design
[2] 補足: リクエストボディ、レスポンスボディのデータ形式は JSON

7-2-2　OpenAPI仕様とは？

OpenAPI仕様（以前はSwagger仕様として知られていました）は、HTTP API定義のための標準化されたフォーマットです。YAMLまたはJSON形式で記述が可能で、言語に依存することなくAPIの構造を明確に定義できます。

OpenAPI仕様の主な特徴として以下の点が挙げられます。

- **標準化されたフォーマット**: OpenAPI仕様は、APIのエンドポイント、リクエスト/レスポンスの形式、認証方法など、APIの詳細を記述のための共通の言語を提供します。これにより、異なるプラットフォームや言語間でのAPIの互換性が確保されます。
- **充実したエコシステム**: OpenAPI仕様は、Swagger UIやPostmanなど、多くのAPI開発・テストツールがサポートしており、OpenAPIにまつわるエコシステムが充実しています
- **機械による解析が可能**: OpenAPI仕様によるAPIの定義は、人間だけでなく、機械による解析も可能な形式であるため、ツールによるAPIの解析、テスト、ドキュメント生成などの自動化が可能になります

今回のように、API開発プロセスの最初にOpenAPI仕様を定義することで、フロントエンド、APIなどの開発者や関係者がAPIの仕様を正確に理解し、コラボレーションが円滑に進行します。その結果、開発の効率化、エラーの削減、品質の向上が期待できます。

7-2-3　OpenAPI仕様でREST API仕様書作成

それでは、OpenAPI仕様を利用してTodoリスト管理アプリのREST APIの仕様書を作成していきす。仕様はYAML形式で記述します。

OpenAPI仕様には、複数のバージョンが存在しますが、本TodoアプリではOpenAPI 3.0.3[3]のフォーマットを採用します。実際の編集を進める際は、仕様

※3　OpenAPI仕様 3.0.3（https://github.com/OAI/OpenAPI-Specification/blob/main/versions/3.0.3.md）

フォーマットページをみながらすすめるのがよいでしょう。なお、執筆時点での最新のバージョンはOpenAPI 3.1[4]になります。

　まずは、作成するOpenAPI仕様の基本構造ですが、下記のようになっています。基本構造を抑えておくことでその後の仕様作成がスムーズに進みます。

● リスト7-2-2　OpenAPI仕様の基本構造

```
openapi: 3.0.3       # 使用しているOpenAPIのバージョン。この場合3.0.3
info:                # APIの基本情報。タイトル、説明、バージョンなど
servers:             # APIがホストされているサーバーの情報
components/schema:   # APIで使用されるデータモデルを定義
paths:               # APIのエンドポイント（パス）を定義
```

　つづいて、データモデルの定義です。components/schemas のセクションで各APIで使用される共通のデータモデルを定義します。ここでは、Todoデータの全プロパティを持つTodoと、新規でTodoを追加する際に利用するNewTodoの2つのスキーマを定義します。

　Todoスキーマは、NewTodoスキーマを拡張し、idプロパティを追加しています。idプロパティは必須で、読み取り専用です。

● リスト7-2-3　OpenAPI仕様components/schemasセクション・Todoスキーマ

```
components:
  schemas:
    Todo:
      allOf:
        ・$ref: '#/components/schemas/NewTodo'
        ・type: object
          required:
            ・id
          properties:
            id:
```

※4　OpenAPI仕様 3.1.0 (https://github.com/OAI/OpenAPI-Specification/blob/main/versions/3.1.0.md)

```
    description: id of the todo
    type: string
    readOnly: true
```

NewTodoスキーマは、新しいTodoアイテムを作成する際に使用されるデータ
モデルを定義します。taskプロパティは必須で、文字列型です。

●**リスト7-2-4** OpenAPI仕様components/schemasセクション・
NewTodoスキーマ

```
NewTodo:
  type: object
  required:
    ・task
  properties:
    task:
      description: todo task
      type: string
    completed:
      description: indicates if a task is completed or not
      type: boolean
```

つづいて、**paths**セクションでURIパス（エンドポイント）ごとの各APIのリク
エスト／レスポンスの形式を定義します。Todo管理APIには /todos と /todos/
{id}の2種類のパスがあるので、URIパス別に解説します。

まずは、pathsセクションのURIパス /todosですが、ここではこのURIパス
をもつtodo一覧表示（get）、todo追加（post）の2つの操作を定義してます。
getは、リソースを取得するためのHTTPメソッドであり、ここではすべての
todoを取得するための操作を定義します。HTTPステータスコード200のレスポ
ンスは、todoのリストを返します。レスポンスの内容（content）は、**Todo**スキー
マを参照しており、Todoスキーマで定義するデータモデルのデータを配列で返
します。

Part1

01

02

03

04

Part2

05

06

07

Part3

08

09

10

11

12

13

● **リスト7-2-5**　OpenAPI仕様pathsセクションの/todosパス・get

```
paths:
  /todos:
    get:
      summary: Get all todos
      responses:
        '200':
          description: A list of todos
          content:
            application/json:
              schema:
                type: array
                items:
                  $ref: '#/components/schemas/Todo'
```

　post操作は、リソースを登録するためのHTTPメソッドであり、ここでは新しいtodoを作成するための操作を定義します。リクエストボディは必須で、内容はNewTodoスキーマを参照しています。HTTPステータスコード201のレスポンスの内容は、Todoスキーマを参照しており、作成されたtodoを返します。

● **リスト7-2-6**　OpenAPI仕様pathsセクションの/todosパス・post

```
post:
  summary: Create a new todo
  requestBody:
    required: true
    content:
      application/json:
        schema:
          $ref: '#/components/schemas/NewTodo'
  responses:
    '201':
      description: Created
      content:
        application/json:
          schema:
            $ref: '#/components/schemas/Todo'
```

　次に、URIパス /**todos/{id}**ですが、ここではこのURIパスをもつtodo更新（**put**）、todo削除（**delete**）の2つの操作を定義してます。

　parametersセクションは、APIのエンドポイントで使用されるパラメーターを定義します。パラメーターはパス、クエリー、ヘッダー、またはクッキーに配置できます。ここでは、**id**という名前のパラメーターを **in: path** と指定することで /**todos/{id}** パスのパスパラメーターとして定義してます。

● **リスト7-2-7**　OpenAPI仕様 paths セクションの /todos/{id} パス・
parameters

```
paths:
  /todos/{id}:
    parameters:
      ・name: id
        in: path
        description: The id of the todo
        schema:
          type: string
        required: true
        example: abcdefgh-ijkl-1234-5678-mnopqlstuvwx
```

　putは、リソースを更新するためのHTTPメソッドであり、ここでは既存のtodoを更新するための操作を定義します。リクエストボディは必須で、内容は**NewTodo**スキーマを参照しています。HTTPステータスコード200レスポンスの内容は、**Todo**スキーマを参照しており、更新されたtodoデータの内容を返します。また、HTTPステータスコード404のレスポンスは、指定されたIDのTodoが見つからない場合に返します。

● **リスト7-2-8**　OpenAPI仕様 paths セクションの /todos/{id} パス・put

```
put:
  summary: Update Todo
  operationId: updateTodo
  requestBody:
    required: true
    content:
```

Part1

01

02

03

04

Part2

05

06

07

Part3

08

09

10

11

12

13

```
      application/json:
        schema:
          $ref: '#/components/schemas/NewTodo'
        example:
          task: 'My sample task'
          completed: true
    responses:
      '200':
        description: OK
        content:
          application/json:
            schema:
              $ref: '#/components/schemas/Todo'
            example: |-
              {
                "id": "abcdefgh-ijkl-1234-5678-mnopqlstuvwx",
                "task": "My sample task",
                "completed": true
              }
      '404':
        description: Todo Not Found
```

　deleteは、リソースを削除するためのHTTPメソッドであり、ここでは既存
のtodoを削除するための操作を定義します。HTTPステータスコード204のレス
ポンスは、Todoが正常に削除された場合に返し、また、404のレスポンスは、指
定されたIDのTodoが見つからない場合に返します。

● リスト7-2-9　OpenAPI仕様pathsセクションの/todos/{id}パス・delete

```
delete:
  summary: Delete Todo
  operationId: deleteTodo
  responses:
    '204':
      description: No Content
    '404':
      description: Todo Not Found
```

> **Column** OpenAPI仕様ファイルからHTMLやMarkdownファイルの生成
>
> OpenAPI仕様ファイルからHTMLを生成してくれる代表的なツールを紹介します。
>
> APIの開発関係者や利用ユーザーにAPI仕様を共有するとき、可読性やアクセシビリティの観点で、OpenAPI仕様ファイルを直接共有するのではなく、Webブラウザーで直接表示できるHTML形式で共有するほうが都合がよいことがあります。技術的な背景が異なる人々にとって理解しやすく、アクセスしやすいというメリットがあります。
>
> | ツール名 | 内容 |
> |---|---|
> | ReDoc | OpenAPI仕様からリッチで整理されたHTMLファイルを生成してくれるツール。レスポンシブデザインが特徴。プロジェクトページ: https://github.com/Redocly/redoc |
> | Swagger UI | Swagger UIは、HTML、CSS、JavaScriptで構築されるUIライブラリで、OpenAPI仕様ファイルから動的にHTML出力してブラウザーで表示できる。プロジェクトページ: https://github.com/swagger-api/swagger-ui |
> | Swagger Codegen | OpenAPI仕様からクライアントライブラリ、サーバースタブ、APIドキュメントなど、様々なアーティファクトの自動生成が可能。APIドキュメントはHTML形式で出力することが可能。プロジェクトページ: https://github.com/swagger-api/swagger-codegen |

7-2-4 OpenAPI仕様の記述に便利なVS Code拡張機能

OpenAPI仕様の記述をサポートする便利なVS Code拡張機能を紹介します。

なお、一からOpenAPI仕様を記述する場合は、各仕様のメジャーバージョンごとに提供されているサンプルファイルも参考にするとよいでしょう。OpenAPI仕様3.0と3.1のサンプルはそれぞれ次のURLから確認できます。

・OpenAPI仕様3.0のサンプル: https://github.com/OAI/
 OpenAPI-Specification/tree/main/examples/v3.0
・OpenAPI仕様3.1のサンプル: https://github.com/OAI/
 OpenAPI-Specification/tree/main/examples/v3.1

Part1

01

02

03

04

Part2

05

06

07

Part3

08

09

10

11

12

13

Swagger Viewer (Arjun G)

Swagger Viewer (Arjun G) [5] は、OpenAPI仕様（Swagger仕様）の記述を
サポートし、VS Code内で直接APIドキュメントのプレビューをリアルタイムで
表示してくれる便利な拡張機能です。

拡張機能をインストールするには、アクティビティバーから拡張機能ビューを
開き、「Arjun.swagger-viewer」で検索して拡張機能を選択してください。

▲ **図7-2-1**　Swagger Viewer

OpenAPI仕様ファイル（YAMLまたはJSON）を開き、コマンドパレットから
`Preview Swagger`を選択、もしくは Shift + Alt + P （macOS: Shift + Option + P ）
で、ドキュメントのプレビューが表示されます。これにより、編集中の仕様の見
た目をリアルタイムで確認できます。

▲ **図7-2-2**　Swagger Previewでプレビュー表示

※5　https://marketplace.visualstudio.com/items?itemName=Arjun.swagger-viewer

　また、Swagger Viewerは、YAMLやJSONファイルのIntellisense（コード入力補完）やLint（構文チェック）機能を提供します。Intellisense機能により、利用可能なプロパティや値が自動的に提案され、より迅速かつ正確なAPIドキュメントの作成が可能になります。また、Lint機能により、エラーや入力ミスの発見が早くなります。

▲ **図7-2-3**　swagger-preview による入力ミスの警告（Lint）

　ただし、2024年3月時点で、OpenAPI仕様 3.1のファイルでは、プレビュー表示はされるものの、IntellisenseやLint機能はサポートされていないのでご注意ください。

OpenAPI (Swagger) Editor (42Chunch)

　OpenAPI (Swagger) Editor (42Chunch) [6] は、Swagger Viewerが提供するプレビューやIntellisense、Lint機能に加えて、OpenAPI仕様ファイル内のナビゲーションや要素追加などより高度な編集機能を提供します。

　拡張機能をインストールするには、アクティビティバーから拡張機能ビューを開き、「42Crunch.vscode-openapi」で検索して拡張機能を選択してください。

※6　https://marketplace.visualstudio.com/items?itemName=42Crunch.vscode-openapi

▲ **図7-2-4**　OpenAPI (Swagger) Editor

　エディターの右上に表示される「プレビュー」アイコン（**図7-2-5**の①）をクリックすると、ドキュメントのプレビューが表示されます。これにより、編集中の仕様の見た目をリアルタイムで確認できます。

　また、アクティビティバーの「/API」アイコン（**図7-2-5**の②）をクリックするとOpenAPIエクスプローラーが表示されます。ここには、OpenAPI仕様ファイルのアウトラインが表示され、各ノードをクリックするとファイル内のその要素の位置にジャンプします。また、OpenAPIエクスプローラーに表示されるノードを右クリックするとコンテキストメニューが表示され、その位置に新しい要素を追加できます。

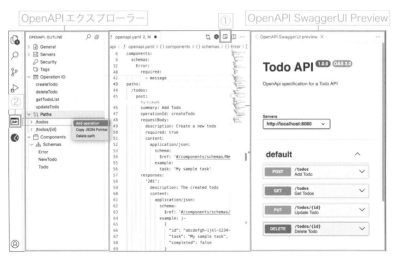

▲ **図7-2-5**　OpenAPI (Swagger) EditorのOpenAPI編集機能

もちろん、YAMLやJSONファイルのIntellisenseやLint機能もサポートして ますし、他にも、さまざまなOpenAPI仕様の記述に役立つ機能を提供しています。

ただし、残念ながらこの拡張機能はOpenAPI仕様3.1はサポートしません。ご 注意ください。

7-3　APIサーバー開発

ここでは、Todoアプリに必要なCRUD機能を提供するAPIサーバーを開発し ます。WebアプリケーションフレームワークにはNode.jsで軽量かつ柔軟なサー バー型アプリ開発を可能にするExpressを採用します。これをTypeScriptベー スで開発します。

7-3-1　Express サーバーのクイックスタート

本章で開発するTodoアプリのAPIサーバーのソースコードはGitHub[※1]で公 開していますが、記載の手順は新規のディレクトリ作成を含めたクイックスター トから始めていきます。

最初に、Node.js、TypeScript、Expressの環境をセットアップして、簡単な Expressサーバーアプリを動かす方法を解説します。

Node.jsプロジェクトの初期化と基本パッケージのインストール

まずは、Node.jsプロジェクト用のフォルダーを作成し、そのフォルダーに移 動します。

●コマンド7-3-1　プロジェクト用フォルダー作成と移動

```
mkdir api
cd api
```

作成したフォルダー上で、Node.jsプロジェクトの初期化を行います。コマン

※1　https://github.com/vscode-textbook/todo-app/tree/main/api

ド7-3-2を実行すると、名前、バージョン、説明、エントリーポイントなど、プロジェクトに関する情報を入力するプロンプトが表示されます。ここではすべてデフォルト値で作成します。コマンド実行の結果、`package.json`ファイルが生成されます。package.jsonは、Node.jsプロジェクトのメタデータや依存関係を定義する重要なファイルです。

● コマンド 7-3-2　Node.js プロジェクト初期化

```
npm init -y
```

次に、Express サーバーアプリを TypeScript コンパイラーでコンパイルできるように Express ライブラリ、TypeScript、および node.js と Express の型定義用パッケージをインストールします。

● コマンド 7-3-3　パッケージインストール

```
npm install express typescript @types/node @types/express --save-dev
```

@types/nodeと@types/expressはそれぞれ、node.jsとexpressの型定義用パッケージになります。型定義があるとコード編集時にコード補完機能や定義の参照ができるので、効率的にコーディングがすすめられます。

tsconfig.jsonの作成

TypeScript コンパイラのデフォルトのオプションを設定するファイル、tsconfig.jsonをapiフォルダー直下に作成します。 Node.js環境では、直接TypeScriptコードを実行することができないため、TypeScriptをJavaScriptにコンパイル（トランスパイル）する必要があります。 tsconfig.jsonはTypeScriptコンパイラーであるtscコマンド実行時に読み込まれます。

ここでは、tsconfig.jsonに次のようなオプションを設定します。

● **リスト7-3-1**　tsconfig.json

```
{
  // コンパイラ（トランスパイラ）のオプションを指定
  "compilerOptions": {
    // どのバージョンのJavaScriptで出力するかを指定
    "target": "ES2018",
    // どのJavaScriptモジュール形式にコンパイルするかを指定
    // Node.jsでの利用想定ならばcommonjsを指定する
    "module": "commonjs",
    // ソースマップを生成するかどうか
    // ソースマップはJavaScriptコードと元のTypeScriptコードを関連付ける
    "sourceMap": true,
    // コンパイル結果の出力先フォルダー
    "outDir": "dist",
    // ソースファイルのルートフォルダー
    "rootDir": "src",
    // 厳密な型チェックを有効にするかどうか
    "strict": true,
    // ECMAScript モジュールと CommonJS モジュールの相互運用性を有効にする
    // かどうか
    "esModuleInterop": true
  },
  // コンパイル対象とするファイルのパスを指定
  "include": [ "src" ]
}
```

なお、TypeScriptのデバッグにおいては必ずsourceMapを有効にしましょう。

ソースマップは、トランスパイルされたコード（例えばJavaScript）と元のソースコード（例えばTypeScript）との間のマッピングを提供します。これにより、デバッガーはトランスパイル後のコードを実行しながらも、開発者が書いた元のソースコード上でデバッグ操作（ブレークポイントの設定、ステップ実行など）を行うことができます。Node.jsのデバッガーでも、ソースマップがあればTypeScriptファイル上で直接デバッグが可能になります。

コンパイラーの各オプションの詳細については公式ハンドブックページ[2]を参照ください。

※2　https://www.typescriptlang.org/docs/handbook/tsconfig-json.html

サンプル Express コードの作成

　src という名前の新しいフォルダーを api フォルダー直下に作成し、その中に**リスト7-3-2**の index.ts ファイルを作成します。これがアプリケーションのエントリー・ポイントになります。

● **リスト7-3-2**　index.ts (src/index.ts)

```
import express, { Request, Response } from 'express';

const app = express();
const port = 8080;

app.get('/', (req: Request, res: Response) => {
  res.send('Hello World!');
});

app.listen(port, () => {
  console.log(`Server running at http://localhost:${port}`);
});
```

アプリの起動 (npm 直接 & タスク実行)

　ターミナルから tsc コマンドで TypeScript ファイルをコンパイルします。コンパイルが成功すると dist/index.js ファイルが作成されます。それを、node コマンドで実行します。

● **コマンド7-3-4**　TypeScript のコンパイルと JS 実行

```
# コンパイル
npx tsc
# サーバー起動
node dist/index.js
```

　サーバー起動用コマンド実行後、下記のような出力がされればサーバ起動完了です。

●**コマンド7-3-5** サーバー起動時の出力内容

```
Server running at http://localhost:8080
```

ブラウザーでhttp://localhost:8080にアクセスすると、「Hello World!」というメッセージが表示されるはずです。

なお、サーバーを停止する場合は、ターミナルで Ctrl + C を入力します。

npm-scriptsの設定

npm-scriptsは、npmが提供する機能の一部で、package.jsonファイルのscriptsセクションにプロジェクトで実行するコマンドを定義できます。ここに設定したコマンドはnpm run <スクリプト名>で実行できます。ここでは、**リスト7-3-3**のようにサーバー起動やコンパイルのコマンドを記載します。

●**リスト7-3-3** package.jsonのscripts設定

```
{
  "scripts": {
    "start": "node dist/index.js",
    "build": "tsc"
  }
}
```

これで**コマンド7-3-6**のようにサーバーのコンパイルや起動を実行できるようになります。

●**コマンド7-3-6** サーバーコンパイル・起動のコマンド

```
# コンパイル
npm run build
# サーバー起動（npm run startでもOK）
npm start
```

ちなみに、package.jsonファイルのscriptsフィールドに記述可能なスクリプ

トのエイリアスをnpm-scriptsと呼びますが、特定のエイリアスは事前に定義されています。start、testなどはそれに当たり、この場合、明示的にrunを使わなくても、npm startやnpm testのようなショートカットを使って実行することができます。npm-scriptsについて詳しくはこちらのページを参照ください。

・https://docs.npmjs.com/cli/using-npm/scripts

なお、Chapter 5の「タスク自動検知」で触れているように、npm-scriptsの内容はVS Codeが自動検知するので、コマンドパレットから［**Task: Run Tasks**］→［npm］の流れでnpmタスクを選択すると、次のような選択メニューが表示されます。毎回ターミナルからコマンド実行するのではなく、VS Codeからタスクとして直接実行できます。

▲**図7-3-1**　Run Tasks - npm 実行

Column　ts-nodeの活用について

毎回コード変更後にコンパイル実行するのが面倒であれば、**ts-node**が便利です。**ts-node**はJavaScriptへのコンパイルのステップを省略し、TypeScriptファイルを直接実行できるツールです。

●**コマンド7-3-7**　ts-nodeインストールと実行

```
# ts-nodeインストール
npm install ts-node --save-dev
# ts-nodeで直接TypeScriptファイル実行
npx ts-node src/index.ts
```

次の**リスト7-3-4**のようにpackage.jsonのscriptsセクションにts-nodeコマンドを追加することで、コンパイルを省略して、サーバ起動タスクを実行できます。

Part1
01
02
03
04
Part2
05
06
07
Part3
08
09
10
11
12
13

● **リスト7-3-4** package.jsonのscriptsにts-nodeコマンドを追加

```
{
  "scripts": {
    "start": "ts-node src/index.ts",
  }
}
```

なお、**ts-node**はメモリオーバーヘッドが大きいと言われている[※3]ため、本番での利用については注意が必要です。

7-3-2 APIサーバーの実装ポイント解説

Todoリスト管理用APIサーバーの実装についてポイントを絞って解説します。

APIのファイルは**図7-3-2**のような構成になっています。

api（APIのルートフォルダー）

```
├── jest.config.js            ：Jest 設定ファイル
├── openapi.yaml              ：OpenAPI Spec ファイル
├── postman_collection.json   ：Postman コレクション定義ファイル
├── package-lock.json
├── package.json              ：プロジェクトのメタデータや依存関係を定義
├── src
│   ├── __tests__
│   │   └── handler.test.ts   ：Jest テストコード（handler 処理）
│   ├── handler.ts            ：各 API の処理コード
│   ├── router.ts             ：ルーティングコード
│   ├── server.ts             ：サーバーコード
│   └── types
│       └── todo.ts           ：Todo データ型定義
├── tsconfig.json             ：TypeScript のコンパイラオプションを設定するファイル
└── api.code-workspace        ：VS Code ワークスペースの設定ファイル
```

▲ **図7-3-2** APIサーバー ソースコードのファイル構成

※3　ts-nodeの関連issue　https://github.com/TypeStrong/ts-node/issues/104

Part1
01
02
03
04
Part2
05
06
07
Part3
08
09
10
11
12
13

　GitHubのレポジトリにあるAPIサーバのソースコード[※4]を見ながら読み進めてください。

ルーティングと各APIのリクエスト処理フロー

　基本的なAPIリクエスト処理フローを説明します。**図7-3-3**はExpressによるTodo一覧取得のAPIリクエスト処理フローを表しますが、他のAPIリクエストでも同じフローで処理が実行されます。

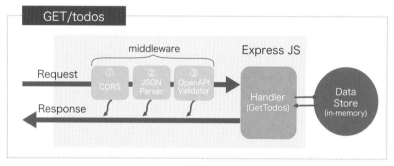

▲ **図7-3-3**　Expressによる各APIの処理フロー

　まず、Todoリストデータですが、Todoデータタイプの配列をインメモリで保持するシンプルなデータストアで管理します。各APIのリクエストは、Expressフレームワークの中でこのデータストアに対してTodoリストデータの読み込み・書き込み処理を行い、最終的なレスポンスをクライアントに返却します。

● **リスト7-3-5**　Todoデータ型の定義 (src/types/todo.ts)

```
export type Todo = {
  // id for each task
  id?: string;
  // todo task
  task: string;
  // indicates if a task is completed or not
  completed?: boolean;
};
```

※4　https://github.com/vscode-textbook/todo-app/tree/main/api

　ExpressフレームワークでAPIリクエストを処理する際、Expressのミドルウェアとルーティングの処理が行われます。

　ミドルウェアはリクエストとレスポンスの間で実行される関数で、複数のミドルウェア関数をチェーンのように連結し、順番に実行します。ここではCORS処理、JSON解析処理、OpenAPIバリデーションの3つの前処理を実行します。CORS処理とOpenAPIバリデーション処理については別途後述します。ルーティングは、リクエストがミドルウェアを通過した後、URLやHTTPメソッドの内容に基づいてルートごとにマッピングされたハンドラー関数にルーティングします。そして、このルートごとにマッピングされたハンドラー関数がビジネスロジックを処理し、クライアントに返すレスポンス内容を作ります。

　それでは、主要なポイントを一つずつ説明します。

　まずは、src/server.tsで、サーバー全体で行う処理を登録します。**リスト7-3-6**にあるとおり、ミドルウェア処理、ルーティング処理、エラーハンドラー処理を登録した後にサーバーをポート番号${PORT}で起動します。

●**リスト7-3-6**　サーバー全体の処理内容登録 (src/server.ts)

```
const app = express();

// ① CORS処理用 middleware の登録
app.use(cors({..後述..}));
// ② リクエストボディのJSONパーサー処理用 middleware の登録
app.use(express.json());
// ③ OpenAPIバリデーション用 middleware の登録
app.use(OpenApiValidator.middleware({..後述..}));

// ルーティング処理内容の登録
app.use(routes)

// エラーハンドラー処理の登録
app.use(errorHandler);

app.listen(PORT, () => {
  console.log(`Server is running on port: ${PORT}`);
});
```

　src/router.tsでは、ルーティング処理を登録します。URLパスと、HTTPメソッドの内容に基づいて適切なルートハンドラー関数の紐づけを行います。

● **リスト7-3-7**　ルーティング処理の登録 (src/router.ts)

```
const router: Router = Router()
const handler = new TodoHandler();

router.get('/todos', handler.GetTodos)
router.post('/todos', handler.AddTodo)
router.put('/todos/:id', handler.UpdateTodo)
router.delete('/todos/:id', handler.DeleteTodo)
```

　src/handler.tsでは、URLパス、HTTPメソッドと紐づけられた各ハンドラー関数の処理を実装します。**リスト7-3-8**はTodo一覧情報取得APIのためのハンドラー関数GetTodosの定義をしています。

● **リスト7-3-8**　Todoハンドラー処理GetTodosの例 (src/handler.ts)

```
public GetTodos = (req: Request, res: Response) => {
  res.status(200).json(this.todos);
};
```

Cross-Origin Resource Sharing (CORS) 対応

　ブラウザーは、セキュリティ上の理由から、異なるオリジンへのリクエストを制限します。あるオリジンから読み込まれたスクリプトは、同じオリジンに対してのみアクセスでき、異なるオリジンへのアクセスはブロックされます。オリジンとは、サーバーのドメイン名、プロトコル (http/https)、ポート番号の組み合わせを指します。今回のTodoリスト管理アプリは、デフォルトでフロントのNext.jsサーバーが**http://localhost:3000**、APIサーバーが**http://localhost:8080**となっており、異なるオリジン間リクエストが発生します。よって、Next.jsサーバーから読み込まれたスクリプトからのAPIリクエストは、この制限によりブロックされてしまいます。なお、**図7-3-4**は実際にブロックされたときに表示されるエラーメッセージ例です。

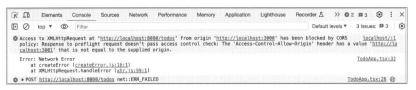

▲ **図7-3-4**　異なるオリジン間リクエストの制限によるエラーメッセージ例

　ここで役立つのがCross-Origin Resource Sharing（以下、CORS）です。CORSは、異なるオリジン間でリソースを共有するためのメカニズムです。サーバーがレスポンスヘッダーに特定のCORSヘッダーを含めることで、ブラウザーに対して特定の異なるオリジン間リクエストを許可することを指示します。これにより、安全に異なるオリジン間でのリソース共有が可能になります。

● **リスト7-3-9**　CORSヘッダー例

```
# 許可するクライアントのオリジンを設定
Access-Control-Allow-Origin: http://localhost:3000
# 許可するHTTPメソッドを設定
Access-Control-Allow-Methods: GET,POST,PUT,DELETE
```

　このCORS対応のために、**リスト7-3-10**のようなExpressのCORSミドルウェア[5]を設定します。CORSミドルウェアの設定オブジェクトに、**origin**と**methods**の2つのプロパティがあり、それぞれAPIへのアクセスを許可するオリジン（フロントエンド）と、許可するHTTPメソッド（**GET,PUT,POST,DELETE**）を指定します。

● **リスト7-3-10**　CORSミドルウェアの設定（src/server.ts）

```
app.use(cors({
  origin: ALLOW_ORIGIN,
  methods: 'GET,PUT,POST,DELETE',
}));
```

※5　https://expressjs.com/en/resources/middleware/cors.html

Part1

01

02

03

04

Part2

05

06

07

Part3

08

09

10

11

12

13

OpenAPI Spec定義ファイルをベースにした自動バリデーション

APIリクエストのバリデーションのためにexpress-openapi-validator[6]という Expressミドルウェアを設定します。express-openapi-validatorはOpenAPI仕様 に基づいてHTTPリクエストとレスポンスの内容をバリデーションしてくれま す。

このミドルウェアの設定オブジェクトには、apiSpec、validateRequests、 validateResponsesの3つのプロパティがあり、それぞれ、OpenAPI仕様のパス の指定、リクエストの検証を有効/無効、リクエストの検証の有効/無効を設定 します。ここでは、OpenAPI仕様のパスにAPIコードのルートフォルダー配下 にあるopenapi.yamlを、また、リクエスト・レスポンスの両検証を有効化してま す。

● **リスト7-3-11**　OpenAPIバリデーション ミドルウェアの設定 (src/server. ts)

```
app.use(
  OpenApiValidator.middleware({
    apiSpec: './openapi.yaml',
    validateRequests: true,
    validateResponses: true
  }),
);
```

7-3-3　APIサーバーを動かしてみる

それではAPIサーバーを動かしていきましょう。 まずは、VS CodeでAPIを ルートフォルダーから開きます。

● **コマンド7-3-8**　VS Codeの起動

```
cd api
code .
```

※6　https://github.com/cdimascio/express-openapi-validator

次に、APIサーバーに必要なパッケージをインストールし、サーバーをコンパイルして起動します。

ターミナルからコマンド7-3-9を実行する、もしくはコマンドパレットから［Task: Run Tasks］→［npm］を選択して同コマンドを実行します。

● **コマンド7-3-9** パッケージインストール・コンパイル・サーバー起動の
コマンド

```
# 必要なパッケージのインストール
npm install
# コンパイル
npm run build
# サーバーの起動
npm start
```

なお、コマンドパレットからのnpmタスク実行の場合、次のようなnpmタスクの選択メニューが表示されるでしょう。

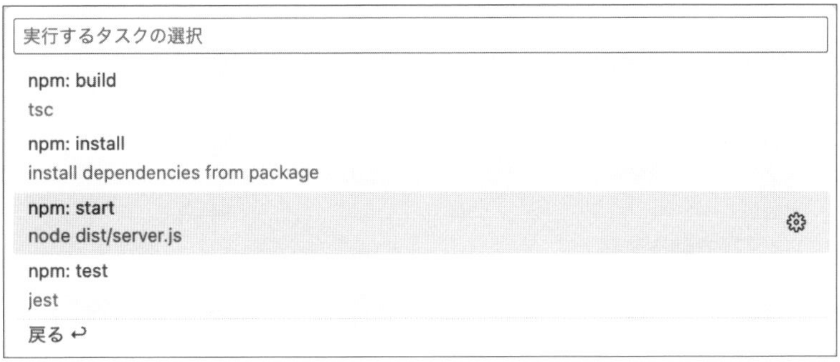

```
実行するタスクの選択

npm: build
tsc

npm: install
install dependencies from package

npm: start                                              ⚙
node dist/server.js

npm: test
jest

戻る ↵
```

▲ **図7-3-5** Run Tasks - npmタスク選択メニュー

サーバー起動コマンドの実行後、**コマンド7-3-10**のような内容がターミナルに出力されたら起動完了です。

なお、サーバー起動コマンドの実行後に、「スキャンするタスク出力のエラーと警告の種類を選択」というメニューが表示されるかもしれません。その場合は、「タスクの出力をスキャンせずに続行」を選択してください。

261

● **コマンド7-3-10**　APIサーバー起動時の出力内容

```
> todo-api@1.0.0 start
> node dist/server.js

Server is allowing origin: http://localhost:3000
Server is running on port: 8080
```

　サーバー起動時の出力内容の通り、APIサーバーはポート番号8080で起動し、オリジン http://localhost:3000 からのリクエストを受け付ける設定をしています。

　もし、これらデフォルトの起動ポート番号やリクエスト受付オリジンを変更したい場合は、次のように PORT、ALLOW_ORIGIN という名前の環境変数に変更する値を指定してAPIサーバーを起動してください。APIサーバーは環境変数に値が設定されていればそれらの値を優先して起動設定を行います。

● **コマンド7-3-11**　環境変数指定でAPIサーバー起動

```
# Unixベースのシェル（例：bash、zsh）で実行する場合
PORT=8080 ALLOW_ORIGIN=http://localhost:3000 npm start

# Windowsのコマンドプロンプトで実行する場合
set PORT=8080 && set ALLOW_ORIGIN=http://localhost:3000 && npm start
```

cURLコマンドで動作確認

　起動したAPIサーバーの動作確認を行います。ここでは、cURLコマンド（https://curl.se/）を使ってAPIに直接リクエストを送信してみます。

　まずは、Todo追加APIに"サンプルタスク"という名前のタスクを追加するためにPOSTリクエストを送信します。

● **コマンド7-3-12**　cURLでTodo追加APIリクエスト送信

```
# Unixベースのシェル、もしくはWindowsのコマンドプロンプトで実行
curl -X POST \
  -H "Content-Type: application/json" \
```

```
 -d "{ \"task\": \"サンプルタスク\" }" \
http://localhost:8080/todos

# 出力結果: 登録されたTodo情報
{"id":"4b024a41-e6ff-4572-a9d2-4c2a7a56c9c1","task":"サンプルタスク","comp
leted":false}
```

引数の説明

- -X（または --request）: リクエストメソッドを指定。ここでは POST
- -H（または --header）: リクエストヘッダーを指定。ボディ情報に JSON を送信するため Content-Type: application/json を指定
- -d（または --data）リクエストボディ情報: リクエストボディを指定

レスポンスボディとして登録された Todo 情報が出力されれば成功です。

つづいて、登録された Todo を Todo 一覧取得 API から取得します。GET リクエストの場合は、-X でのリクエストメソッド指定を省略できます。

●**コマンド7-3-13** cURL で Todo 一覧取得 API リクエスト送信

```
# Unixベースのシェル、もしくはWindowsのコマンドプロンプトで実行
curl http://localhost:8080/todos

# 出力結果:
[{"id":"4b024a41-e6ff-4572-a9d2-4c2a7a56c9c1","task":"サンプルタスク","com
pleted":false}]
```

無事、登録した Todo 情報が取得できました。

今度は、登録されている Todo を Todo 更新 API で、変更してみます。ここでは、task を"テストタスク"に、completed を true に変更してみます。コマンド内のID 部分は、**コマンド7-3-12**の結果の ID に書き換えてください。

●コマンド**7-3-14**　cURLでTodo更新APIリクエスト送信

```
# Unixベースのシェル、もしくはWindowsのコマンドプロンプトで実行
curl -X PUT \
  -H "Content-Type: application/json" \
  -d "{ \"task\": \"テストタスク\", \"completed\": true }" \
  http://localhost:8080/todos/4b024a41-e6ff-4572-a9d2-4c2a7a56c9c1

# 出力結果
{"id":"4b024a41-e6ff-4572-a9d2-4c2a7a56c9c1","task":"テストタスク","comple
ted":true}
```

更新されたTodo情報がレスポンスボディに出力されたら、成功です。

最後に再びTodo一覧取得APIで、Todo一覧を取得してみてください。Todo
更新APIで変更した内容が反映されていることが確認できるはずです。

なお、動作確認の方法としては、「7-3-5 Postman VS Code 拡張機能 を活用し
たAPIテスト」でテスト方法を解説しています。ユーザーフレンドリーなGUIを
通じてより効率的なAPIテストが行えますので、そちらも参照ください。

7-3-4　VS CodeでAPI (TypeScript/Express) のデバッグ

VS Codeを使用してAPIサーバーのデバッグを行います。

VS CodeにはNode.jsデバッガーがビルトインで組み込まれています。これに
より、JavaScript、TypeScript、またはJavaScriptにトランスパイルされる他の
言語をデバッグすることができます。

ここでは起動 (Launch) と接続 (attach) の2つのデバッグモードでデバッグす
る方法を紹介します。なお、VS Codeの一般的なデバッグ機能について Chapter 5
で紹介しているので、必要に応じてそちらをご確認ください。

起動 (Launch) モードでデバッグ

起動 (Launch) モードによるデバッグ方法を紹介します。launch.jsonは、VS

Codeのデバッガー設定を記述するためのファイルです。起動 (Launch) モードでは、launch.jsonの設定に従ってデバッガーが直接プログラムを起動します。

まずは、アクティビティバーの「実行とデバッグ」アイコンを選択して、「実行およびデバッグ」ビュー (Run and Debug view) を立ち上げます。この段階では、launch.jsonにはまだ何も設定されていない状態なので、**図7-3-6**のような表示がされます。そこで「launch.jsonファイルを作成します」をクリックしてlaunchファイルを作成します。

▲ **図7-3-6** launch.jsonが作成されていない場合の実行およびデバッグビューの表示

次のような選択メニューが表示されますが、ここではNode.jsプログラムのデバッグになるのでNode.jsを選択してください。

▲ **図7-3-7** デバッガーの選択

すると、次のようなNode.jsプログラム起動のためのテンプレート設定がlaunch.jsonに書き込まれます。なお、起動構成に出力される内容はデバッガーの種類によって異なることにご注意ください。

265

● **リスト7-3-12**　Node.jsプログラム起動テンプレート設定 (.vscode/launch. json)

```
{
  "version": "0.2.0",
  "configurations": [
    {
      "type": "node",
      "request": "launch",
      "name": "プログラムの起動",
      "skipFiles": [
        "<node_internals>/**"
      ],
      "program": "${file}"
    }
  ]
}
```

　ここでは、コンパイルされた dist/server.js ファイルを起動し、また起動前にビルド処理を行うために、設定を**リスト7-3-13**のように変更してください。これでデバッガー起動のための設定が整いました。

● **リスト7-3-13**　変更後のNode.jsプログラム起動設定 (.vscode/launch. json)

```
{
  "version": "0.2.0",
  "configurations": [
    {
      "type": "node",
      "request": "launch",
      "name": "APIの起動",
      "program": "${workspaceFolder}/dist/server.js",
      "preLaunchTask": "npm: build"
    }
  ]
}
```

　以下、起動設定ファイルの各属性の説明になります。

- **type**: 構成の種類。ここでは Node.js のため node を指定
- **request**: 構成リクエストの種類。値は "launch" または "attach" のいづれか で、ここではデバッガーからの起動であるため launch を指定
- **name**: 構成の名前
- **program**: 起動プログラムの絶対パス。ここではワークスペースフォルダー のルートパスを格納する ${workspaceFolder} 変数を活用
- **preLaunchTask**：プログラム起動前に実行するタスク。ここでは起動前に ビルドを実行したいので npm: build タスクを指定

なお、起動設定ファイルの属性についての詳細は、「Launch configuration attributes」[7]を、さらに ${workspaceFolder} のように事前定義された変数の詳細については「Predefined variables」[8]を参照ください。

デバッガーを起動するまえに、ブレークポイントを設定しましょう。ここでは ハンドラープログラムファイル（src/handler.ts）の GetTodos 関数でブレークポ イントを設定します。行番号の左側の溝をクリックするとブレークポイントが設 定され、赤い丸が表示されます。

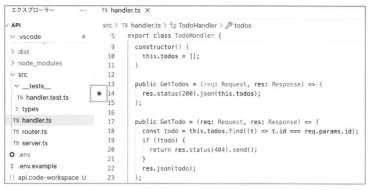

▲ **図7-3-8**　ブレークポイントの設定

※7　https://code.visualstudio.com/docs/nodejs/nodejs-debugging#_launch-configuration-attributes
※8　https://code.visualstudio.com/docs/editor/variables-reference#_predefined-variables

Part1
01
02
03
04
Part2
05
06
07
Part3
08
09
10
11
12
13

　それではここで設定した起動構成でデバッグをしていきます。「実行およびデバッグ」ビューで launch.json に設定した構成（「APIの起動」）を選択し、デバッグ実行ボタンをクリックするとデバッガーがプログラムを起動します。

▲ **図7-3-9**　API起動設定

　デバッグセッションが開始されると、デバッグツールバーがエディター上部に表示されます。ここで、APIクライアントツールからの「Get」のテストリクエストを送信してみてください。ブレークポイントを設定していると、図7-3-10のように設定箇所でブレークポイントがヒットし、「実行およびデバッグ」ビューや「デバッグコンソール」でデバッグ情報を確認できます。

▲ **図7-3-10**　デバッグ情報

接続（Attach）モードでデバッグ

つづいて、接続（Attach）モードでデバッグをやっていきます。

接続（Attach）モードでは、VS Code は launch.json の設定に従い、既に実行中のプログラムのプロセス ID または特定のポートにデバッガーがアタッチ（接続）してデバッグを開始します。実行中のプログラムをデバッグする必要がある場合や、ある特定の状態でのみ発生する事象の問題特定をする場合に適しています。

ここでは、Node.js プログラムのローカルプロセスに接続してデバッグします。

起動（Launch）モードのときのように、まずはアクティビティバーの［実行とデバッグ］アイコンを選択して、「実行およびデバッグ」ビュー（Run and Debug view）を立ち上げます。ここでは、すでに既存の launch.json 設定がある状態なので、既存のデバッグ構成や構成追加が選べるドロップダウンリストが表示されます。ここで、構成の追加を選択します。

▲ **図7-3-11** launch.json への構成の追加

すると、launch.json へ追加する設定種類の一覧が表示されます。ここで「Node.js: **アタッチ**」を選択します。

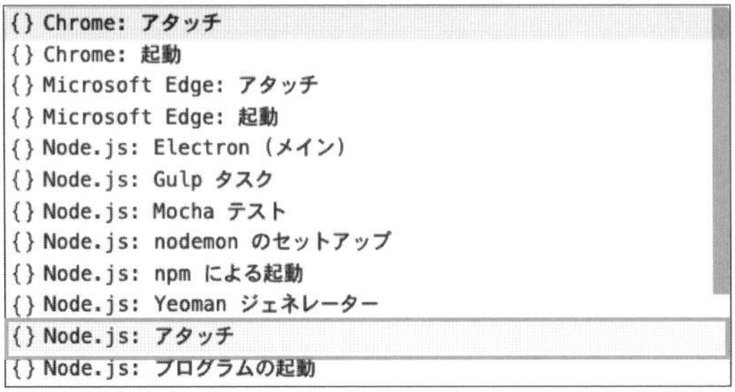

Part1

01

02

03

04

Part2

05

06

07

Part3

08

09

10

11

12

13

▲ **図7-3-12**　launch.jsonに追加する設定種類の一覧

リスト7-3-14のようなNode.jsプロセスにアタッチするためのテンプレート
設定がlaunch.jsonに書き込まれます。

● **リスト7-3-14**　Node.jsプロセスアタッチのためのテンプレート設定 (.
vscode/launch.json)

```
{
  "version": "0.2.0",
  "configurations": [
  // ... 省略 ...
    {
      "name": "Attach",
      "port": 9229,
      "request": "attach",
      "skipFiles": [
        "<node_internals>/**"
      ],
      "type": "node"
    },
  // ... 省略 ...
}
```

port属性でアタッチ先プロセスのポート番号を指定しています。なお、参考ま
でにprocessId属性でアタッチ先のプロセスIDで指定も可能です。

しかし、ここでは、起動プロセスのポート番号やプロセスIDを launch.jsonに
固定入力するのではなく、都度、クイックピックメニューからアタッチ先のプロ

セスを選択するようにしたいので、**リスト7-3-15**のように設定ファイルを変更します。

● **リスト7-3-15** 変更後のNode.jsプロセスアタッチのための設定（.vscode/launch.json）

```
{
  "version": "0.2.0",
  "configurations": [
  // ... 省略 ...
    {
      "name": "APIにアタッチ",
      "type": "node",
      "request": "attach",
      "processId": "${command:PickProcess}",
      "restart": true
    },
  // ... 省略 ...
}
```

以下、起動設定ファイルの各属性の説明になります。type、nameは起動（Launch）モードのと同じため説明を省略します。

・request: 構成リクエストの種類。値は"launch"または"attach"のいづれかで、アタッチモードであるためattachを指定
・processId: アタッチ先プロセスのIDを指定。"${command:PickProcess}"で、クイック・ピック・メニューが開きNode.js デバッガーで利用可能なプロセス一覧からの選択が可能になる
・restart: 'True'に設定すると、接続が切れた場合に、プログラムへの再接続が試行される

それでは設定した接続（Attach）モードでデバッグをしていきます。

まずは、デバッグ対象のNode.jsプログラムを手動で起動します。ターミナルからnpm startコマンドを実行してもよいですし、コマンドパレットから［Run Tasks］でnpmコマンド［npm start］を実行してもよいでしょう。

Part1

O1

O2

O3

O4

Part2

O5

O6

O7

Part3

O8

O9

1O

11

12

13

次に、「実行およびデバッグ」ビューで launch.json に設定した構成 (「API に
アタッチ」) を選択し、「デバッグ実行」ボタンをクリックします。すると、クイ
ック・ピック・メニューが開き、アタッチするプロセスの一覧が表示されるので、
アタッチ先プロセスを選択します。

▲ **図7-3-13**　アタッチ先プロセスの選択

無事デバッガーがプロセスにアタッチされると、ターミナルに「Debugger
attached」が表示されます。

● **コマンド7-3-15**　デバッガーがAPIサーバープロセスにアタッチしたときの
表示

```
> todo-api@1.0.0 start
> node dist/server.js

Server is allowing origin: http://localhost:3000
Server is running on port: 8080
Debugger listening on
ws://127.0.0.1:9229/86813011-bb8a-4290-b092-ae7f60ffa663
For help, see: https://nodejs.org/en/docs/inspector
Debugger attached.
```

起動 (Launch) モードでプログラムを起動した時と同じように、デバッグが可
能になり、デバッグツールバーがエディタ上部に表示されます。

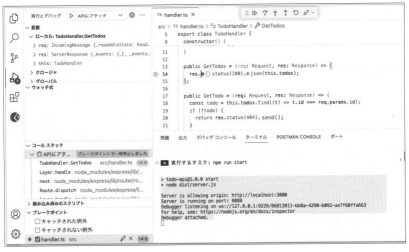

▲ 図7-3-14 接続 (Attach) モードでのデバッグ

　なお、デバッグを終了時は、デバッグツールバーの「切断」を表す一番右のアイコンをクリックしてデバッグ対象プロセスへのアタッチを切断しましょう。

▲ 図7-3-15 デバッグツールバー（接続モードでデバッグ実行時）

7-3-5 Postman VS Code 拡張機能 を活用したAPIテスト

　「7-3-3 APIサーバーを動かしてみる」では、cURLコマンドを使ってAPIリクエスト送信テストを行いました。ここでは、APIクライアントとして人気のあるPostmanのVS Code拡張機能（以下、Postman拡張機能）[9]でAPIリクエスト送信テストをする方法を紹介します。なお、ここでは、「7-3　APIサーバー開発」で開発した**APIサーバーがローカルで起動している**ことを前提で解説を行います。

※9　https://marketplace.visualstudio.com/items?itemName=Postman.postman-for-vscode

　Postmanは、API設計、テスト、ドキュメント化などAPI開発ライフサイクルを支援するツールです。すでに全世界で3,000万人を超える開発者に利用されている、API開発シーンに欠かせない存在として知られています。

　APIリクエスト送信テストにおいて、さまざまなHTTPメソッド、ヘッダー、パラメーターなどを使ってAPIエンドポイントとやり取りし、レスポンスを見やすい形で確認できます。一方、Postman拡張機能は、VS Code内でそのPostmanの機能を使って直接APIテストを行うことを可能にします。VS Codeを離れることなく、1つのツール内でコーディングを行いつつ、リクエストの作成、送信、レスポンスの確認が行えるため、開発の効率を大幅に向上させることができます。

▲ 図7-3-16　Postman拡張機能を利用したVS CodeでのAPI開発イメージ

Postman拡張機能の利用準備

　拡張機能をインストールするには、アクティビティバーから拡張機能ビューを開き、「Postman」で検索して上位に表示される拡張機能を選択するか、もしくはピンポイントに「Postman.postman-for-vscode」で選択してください。

▲ 図7-3-17　Postman拡張機能のインストール

　拡張機能をインストールしたら、アクティビティバーにあるPostmanマークを押してください。

　Postman拡張機能の利用にはPostmanアカウントでのサインインが必要になりますが、もしまだサインインされてない場合は**図7-3-18**のようなUIに遷移します。すでにアカウントがある人は、Sign inボタンをおしてサインインへ、まだない人は、[Create Account] ボタンをクリックしてアカウント作成に進んでください。

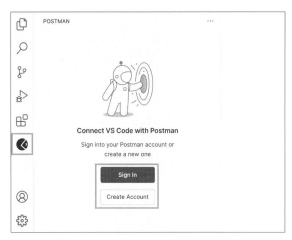

▲ 図7-3-18　Postmanサインイン/アカウント作成

　アカウント作成して、サインインが完了したら準備完了です。

ワークスペースの選択とコレクション作成

　まずは、ワークスペースを選択します。Postmanのワークスペースは、APIリ

275

クエストや関連する設定などの要素を整理し、協力して作業するための共有スペースです。ここでは、デフォルトで用意されている My Workspace を選択します。

　次に、Postman コレクションを作成します。コレクションは、関連する API リクエストをグループ化し、まとめて実行できたり、テストシナリオの作成やドキュメント管理ができる Postman の主要なコンポーネントの1つです。API リクエスト設定は必ずいずれかのコレクションに保存することになります。「Create Collection」ボタンをクリックすると、New Collection という名前のコレクションが作成されます。ここで、コレクション名の右側にある「…」をクリック、もしくはコレクション名を右クリックで表示されるメニューの「Rename」を選択することでコレクション名を変更できます。ここでは Todo API という名前のコレクションを作成します。

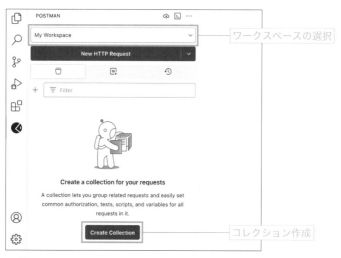

▲ **図7-3-19**　Postman ワークスペースの選択 / コレクションの作成

API リクエスト設定を追加して、リクエストを送信してみる

　コレクションを作成したら、API リクエスト設定を追加していきましょう。コレクション操作アイコンをクリックしてコレクション操作メニューにある Add Request を選択してください。

▲ **図7-3-20** リクエストの追加

　Todo追加のAPIリクエストを作成します。**図7-3-21**のように、HTTPリクエストメソッドに`POST`、APIのエンドポイントに`http://localhost:8080/todos`、追加するTodoタスク情報をJSON形式でリクエストボディに設定して「Send」ボタンでリクエスト送信します。リクエストが成功すると、レスポンスメッセージとして201ステータスコードで、ボディに登録されたTodo情報が返却されます。

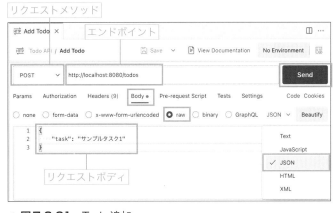

▲ **図7-3-21** Todo追加

Part1

01

02

03

04

Part2

05

06

07

Part3

08

09

10

11

12

13

　次に、登録したTodo情報をみるために、Todo一覧取得のAPIリクエストを作成します。**図7-3-22**のように、HTTPリクエストメソッドに`GET`、APIのエンドポイントに`http://localhost:8080/todos`を設定して「Send」ボタンでリクエスト送信します。リクエストが成功すると、同図のように、レスポンスメッセージとして200ステータスコードで、ボディに取得されたTodo情報が返却されます。

▲ **図7-3-22**　Todo一覧取得

　今度は、ここで登録したTodo情報を更新するためのAPIリクエストを作成します。**図7-3-23**のように、HTTPリクエストメソッドに`PUT`、APIのエンドポイントに`http://localhost:8080/todos/:id`、パスパラメータ`id`に追加したTodoのId、追加するTodoタスク情報をJSON形式でリクエストボディに設定して「Send」ボタンでリクエスト送信します。リクエストが成功すると、レスポンスメッセージとして200ステータスコードで、ボディに更新されたTodo情報が返却されます。

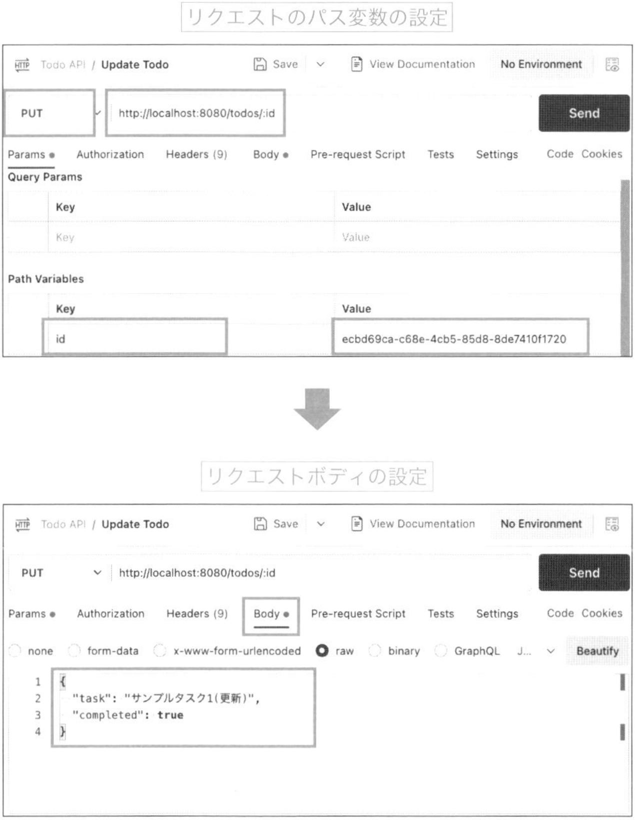

リクエストのパス変数の設定

```
⊞ Todo API / Update Todo        💾 Save  ⌄   📄 View Documentation    No Environment    ⊞

 PUT        ⌄   http://localhost:8080/todos/:id                              Send

 Params ●  Authorization  Headers (9)  Body ●  Pre-request Script  Tests  Settings   Code Cookies
 Query Params

        Key                              Value

        Key                              Value

 Path Variables

        Key                              Value

        id                               ecbd69ca-c68e-4cb5-85d8-8de7410f1720
```

⬇

リクエストボディの設定

```
⊞ Todo API / Update Todo        💾 Save  ⌄   📄 View Documentation    No Environment    ⊞

 PUT        ⌄   http://localhost:8080/todos/:id                              Send

 Params ●  Authorization  Headers (9)  Body ●  Pre-request Script  Tests  Settings   Code Cookies

 ○ none  ○ form-data  ○ x-www-form-urlencoded  ● raw  ○ binary  ○ GraphQL  J...  ⌄   Beautify

 1  {
 2      "task": "サンプルタスク1(更新)",
 3      "completed": true
 4  }
```

▲ **図7-3-23**　既存のTodo更新

Postman コンソール

　Postman拡張機能をインストールすると、VS Codeパネルに、「POSTMAN CONSOLE」というメニューが追加されます。

　Postmanコンソールは、APIリクエストとレスポンスの詳細情報を表示するデバッグツールです。PostmanでAPIリクエストを送信した際のHTTPリクエストヘッダー、ボディ、レスポンスデータ、ステータスコード、およびコンソールログをここで確認できます。これにより、APIの動作を詳細に追跡し、問題のトラブルシューティングやデータの確認が容易になります。API開発とテストの過程で、この情報を活用しない手はないでしょう。

279

▲ 図7-3-24　Postman コンソール

リクエスト設定のインポート

　cURLコマンドからリクエストをインポートすることもできます。また、Postmanからエクスポートしたコレクションをインポートできます。データをインポートするには、以下のようにします。

1. サイドバーの上部にあるインポートアイコンを選択します。

2. 以下のいずれかを行う：
   ・cURLを選択し、cURL コマンドを入力します。VS Code拡張機能は、新しいタブで要求を開きます。要求をインポートするには、それをコレクションに保存します。
   ・File または Folder を選択します。単一のコレクションファイルをインポートする場合はFile を、複数のコレクションをインポートする場合はFolderを選択してください。これで、複数の関連するAPIリクエストを一度にPostmanに追加できます。

▲ 図7-3-25　リクエスト設定のインポート

試しに、GitHubのサンプルコレクションをインポートしてみてください。今回のすべてのAPIリクエスト設定がインポートされるはずです。

・https://github.com/vscode-textbook/todo-app/blob/main/api/postman_
collection.json

> **Column** OpenAPI仕様ファイルのPostmanへのインポート (Postman
> デスクトップ or Webアプリ)
>
> 2024年1月時点で、Postman拡張機能からは、OpenAPI仕様ファイルを直接
> Postmanにインポートできません。しかし、Postmanデスクトップアプリや
> Postman WebアプリではPostmanに直接インポートできます。**図7-3-26**は、
> Postmanデスクトップアプリのインポート用インターフェースです。これで
> OpenAPI仕様ファイルの内容に従いコレクションが自動生成されます。
>
>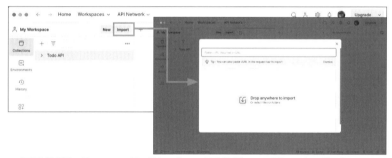
>
> ▲ **図7-3-26** PostmanアプリでOpenAPI仕様ファイルのインポート
>
> 同じPostmanアカウントでログインしていれば、Postmanクラウドでデータが同
> 期されているので、VS Code側でインポートされたPostmanコレクションデータ
> を活用できます。

その他Postman拡張機能でできること

Postman拡張機能は、他にもAPI開発作業を効率化するさまざまな機能を提供します。以下は、その主な機能の一覧です。

1. **さまざまな認証方法のサポート**: 多様な認証方式 (OAuth、Bearer Token、APIキーなど) をサポートし、API開発の認証プロセスを大幅に効率化しま

Part1

01

02

03

04

Part2

05

06

07

Part3

08

09

10

11

12

13

す

2. **コードスニペット**：APIリクエストに基づいたコードスニペットを生成し、異なるプログラミング言語での使用を容易にします

3. **マルチプロトコルのAPIリクエスト作成**：HTTPだけでなく、WebSocketやgRPC（2024年1月時点）を用いたAPIリクエストも作成できます

4. **変数とスクリプト**：Postmanの変数を活用すると、APIリクエストの再利用性が高まり、環境に依存する値（URL、トークンなど）を柔軟に管理できます。またスクリプトをセットで活用することでAPIリクエストを動的に設定したり、リクエストやレスポンスを自動的に検証できるため、APIのテストプロセスを効率化できます。

5. **コレクションランナー**：複数のAPIリクエストをまとめたコレクションを一括で実行し、自動化テストやデータセットと組み合わせた一括実行ができます。

　これらの機能により、Postman拡張機能はAPI開発の効率性を大幅に向上させ、より複雑なタスクの実行を可能にします。

7-4　Next.jsでフロントエンド開発

　ここでは、Todoリスト管理フロントエンドアプリを開発します。

　本章の概要でも説明した通り、フロントエンドはフレームワークにNext.jsを採用します。Next.jsは、Node.jsランタイム環境で動く、ReactベースのJavaScriptフレームワークです。高性能かつ拡張性の高いWebアプリケーションの構築を可能にし、高度なサーバーサイドレンダリング（SSR）機能や静的サイト生成（SSG）などをサポートしていることが特徴としてあります。なお、本アプリでは、ブラウザー側でレンダリングされるクライアントサイドレンダリング方式を採用します。

7-4-1　Next.jsアプリのクイックスタート

　本章で開発するTodoリスト管理フロントエンドアプリのソースコードは

GitHub[1]で公開していますが、まずは、Next.jsの雛形プロジェクトを作成して、TypeScriptベースの簡易Next.jsアプリをクイックスタートする方法から解説します。

create-next-appによるプロジェクト作成

create-next-appコマンドはNext.jsアプリケーションをすばやく開始するための雛形プロジェクトを作成してくれます。

ここでは Next.jsのプロジェクトを素早く簡単にセットアップしてくれるcreate-next-appコマンド[2] を使用してfrontendという名前のTypeScriptベースのプロジェクトを作成します。

●コマンド7-4-1　create-next-appによるプロジェクト作成

```
npx create-next-app --typescript frontend
```

コマンドを実行すると次のようなプロンプトでプロジェクト設定に関する選択が求められます。各項目とここでの選択内容をコメントとして追記してます。

●コマンド7-4-2　create-next-appのプロンプト

```
# ESLintをプロジェクトに組み込むかどうか。ここではYesを選択
Would you like to use ESLint?  No / Yes
# Tailwind CSSをプロジェクトで使用するかどうか。ここではNoを選択
Would you like to use Tailwind CSS?  No / Yes
# プロジェクトのソースファイルをsrc/フォルダー内に配置するかどうか。ここではYesを選択
Would you like to use `src/` directory?  No / Yes
# Next.jsのApp Routerをプロジェクトで使用するかどうか。ここではYesを選択
Would you like to use App Router? (recommended)  No / Yes
# デフォルトのインポートエイリアス（@/*）をカスタマイズするかどうか。ここではNoを選択
Would you like to customize the default import alias (@/*)?  No / Yes
```

※1　https://github.com/vscode-textbook/todo-app/tree/main/frontend
※2　https://nextjs.org/docs/pages/api-reference/create-next-app

　コマンドの入力を終えると、雛形用のフォルダーやファイルの生成と、依存パッケージのインストールが行われます。

　最終的に生成されるフォルダーとファイルは、次の通りです。

```
frontend（ルートフォルダー名）
    ├── .eslintrc.json          : ESLint設定ファイル
    ├── .gitignore
    ├── README.md
    ├── next-env.d.ts           : Next.jsのTypeScriptの型定義を含むファイル
    ├── next.config.js          : 環境変数やビルド設定などNext.jsの設定をカスタマ
    │                             イズするファイル
    ├── node_modules
    ├── package-lock.json
    ├── package.json            : プロジェクトのメタデータや依存関係を定義
    ├── public                  : 静的ファイル配置用フォルダー
    │   ├── next.svg
    │   └── vercel.svg
    ├── src                     : プロジェクトのソースコードを配置するフォルダー
    │   └── app                 : アプリのルーティングのルートフォルダー
    │       ├── favicon.ico
    │       ├── globals.css     : アプリケーション全体に適用されるスタイルを定義
    │       ├── layout.tsx      : ページの共通構造（ヘッダー、フッターなど）を定
    │       │                     義するレイアウトコンポーネント
    │       ├── page.module.css : pageコンポーネント固有のスタイルを定義
    │       └── page.tsx        : pageコンポーネント
    └── tsconfig.json           : TypeScriptのコンパイラオプションを設定するファ
                                  イル
```

▲ **図7-4-1**　フロントエンド雛形プロジェクトのファイル構成

雛形プロジェクトのアプリのコードと App Router によるルーティング

　図7-4-1のとおり、雛形プロジェクトのプロジェクトのソースコードを配置するフォルダーである src 配下には app という名前のアプリのルーティングのためのルートフォルダーが生成されます。

　app フォルダー配下には複数のアプリコードファイルが生成されます。

　フロントエンドアプリにパス「/」でアクセスしたときに表示されるのは app 配下にある page コンポーネントのファイル app/page.tsx になります。これについて簡単に説明します。

このプロジェクトではApp RouterというNext.jsのバージョン13で導入された新しいファイルベースのルーティング機能を使用します。App Routerはapp フォルダー配下に切ったフォルダーやファイルが自動的にルーティング対象とし、appフォルダー配下のフォルダー名がURLパスとして使われます。そして、そのフォルダー配下のpage.tsxの内容が表示されるようにルーティングします。したがって、「/」にアクセスするとapp/page.tsxが表示され、また、例えば「/test」にアクセスするとapp/test/page.tsxが表示されます。

なお、Next.jsのルーティング機能として他にはPages Routerが有名ですが、その場合はappフォルダーではなく、pagesフォルダーがルーティングベースになることにご注意ください。

package.jsonのscriptsの設定

package.jsonのscript設定を見てみます。

● **リスト7-4-1**　package.jsonのscripts設定

```json
{
  "scripts": {
    "dev": "next dev",
    "build": "next build",
    "start": "next start",
    "lint": "next lint"
  }
}
```

各コマンドの説明:
- dev: Next.jsプロジェクトを開発モードで起動
- build: 本番用に最適化されたバージョンのアプリを生成
- start: Next.jsプロジェクトを本番モードで起動。事前にnext buildでビルドが必要
- lint: Next.jsに最適化されたESLint の実行

本雛形プロジェクトにはESLintが設定されています。**図7-4-1**にあるように

Part1
01
02
03
04
Part2
05
06
07
Part3
08
09
10
11
12
13

.eslintrcファイルが生成されており、中身は次のようになっています。

● **リスト7-4-2**　ESLintの設定ファイル（.eslintrc）

```
{
  "extends": "next/core-web-vitals"
}
```

next/core-web-vitalsは、Next.jsが提供するESLintの設定です。この設定は、Googleが定義したCore Web Vital[3]というパフォーマンスメトリクスを改善するためのルールを含んでいます。これにより、Next.jsアプリケーションのパフォーマンスを最適化するためのベストプラクティスが適用されます。

試しに、ターミナルでnpm run lintを実行もしくは、VS Codeのコマンドパレットから［**Task: Run Tasks**］→［**npm**］を選択し、lintコマンドを実行してください。次のような出力がされるはずです。

● **コマンド7-4-3**　lintコマンドの実行

```
npm run lint

> frontend2@0.1.0 lint
> next lint

? No ESLint warnings or errors
```

Next.jsプロジェクトを開発モードで起動

それではNext.jsの雛形プロジェクトを開発モードで起動します。

package.jsonのscript設定にあるdevコマンドをターミナルで、もしくは、VS CodeのRun Taskでdevコマンドを実行してください。次のような出力がされるはずです。

※3　https://nextjs.org/learn-pages-router/seo/web-performance

● **コマンド7-4-4** Next.jsプロジェクトを開発モードで起動

```
npm run dev

> frontend@0.1.0 dev
> next dev

   ▲ Next.js 14.0.4
   ・Local:         http://localhost:3000

 ? Ready in 1917ms
```

ブラウザーでhttp://localhost:3000にアクセスしてください。**図7-4-2**のようなページが表示されるはずです。

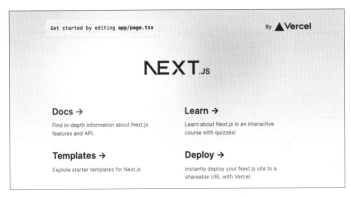

▲ **図7-4-2** Next.js雛形プロジェクトのページ

試しに、app/page.tsxファイルの表示内容を変更してみると、ブラウザーでその変更された内容が表示されます。

7-4-2 フロントエンドの実装ポイント解説

先述の通り、Todoフロントエンド用アプリはNext.jsを活用して実現するシングルページアプリケーション (SPA) です。アプリはブラウザーで動作しながら、APIとの通信を通じてTodoデータの管理を行います。そしてAPIより得られた結果を元にReactがDOM操作によりページを動的に書き換えます。いわゆる、

クライアントサイドのレンダリング方式を採用しています。

　ここでは、Todoフロントエンド用Next.jsアプリの実装についてポイントを絞って解説します。なお、アプリは先のNext.js雛形プロジェクトをベースに作っています。

　GitHubのレポジトリのソースコード[4]を見ながら読み進めてください。

```
frontend（frontendのルートフォルダー）

        ├── .env.local.example
        ├── .eslintrc.json              : ESLint設定ファイル
        ├── README.md
        ├── package-lock.json
        ├── package.json                : プロジェクトのメタデータや依存関係を定義
        ├── src
        │   ├── __tests__               : テストコードが含まれるフォルダー
        │   │   └── TodoList.test.tsx   : TodoListコンポーネントのテストコード
        │   ├── app                     : アプリのルーティングのルートフォルダー
        │   │   ├── global.css          : 全体共通のCSS
        │   │   ├── layout.tsx
        │   │   └── page.tsx            : (/) URLに対応するページ
        │   ├── components              : コンポーネントのコード用フォルダー
        │   │   ├── TodoList.module.css : TodoListコンポーネント用のCSS
        │   │   └── TodoList.tsx        : TodoListコンポーネント（クライアントコンポー
        │   │                             ネント）
        │   └── types                   : アプリのルーティングのルートフォルダー
        │       └── todo.ts             : Todoデータ型定義
        ├── jest.config.js              : Jest用設定ファイル
        ├── tsconfig.json               : TypeScriptのコンパイラオプションを設定するフ
        │                                 ァイル
        └── frontend.code-workspace     : VS Codeワークスペースの設定ファイル
```

▲ **図7-4-3**　フロントエンド ソースコードのファイル構成

　アプリのソースコード用フォルダーはsrcになりますが、フロントエンドのファイル構成（**図7-4-3**）の中でアプリのメインとなるのは、src配下の下記2つのファイルです。

---

[4]　https://github.com/vscode-textbook/todo-app/tree/main/frontend

・app/page.tsx
・components/TodoList.tsx

　まず、**app/page.tsx**ですが、これは「7-4-1 Next.jsアプリのクイックスタート」
での説明の通り、**App Router**ルーティング機能において「/」URLへのアクセス
に対してマッピングされるエントリーポイントとなるファイルです。app/page.
tsxの中をみると、ほぼTodoListコンポーネント（**components/TodoList.tsx**）を
表示するだけの内容です。フロントエンドアプリの本体はTodoListコンポーネ
ントといってよいことがわかります。

● **リスト7-4-3**　app/page.tsxの内容

```
// ...省略...

export default function Page() {
  return (
    <div className="flex">
      <TodoList />
    </div>
  );
}
```

TodoListコンポーネントのクライアントコンポーネント設定

　Next.jsはSSRがデフォルト挙動になっているため、TodoListコンポーネント
のようなブラウザー側で動くクライアントコンポーネントに対しては明示的な設
定が必要になります。それを実現するのが、use clientディレクティブです。

● **リスト7-4-4**　use clientディレクティブ指定（components/TodoList.tsx）

```
"use client"

import React from 'react';
import { Paper, TextField, Button, Checkbox } from "@mui/material";
import { Todo } from '../types/todo';
import css from './TodoList.module.css';
import axios from "axios";
```

```
// ... 省略 ...
```

use client ディレクティブを、ファイルの先頭に配置することで、そのファイルがクライアントサイドでのみ実行されることを指定します。特定のライブラリやコードがサーバーサイドでは動作しない、または従来のReactコンポーネントでuseStateやuseEffectなどのReactフック※5を使いたい場合に有用です。

なお、このディレクティブがあると、そのファイル内のコードはサーバーサイドレンダリング（SSR）や静的サイト生成（SSG）の対象から除外されるため、もしSSRに変える可能性があるならば注意が必要です。

TodoListコンポーネントの状態変数

React.useStateはReactフックの1つであり、関数コンポーネント内で状態を持つことを可能にします。リスト7-4-5のようにuseStateは状態変数と状態変数の更新専用の関数を返却します。この状態変数は更新されるとコンポーネントは再レンダリングされます。なお、コンポーネントが再レンダリングされても、この状態変数は保持されます。

● リスト7-4-5　useStateの説明

```
const [状態変数，状態変数を更新するための関数] = useState(初期値)
```

TodoListコンポーネント（リスト7-4-6）では、React.useStateを使用してtodosという名前のTodoデータタイプ（リスト7-4-7）のオブジェクト配列の状態変数と、setTodosという名前の更新用の関数を定義しています。また、同じようにcurrentTaskという名前の文字列型の状態変数と、setCurrentTaskという名前の更新用の関数を定義しています。TodoListコンポーネントはこの2つの状態変数を通じてページの動的な書き換えを実現します。

※5　Reactフックは、関数コンポーネント内で状態やライフサイクルなどのReactの機能を使うためのAPIで、React16.8で導入されました。Reactフックに関する詳細はこちらを参照ください：https://ja.react.dev/reference/react/hooks

● **リスト7-4-6** TodoListコンポーネントの状態変数設定（components/TodoList.tsx）

```
// 状態変数todos（初期値[]配列）と、todosを更新するための関数setTodosを定義
const [todos, setTodos] = React.useState<Todo[]>([]);
// 状態変数currentTask（初期値""）と、currentTaskを更新するための
// 関数setCurrentTaskを定義
const [currentTask, setCurrentTask] = React.useState("");
```

● **リスト7-4-7** Todoデータタイプ（src/types/todo.ts）

```
// Todoデータタイプ： id、task、completedの3つのプロパティを持つ
export type Todo = {
  // id for each task
  id: string;
  // todo task
  task: string;
  // indicates if a task is completed or not
  completed: boolean;
};
```

TodoListコンポーネントのAPIサーバーとの通信

　TodoListコンポーネントは表7-4-1にあるように4種類のAPIサーバーとの通信を行います。APIサーバーとの通信には、axiosというPromiseベースのHTTPクライアントライブラリ[6]を使います。

▼ **表7-4-1** TodoListコンポーネントのAPIサーバーとの通信箇所

処理の種類	実行タイミング	実装箇所	通信先API(メソッドとパス)
Todo一覧取得	コンポーネントがレンダリングされた後一回だけ	React.useEffectフック関数	GET /todos
Todo追加	フォームがサブミットされたとき	addTodo関数(イベントハンドラ)	POST /todos
既存Todoの更新	チェックボックスがチェックされたとき	updateTodo関数(イベントハンドラ)	PUT /todos/{todoId}
既存Todoの削除	削除ボタンが押下されたとき	deleteTodo関数(イベントハンドラ)	DELETE /todos/{todoId}

※6　https://axios-http.com/

まずは、Todo一覧取得について説明します。該当コードは**リスト7-4-8**になります。

Todo一覧取得のためのAPIサーバーとの通信は、React.useEffectを活用してコンポーネントがレンダリングされた後一回だけ実行します。React.useEffectはReactのフックの一つであり、コンポーネントがレンダリングされた後に実行されます。そして、React.useEffectの第二引数に空の配列[]を渡すことで、このuseEffectはコンポーネントがマウントされた時（初回レンダリング後）に一度だけ実行されます。

axios.get(apiUrl + "/todos")について、axiosライブラリを使用してTodoリスト取得用APIからデータを非同期に取得します。axios.getはPromiseを返すため、.thenと.catchメソッドをチェーンして、成功時と失敗時の処理をそれぞれ定義します。.then((response) => { const {data} = response; setTodos(data) })は、API呼び出しが成功した場合に実行されます。レスポンスオブジェクトからdataを抽出し、それをsetTodosメソッドを使用してコンポーネントの状態に設定します。

●**リスト7-4-8**　Todo一覧取得 (components/TodoList.tsx)

```
React.useEffect(() => {
    axios.get(apiUrl + "/todos")
    .then((response) => {
        const {data} = response;
        setTodos(data)
    })
    .catch((error) => {console.log(error)});
}, []);
```

Part1
01
02
03
04
Part2
05
06
07
Part3
08
09
10
11
12
13

続いて、Todo追加をみていきましょう。該当コードは**リスト7-4-9**になります。

● **リスト7-4-9** Todo追加 (components/TodoList.tsx)

```
const addTodo = async (event: React.FormEvent<HTMLFormElement>) => {
    event.preventDefault();
    const originalTodos = todos;
    axios.post(apiUrl + "/todos", { task: currentTask })
    .then((response) => {
        const {data} = response;
        setTodos([...originalTodos, data]);
        setCurrentTask("");
    })
    .catch((error) => {console.log(error)});
};
```

Todo追加処理は、フォームがサブミットされたときに、addTodo関数 (イベントハンドラ)が呼び出されることで実行されます。addTodoでは、Todo追加用APIに非同期でPOSTリクエストを送信し、今のタスク (currentTask) を追加します。そして、レスポンスオブジェクトから登録したtodo情報であるdataを抽出し、それをsetTodosを使用してコンポーネントの状態変数であるtodosに設定します。また、setCurrentTaskで同じくコンポーネントの状態変数であるcurrentTaskを空文字列に設定してます。これによりフォームのテキストボックスがクリアされます。

なお、addTodoの一行目のevent.preventDefault()は、<form>タグのsubmitイベントでデフォルトで発生するページリフレッシュの動作をキャンセルするために実行してます。

既存Todoの更新のためのupdateTodoと 既存Todoの削除のためのdeleteTodoについても、addTodo同様に、それぞれの実行タイミングで呼び出されて対向のAPIと通信を行い、setTodosやcurrentTaskでコンポーネントの状態変数を更新することでUI上の表示をアップデートします。updateTodoでは、タスクが更新(タスクがチェックされストライクアウト) され、deleteTodoではタスクが削除されます。

APIリクエスト先情報を環境変数で指定

　Next.jsは、`.env.local`ファイルの内容を環境変数として読み込みます。読み込まれた環境変数はアプリケーションのコードから`process.env.<環境変数名>`のように参照できます。ただし、今回のようにブラウザー側で処理されるコードで読み込むには、リスト7-4-8のように環境変数のプレフィックスとして`NEXT_PUBLIC_`を付与する必要があります。Next.jsは`NEXT_PUBLIC_`から始まる変数をビルド時にJavaScriptバンドルに値をインライン展開することで、ブラウザーから値にアクセスできるようにします。

●**リスト7-4-8**　APIリクエスト先情報を設定（.env.local）

```
NEXT_PUBLIC_API_URL="http://localhost:8080"
```

　もちろん、`NEXT_PUBLIC_`プレフィックスのない環境変数は、ブラウザー側では読み込めないものの、サーバー側で実行されるコードでは読み込めます。

7-4-3　フロントエンドを動かしてみる

　まずは、フロントエンドアプリを動かす前に、アプリの通信先であるAPI（express）サーバーが起動していることを確認してください。もしまだであれば、APIサーバーを起動してください。

　それでは、フロントエンドアプリを動かしていきましょう。まずは、VS Codeで`frontend`をルートフォルダーから開きます。

●**コマンド7-4-5**　VS Codeの起動

```
cd frontend
code .
```

　次に、フロントエンドが依存するパッケージをインストールをしてからアプリを起動します。

　ターミナルから**コマンド7-4-6**を実行する、もしくはコマンドパレットから

[**Task: Run Tasks**]→[**npm**]を選択して同コマンドを実行します。

● **コマンド7-4-6** Next.jsプロジェクトの必要なパッケージのインストールと
起動（開発モード）

```
# 必要なパッケージのインストール
npm install
# Next.jsプロジェクトの起動（開発モード）
npm run dev
```

これで、Next.jsプロジェクトがローカルホストで3000番ポートで起動します。

なお、本番モードで起動する場合は、npm run devの代わりに**コマンド7-4-7**を実行して、先にビルドを行い、本番用に最適化されたバージョンのアプリを生成してから本番モードで起動します。

● **コマンド7-4-7** Next.jsプロジェクトのビルドと起動（本番モード）

```
# Next.jsプロジェクトのビルド
npm run build
# Next.jsプロジェクトの起動（本番モード）
npm start
```

Next.jsプロジェクト起動後、ブラウザーでlocalhost:3000にアクセスしてください。**図7-4-4**の左側のようなアプリページが表示されます。

それでは、アプリページのフォームよりタスクを3つ入力してみます。**図7-4-4**の右側のように3つのタスクが表示されるはずです。

▲ **図7-4-4**　タスクを3つ追加した結果

このとき Todo 追加リクエスト（`POST /todos`）が3回送信されます。

　つづいて、サンプルタスク1に対してチェックボックスをクリックし、サンプ
ルタスク3に対して削除ボタンを押してください。**図7-4-5** の右側のような表示
になるはずです。

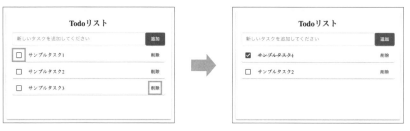

▲ **図7-4-5**　サンプルタスク1をチェック、サンプルタスク3を削除した結果

　このとき、次の2つのAPIリクエストが送信されます。

・サンプルタスク1のチェックボックスクリック：既存のTodo更新（`PUT /`
　`todos/<タスク1のID>`）
・サンプルタスク3の削除ボタンクリック：既存のTodo削除（`DELETE /todos/<`
　`タスク3のID>`）

　実際にアプリから送信されるAPIリクエストについては、ブラウザー付属のデ
ベロッパーツールで確認するとよいでしょう。
　例えば、Google Chromeの場合は、ブラウザーの「その他ツール」→「デベ

ロッパーツール」、もしくはショートカット Ctrl + Shift + i (macOS： ⌘ +
option + i) で立ち上げられます。

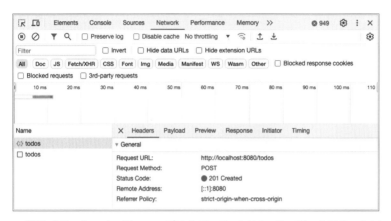

▲ 図7-4-6　Google Chromeブラウザーのデベロッパーツールでネットワーク情
報を参照した結果

　なお、各APIリクエストでは、CORS プリフライトリクエスト[7]と呼ばれるリ
クエストを事前に送信します。CORSは、「7-3-2 APIサーバーの実装ポイント解説」
の「Cross-Origin Resource Sharing（CORS）対応」で説明したように、異なる
オリジン間でのリソース共有を可能にするためのメカニズムです。CORSプリフ
ライトリクエストはブラウザー実際のリクエストを送信する前に、異なるオリジ
ン間でのリソース共有が安全かどうかを事前に確認するためにHTTPの`OPTIONS`
メソッドで送信するリクエストです。
　ブラウザーデベロッパーツールで、各APIリクエスト送信前にCORSプリフラ
イトリクエストが送信されていることを確認できます。

7-4-4　ブラウザーで動くNext.jsコードのデバッグ

　VS Codeを使って、ブラウザーで動くReactコードのデバッグを行います。

※7　https://developer.mozilla.org/ja/docs/Glossary/Preflight_request

ここでは、ローカル環境にChromeブラウザーがインストールされていること を前提に、Chromeブラウザー用のビルトインのJavaScriptデバッガーでデバッ グを行います。VS CodeにはChromeブラウザーとEdgeブラウザー用のビルト インのJavaScriptデバッガーを内蔵しています。なお、メジャーなブラウザーの 1つにFirefoxがありますが、Firefox用デバッガー[8]についてもインストールす ることで利用可能です。

デバッガーの設定

APIサーバーのデバッグ時に設定したのと同じように、まずは、アクティビテ ィバーの［実行とデバッグ］アイコンを選択して、「実行およびデバッグ」ビュ ー（Run and Debug view）を立ち上げます。まだlaunch.jsonが何も設定されて いない状態の場合は、「launch.jsonファイルを作成します」をクリックします。 すると、図7-4-7のような選択メニューが表示されます。ここでは、クライアン ト（ブラウザー）でのデバッグになるのでWebアプリ（Chrome）を選択します。

デバッガーの選択
Docker: Debug in Container
Node.js
Python
Web アプリ (Chrome)
Web アプリ (Edge)
JSON with Comments の拡張機能のインストール...

▲ 図7-4-7　デバッガーの選択

これで、Chromeブラウザーでプログラムの起動のためのテンプレート設定が launch.jsonに書き込まれます。

ここでは、URLがhttp://localhost:3000なので、launch.jsonの設定を**リス ト7-4-9**のような内容に変更してください。

※8　https://marketplace.visualstudio.com/items?itemName=firefox-devtools.vscode-firefox-debug

● **リスト7-4-9** Chromeブラウザーでプログラムの起動のための設定
（.vscode/launch.json）

```json
{
  "version": "0.2.0",
  "configurations": [
    {
      "type": "chrome",
      "request": "launch",
      "name": "フロントエンド(Chrome)起動",
      "url": "http://localhost:3000",
      "webRoot": "${workspaceFolder}",
      "resolveSourceMapLocations": [
        "${workspaceFolder}/**",
        "!**/node_modules/**"
      ]
    }
  ]
}
```

　設定の各属性は、次の通りです。なお、type, request, nameについてはAPIサーバーのデバッグ用の「起動（Launch）モードでデバッグ」も参考になります。

- **type**: 構成の種類。ここではChromeブラウザーのためchromeを指定。なお、Edgeブラウザーでデバッグする場合はtypeをmsedgeにします
- **request**: 構成リクエストの種類。ここでは、デバッガーがブラウザーを起動するためlaunchを指定
- **url**: ブラウザー起動時に自動的に開くURL
- **webRoot**: ソースコードのルートディレクトリで、これを元にソースマップを読み取ります。デフォルトでは、ワークスペースフォルダーになります。
- **resolveSourceMapLocations**: ソースマップを解決するための場所を指定するプロパティ。ここでの設定では、${workspaceFolder}/**と!**/node_modules/**の2つのパスを指定して、それぞれ「ワークスペースのすべてのフォルダーとサブフォルダー」と「node_modulesディレクトリとそのサブディレクトリを除外」を意味する。

　ブラウザーデバッグ用のlaunch.jsonの属性設定について詳細はVS Code公式

サイトの「Browser debugging in VS Code」[9]を参考にしてください。

ブレイクポイントの設定

デバッガー起動前に、クライアントサイドで実行されるプログラムにブレークポイントを設定しましょう。ここでは クライアントサイドでレンダリングされるTodoListコンポーネント（`src/components/TodoList.tsx`）のTodo追加処理で発生するaxio通信処理部にブレークポイントを設定します。行番号の左側の溝をクリックすると、ブレークポイントが設定され、赤い丸が表示されます。

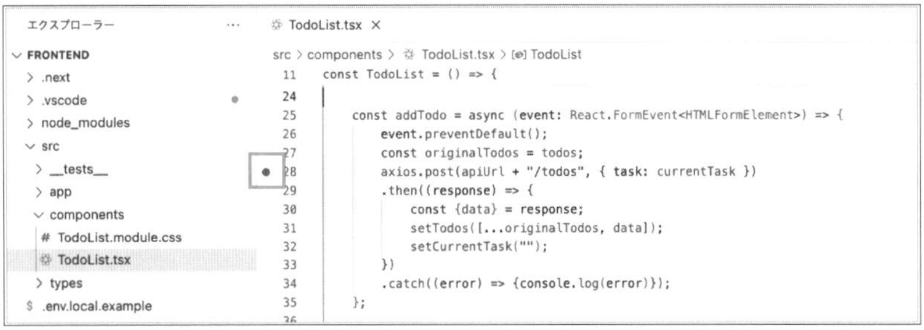

▲ **図7-4-8**　ブレイクポイントの設定

デバッガーの起動

まず、デバッガー起動前にNext.jsプロジェクトが起動していることを確認してください。もしまだならば、ターミナルで`npm run dev`を実行もしくは、VS Codeのコマンドパレットから［**Task: Run Tasks**］→［**npm**］を選択し、同じコマンドを実行してください。

それでは、Chromeの起動構成でデバッグをすすめます。

アクティビティバーの［実行とデバッグ］アイコンを選択して、「実行およびデバッグ」ビュー（Run and Debug view）を立ち上げます。ここで、さきほど`launch.json`に設定した「フロントエンド（Chrome）起動」という名前のデバッガー起動設定を選択し、デバッグ実行ボタンをクリックします。

[9]　https://code.visualstudio.com/docs/nodejs/browser-debugging

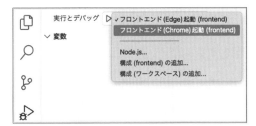

▲ **図7-4-9**　デバッガー起動設定の選択

これで、デバッガーが launch.json の設定に従い Chrome ブラウザーを立ち上げます。URL http://localhost:3000 で Todo リスト管理アプリのページが開きます。フォームにサンプルタスクを追加すると、Todo 追加の API 通信が発生して、設定したブレイクポイントがヒットします。

▲ **図7-4-10**　ブラウザーで動く Next.js コードのデバッグ

7-5　まとめ

　本章では、Todoリスト管理アプリの開発を例に、VS Codeを活用したWebア
プリケーション開発の基本を学びました。まず、OpenAPI仕様を使用してREST
APIの仕様書を作成し、その後、Expressを活用したAPIサーバーと、Next.js
を活用したフロントエンドアプリケーションを開発しました。これにより、フロ
ントエンドとバックエンドの連携を実現しました。本章が、読者の皆様の今後の
VS Codeを活用したアプリケーション開発の参考になれば幸いです。

Part 3
拡張機能の作成と公開

Chapter 8 ● 拡張機能の作成

Chapter 9 ● 拡張機能の仕組みを理解する

Chapter 10 ● Markdownを便利に書く拡張機能の作成

Chapter 11 ● JSON Web Tokenビューアーの作成

Chapter 12 ● Marketplace公開のための準備

Chapter 13 ● 拡張機能をバンドル化する

VS Codeの主な特徴の1つに、優れた拡張性があります。これまでのパートで触れてきたので、VS Codeに豊富な拡張機能があることは理解しているでしょう。本パートでは、基本編と応用編に分けて、VS Code 拡張機能 APIを使用して、実際に拡張機能を開発するための方法を説明します。拡張機能の雛形をベースにした拡張機能開発方法、主要拡張機能APIの使い方、拡張機能のテスト方法、そして作った拡張機能をMarketplaceで公開する方法など、豊富なサンプルを例に拡張機能開発のエッセンスと全体像を解説します。

Chapter 8

拡張機能の作成

VS Codeの主な特徴の1つとして、柔軟な拡張性が挙げられます。ユーザーインター フェイスや編集機能に始まり、ほぼすべての機能を拡張機能 APIを通じて拡張できます。VS Codeのコア機能の多くも、拡張機能の1つとして、この拡張機能APIを 使用して作られています。また、開発者がVS Codeの機能拡張を簡単に開発し、テストを行い、そして開発した拡張機能を公開するための仕組みも提供されています。まずは「習うより慣れろ」の精神で、簡単な拡張機能の開発・テストを通じて拡張機 能開発の雰囲気をつかむところから始めましょう。

8-1　VS Codeの拡張機能の概要

8-1-1　拡張・カスタマイズの種類

VS Codeは、ほぼすべての機能を拡張もしくはカスタマイズできます。VS Codeで可能な拡張とカスタマイズについては、大きく次のようなカテゴリに分けることができます。

▼ 表8-1-1　VS Codeの拡張・カスタマイズの種類

カテゴリ	説明	拡張例
共通機能	すべての拡張機能で共通に利用可能なコア機能	コマンド、設定項目、キーバインド、メニューアイテムの登録 ワークスペースもしくはグローバルデータの保存 通知メッセージの表示 ユーザー入力取得のためのQuick Pick ファイルやフォルダーを開くためのFile Picker
テーマ	VS Codeの外観のカスタマイズ	ソースコードの色変更、UIの色変更 既存のTextMateテーマのVS Codeへの移植 カスタムファイルアイコン追加
言語拡張：宣言的言語機能	基本的なテキスト編集機能のカスタマイズ（コード不要で宣言的に設定が可能）	語ごとのスニペットの登録 新規言語の登録 プログラミング言語の文法登録・置き換え 文法インジェクションを利用した既存文法の拡張 既存のTextMateの文法のVS Codeへの移植

言語拡張：プログラム言語機能	高度なプログラミング言語機能	APIの使用例を示すホバーの追加 診断機能を利用したソースコードのスペルチェック、リンターエラーの報告 プログラミング言語のフォーマッターの登録 コンテキストに応じたリッチなIntelliSense機能
ワークベンチ拡張	VS CodeのワークベンチUIの拡張	ファイルエクスプローラーにカスタムのコンテキストメニューアクションを追加 サイドバーに新しいツリービューを作成 ステータスバーに新規情報を表示 WebView APIを使用したカスタムコンテンツのレンダリング
デバッグ	VS Codeのデバッグ機能の活用またはデバッグ機能の拡張	デバッグアダプターを実装してVS CodeのデバッグUIをデバッガーまたはランタイムに接続 デバッグ設定のスニペットの提供 プログラムによるブレークポイントの作成および管理

8-1-2　VS Code拡張機能のエコシステム

　VS Codeには、「Visual Studio Code Marketplace」(以降「Marketplace」)と呼ばれる、開発者が拡張機能を公開し、利用者がそれらを探して利用できるサービスが用意されています。VS Codeには、多くの人が必要とする拡張機能については最初から組み込まれていますが、足りない機能があっても、このMarketplaceというエコシステムを通じて、世界中の開発者による拡張機能を自分のVS Codeに追加できます。拡張機能の提供方法としては、パッケージ化されたファイルを直接配布してローカル環境のVS Codeにインストールすることもできますが、これにはまったく流通性がありません。Marketplaceを通じた拡張機能の流通性は、VS Codeの魅力の1つです。

　・VS Code拡張機能マーケットプレイス
　　https://marketplace.visualstudio.com/vscode

▲ **図8-1-1**　VS Code拡張機能 Marketplace

8-2　拡張機能開発クイックスタート

▲ **図8-2-1**　拡張機能の開発から公開までの流れ

　では、VS Code拡張機能の開発を始めてみましょう。

　VS Codeの拡張機能の開発は、スクラッチから行うこともできますが、手早く始める方法としては次の2種類があります。

(1) VS Code拡張機能の雛形ジェネレーターを利用する

　VS Code公式の拡張機能テンプレートジェネレーターとして「generator-code」[1]があります。これはWebアプリのワークフローに関わる主要機能を生成してくれる統合ツール「Yeoman」[2]（読み方：ヨーマン）を利用したVS Code拡張機能用のカスタムジェネレーターです。

※1　https://www.npmjs.com/package/generator-code
※2　https://yeoman.io/

(2) 目的に近いVS Code拡張機能のサンプルをベースに開発する

公式に用意されているVS Code拡張機能のサンプル集がGitHubにあります[※3]。これをベースにカスタマイズして拡張機能を作成します。

ここでは、(1) のVS Code拡張機能の雛形ジェネレーターを利用した開発方法について解説します。

8-2-1　拡張機能開発の準備

VS Code拡張機能の雛形ジェネレーターに取り組む前に、拡張機能の開発を行うためにはNode.jsとnpmが必要です。

Node.jsとnpmがインストールされていない場合は、それぞれインストールしてください。なお、Node.jsとnpmのインストール方法については、Chapter 5の「準備&インストール」を参照してください。

さらに、次のようにして、コマンドラインでYeomanとVS Code拡張機能の雛形ジェネレーターをインストールします。

● **コマンド8-2-1**　YeomanとVS Code拡張機能の雛形ジェネレーターのインストール

```
# npmのアップデート
npm install -g npm

# Yeoman とVS Code拡張機能ジェネレーターのインストール
npm install -g yo generator-code
```

8-2-2　VS Code拡張機能ジェネレーターで雛形作成

「yo code」を実行して、雛形を作成します。

※3　https://github.com/microsoft/vscode-extension-samples

● **コマンド8-2-2**　VS Code拡張機能ジェネレーターで雛形作成

```
yo code
```

雛形の種類や、いくつかのフィールドの入力が求められます。

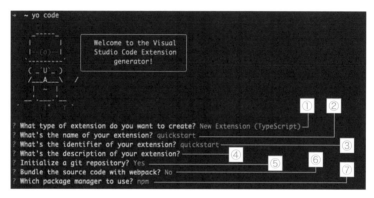

▲ **図8-2-2**　VS Code拡張機能

　ここでは、次のようにquickstartという名前でTypeScriptのシンプルな雛形を選択しています。

①雛形の種類: New Extension (TypeScript)を選択。雛形は次から選択可能
- ・New Extension (TypeScript): TypeScriptの拡張機能の雛形
- ・New Extension (JavaScript): JavaScriptの拡張機能の雛形
- ・New Color Theme: カラーテーマの雛形
- ・New Language Support: 言語サポートの雛形
- ・New Code Snippets: スニペットの雛形
- ・New Keymap: キーマップの雛形
- ・New Extension Pack: 拡張パックの雛形
- ・New Language Pack (Localization): 言語パックの雛形
- ・New Web Extension (TypeScript): Web拡張機能の雛形
- ・New Notebook Renderer (TypeScript): ノートブック型のドキュメント用カスタム描画機能の雛形

②拡張機能の名前。ここではquickstartという名前を入力

③拡張機能の識別子。ここではquickstartで設定

④拡張機能の説明。ここでは説明はなし

⑤.gitignoreファイルを作成するかどうか:Y(Yes)もしくはn(No)を選択可能。ここではYesを選択

⑥webpackでソースコードをバンドルするかどうか:ここではn(No)を選択。webpackによる拡張機能のバンドル化について詳細はChapter 13を参照ください。

⑦パッケージマネージャーの選択:npmまたはyarnを選択可能。ここではnpmを選択

「yo code」コマンドの入力を終えると、ジェネレーターによって雛形用のファイルが生成されます。さらに、自動的に「npm install」が実行され、依存パッケージのインストールが行われます。

最終的に生成されるフォルダーとファイルは、次の通りです。

```
quickstart (拡張機能ルートディレクトリ名)
    ├── .eslintrc.json
    ├── .vscode-test.mjs
    ├── .gitignore
    ├── .vscode
    │       ├── extensions.json
    │       ├── launch.json
    │       ├── settings.json
    │       └── tasks.json
    ├── .vscodeignore
    ├── CHANGELOG.md
    ├── README.md
    ├── node_modules
    ├── package-lock.json
    ├── package.json
    ├── src
    │       ├── extension.ts
    │       └── test
    ├── tsconfig.json
    └── vsc-extension-quickstart.md
```

▲ 図8-2-3　VS Code 拡張機能ジェネレーターで生成されるフォルダーとファイル

▼ **表8-2-1**　VS Code 拡張機能ジェネレーターで生成されるファイル

ファイル	説明
extensions.json	推奨拡張機能リストを記述するファイル。ユーザーまたはワークスペースごとのVS Codeの設定ファイルの1つ
launch.json	拡張機能の起動とデバッグの設定をするファイル。ユーザーまたはワークスペースごとのVS Codeの設定ファイルの1つ
settings.json	VS Codeの設定を記述するファイル。デフォルトのVS Code設定をオーバーライドする。ユーザーまたはワークスペースごとのVS Codeの設定ファイルの1つ
tasks.json	TypeScriptをコンパイルするビルドタスクの設定ファイル。ユーザーまたはワークスペースごとのVS Codeの設定ファイルの1つ
node_modules	拡張機能が依存するnodeモジュールのディレクトリ
package.json	拡張機能のマニフェストファイル
extension.ts	拡張機能の起点となるスクリプトファイル。package.jsonのmainフィールドで指定
tsconfig.json	TypeScriptプロジェクトのコンパイルオプション設定ファイル
.eslintrc	ESLint(JavaScriptやTypeScript向け静的解析ツール)の設定ファイル
.vscode-test.mjs	Extension Test Runner(拡張機能のテストを実行する拡張機能)の設定ファイル

　VS Code拡張機能ジェネレーターで作成された雛形ファイルの中で、特に重要な2つのファイルについて解説します。

拡張機能のマニフェストファイル - package.json

　package.jsonは、Node.jsの開発ではおなじみですが、依存するnpmライブラリや実行スクリプトの管理などに加えて、VS Codeの拡張機能必要な情報について記述するVS Code拡張機能の構成管理ファイルです。

拡張機能がロード（アクティブ化）するイベントを定義
VS Code v1.74 以降、コマンドイベントの明示的な定義が
不要となったので、ここでは空としている

```
"activationEvents": [],
"main": "./out/extension.js",
"contributes": {
  "commands": [
    {
      "command": "quickstart.helloWorld",
      "title": "Hello World"
    }
  ]
},
```

拡張機能の起点となる
スクリプト

拡張したい機能を Contribution Point に登録
ここでは Command "extension.helloworld" を登録

▲ **図8-2-4** package.jsonの構成

　package.jsonのmainでは、拡張の起点スクリプトファイルを指定します。ここでは、src/extension.tsが起点ファイルになります。

　package.jsonのcontributesは「コントリビューションポイント」と呼ばれ、拡張したい機能を定義します。実行対象がコマンドの場合は、contributes.commandsに、実行するコマンドを登録します（複数のコマンドが定義可能）。このサンプルでは、「Hello World」という名前のコマンドquickstart.helloWorldを登録しています。contributes.commandsで定義されたコマンドは、デフォルトでコマンドパレットに表示されるため、ここで登録された「Hello World」がコマンドパレットに表示されます。なお、このコマンドはコマンドパレット以外にもメニューからの選択実行や、特定キーバインドからの実行など、実行方法を柔軟に制御できます。

　package.jsonのactivationEventsは「アクティベーションイベント」と呼ばれ、拡張機能がどのイベントをトリガーにアクティベート（ロード）されるのかを定義します。VS Codeは、拡張機能のアクティベーションイベントをキャッチすると、拡張機能の起点スクリプトファイル（ここではsrc/extension.ts）内のactivateメソッドを一度だけ呼び出します。

　なお、VS Code v1.74以前は、activationEventsにアクティベーション対象の

311

コマンドを明示的に登録する必要がありました。たとえば、このサンプルの
quickstart.helloWorldコマンドをロードするには、activationEventsに
onCommand:quickstart.helloWorldを登録する必要がありました。しかし、v1.74
以降はコントリビューションポイントに登録されているコマンドは自動的にアク
ティベーション対象として処理されるようになったため、明示的に登録する必要
がなくなりました。

拡張機能の起点スクリプトファイル - src/extension.ts

　拡張機能の起点となるTypeScriptファイル（.ts）です。なお、雛形作成時に
JavaScriptを選択すると、extension.jsが起点スクリプトファイルとして生成さ
れます。

　このファイルでは、activateとdeactivateの2つのメソッドをエクスポートし
ます。activateメソッドは、拡張機能がアクティベートされるときに一度だけ呼
び出されます。activateメソッドの中では、コマンドの実装をregisterCommand
メソッドで登録します。具体的には、registerCommandメソッドの第一引数に
package.jsonで定義したコマンド名を、第二引数にそのコマンドの実装を含むメ
ソッドを渡します。このサンプルでは、コマンドが実行されるとメッセージボッ
クスに、'Hello World!'が表示されます。

　deactivateメソッドは、拡張機能がディアクティベートされるときに呼び出さ
れます。拡張機能で確保されたリソースのクリーンアップ処理などが、ここで実
行できます。これは、ちょうどオブジェクト指向言語のクラスのコンストラクタ
ーとデストラクターに似ています。なお、実装されたコマンドはcontext.
subscriptionsに追加されますが、拡張機能がディアクティベートされると、追
加されたコマンドリソースが解放されます。

● リスト8-2-1　src/extension.ts

```
// 'vscode'モジュールにはVS Code拡張APIが含まれています
import * as vscode from 'vscode';

// このメソッドは拡張機能がアクティベートされるときに一度だけ呼ばれます。
export function activate(context: vscode.ExtensionContext) {
```

312

```
	// 診断情報を出力するときはconsoleをお使いください
	console.log('Congratulations, your extension "quickstart" is now activ
e!');

	// package.jsonに定義されたコマンドの実装をregisterCommandで登録します
	// コマンドIDはpackage.jsonに記述したものと同一である必要があります
	let disposable = vscode.commands.registerCommand('quickstart.helloWorl
d', () => {
		// ここに書かれたコードはコマンドが実行される度に実行されます

		// メッセージボックスを表示します
		vscode.window.showInformationMessage('Hello World from quickstart!');
	});

	// 解放対象のリソースを追加します
	context.subscriptions.push(disposable);
}

// このメソッドは拡張機能がディアクティベートされるときに呼ばれます
export function deactivate() {}
```

8-2-3　拡張機能の実行

　それではサンプル拡張機能を実行していきましょう。まずは、VS Codeでサンプル拡張機能をルートフォルダーから開いていることを確認してください。もしまだであれば、codeコマンドで、ターミナルからVS Codeを起動することが可能です。なお、VS Codeのコマンドラインインターフェイスについては、公式サイトのドキュメント[1]を参照してください。

●コマンド8-2-3　Code コマンドによるVS Codeの起動

```
cd quickstart
code .
```

[1]　https://code.visualstudio.com/docs/editor/command-line

313

　VS Codeが起動したら、まずはF5を押してください。拡張機能が有効な新し
いVS Codeのウィンドウが立ち上がります。新しく立ち上がるウィンドウには
「Extension Development Host（拡張機能開発ホスト）」という名前が付いている
のが特徴です。以降では、このウィンドウを「Extension Development Host」
と呼びます。

　次に、そのウィンドウで、Ctrl+Shift+P（macOS:⌘+Shift+P）を押し
てコマンドパレットを開き、Hello Worldコマンドを実行します。

▲ **図8-2-5**　Hello World コマンドの実行

　コマンドを実行すると、次のように画面の右下にメッセージボックスが表示さ
れます。

▲ **図8-2-6**　Hello World コマンドの実行結果

> **Column**　Extension Host での実行
>
> VS Code で拡張機能のソースを開いて、F5 を押すと「Extension Development
> Host（拡張機能開発ホスト）」という名前のデバッグウィンドウが立ち上がりまし
> たが、実際には何が起動したのでしょうか？
>
> デバッグ構成設定は、プロジェクトルートフォルダー直下にある .vscode フォルダ
> ー配下の launch.json ファイルで確認できます。

これによると、拡張機能デバッグ実行用の`Run Extension`の`type`が`extensionHost`
になっていることがわかります。Extension Hostは、VS Codeのメインプロセス
とは分離されたNode.jsプロセスで、VS Codeがセキュアかつ安定的なパフォー
マンスで動作するように拡張機能を管理します。Extension Hostについて詳しく
は、Chapter 9の「拡張機能の仕組みを理解する」で解説します。

.vscode/launch.json
```
  {
    "version": "0.2.0",
      "configurations": [
      {
        "name": "Run Extension",
        "type": "extensionHost",
        "request": "launch",
        "args": [
          "--extensionDevelopmentPath=${workspaceFolder}"
        ],
        "outFiles": [
          "${workspaceFolder}/out/**/*.js"
        ],
        "preLaunchTask": "${defaultBuildTask}"
      }
    ]
  }
```

ちなみに、デバッガー起動前に自動実行するタスクを指定する`preLaunchTask`には、
`${defaultBuildTask}`という値が設定されています。`${defaultBuildTask}`は、デ
フォルトのビルドタスクを指すプレースホルダーであり、デフォルトで、
TypeScriptのコードをJavaScriptにコンパイル（トランスパイル）するタスクが
実行されます。なお、このタスクは、`launch.json`と同階層にある`tasks.json`ファ
イルに定義されています。

8-2-4　拡張機能のデバッグ

VS Codeには、ビルトインでNode.jsデバッガー拡張機能が付属しています。
通常のJavaScript プログラム開発と同様に、`src/extension.ts`内にブレークポ
イントを設定してステップ実行を行い、デバッグコンソールで拡張機能からのさ
まざまな出力を確認できます。拡張機能開発では、このVS Codeの優れたデバ

Part1

O1

O2

O3

O4

Part2

O5

O6

O7

Part3

08

09

10

11

12

13

ッグ機能を活用しない手はありません。

　package.jsonで登録されたコマンドのソース内でブレークポイントを設定後
に、F5 を押すと、新しいExtension Development Hostが立ち上がります。そ
して、先ほどと同様にコマンドパレットを開き、Hello Worldコマンドを実行し
てみましょう。**図8-2-7**のように、ブレークポイントがヒットし、デバッグビュ
ー やデバッグコンソールでデバッグ情報を確認できます。

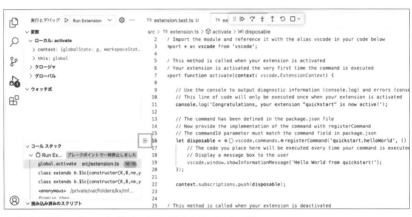

▲ **図8-2-7**　ブレークポイントを設定したデバッグ

8-2-5　新しいコマンドの追加

　先ほどVS Code拡張機能ジェネレーターで作成した雛形に、新しいコマンド
を追加します。実行したタイミングの日付を取得する単純なコマンドです。まず
は拡張機能のマニフェストファイルpackage.jsonのコントリビューションポイン
トに、新しいコマンド「Get Today」（コマンドID:quickstart.getToday）を追加
します。

● **リスト8-2-2**　package.json

```
"contributes": {
  "commands": [
    {
```

```
      "command": "quickstart.helloWorld",
      "title": "Hello World"
    },
    {
      "command": "quickstart.getToday",
      "title": "Get Today"
    }
  ]
},
```

package.jsonへのコントリビューションポイントへの追加が完了したら、拡張機能の起点スクリプトファイルsrc/extension.tsに実際のコマンドの中身を登録します。コマンドの登録は、すでにあるquickstart.helloWorldのあとに、quickstart.getTodayの実装をコールバックとして追加しています。コマンドID名はpackage.jsonで登録されたものと同一である必要があります。

さらに、quickstart.helloWorldと同様に、context.subscriptionsに追加して、拡張機能がディアクティベートされるときにコマンドのリソースが解放されるようにします。

● リスト8-2-3　src/extension.ts

```
import * as vscode from 'vscode';
import { dateFormat } from "./dateformat";

export function activate(context: vscode.ExtensionContext) {

  let disposableHelloworld = vscode.commands.registerCommand('quickstart.h
elloWorld', () => {
    vscode.window.showInformationMessage('Hello World from quickstart!');
  });

  // vscode.commands.registerCommandによりコマンドquickstart.getTodayを追加
  let disposableGettoday = vscode.commands.registerCommand('quickstart.get
Today', () => {
    let today: Date = new Date();
    vscode.window.showInformationMessage("Today:" + dateFormat(today));
  });
```

317

```
  // 解放対象のリソースを追加します
  context.subscriptions.push(
    disposableHelloworld,
    disposableGettoday
  );
}
```

　新規コマンドquickstart.getTodayでは、Dateオブジェクトを生成し、それを元にコマンド実行日の文字列に整形して、メッセージボックスに表示します。Dateオブジェクトを日付文字列に整形するdateFormat関数は、次のように別ファイルsrc/dateformat.tsで定義します。

● リスト8-2-4　src/dateformat.ts

```
export function dateFormat(date : Date) : string {
  return date.getFullYear() + '-' + ( date.getMonth() + 1 ) + '-' + date.g
etDate();
}
```

　先ほどと同様に、 F5 を押して、新しいExtension Development Hostを立ち上げます。Extension Development Hostが立ち上がったら、コマンドパレットを開いて、Get Todayコマンドを実行してみます。

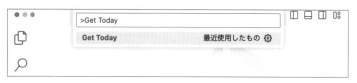

▲ 図8-2-8　Get Today コマンドの実行

　メッセージボックスにコマンド実行日の日付が表示されます。

▲ **図8-2-9**　Get Today コマンドの実行結果

8-3　拡張機能のテスト

ここでは、拡張機能のテスト方法について解説します。

▲ **図8-3-1**　拡張機能のテストの流れ

コラム「Extension Hostでの実行」で簡単に紹介しましたが、VS Codeの拡張機能のデバッグや結合テスト実行においては個別のExtension Hostが立ち上がります。Extension HostからはVS Code APIを呼び出すことができるため、実行中のVS Codeインスタンスの上でVS Code APIを利用した結合テストを簡単に実行できます。ここでは、VS Code拡張機能のテスト実行で活用する主要コンポーネントと設定についてご紹介します。

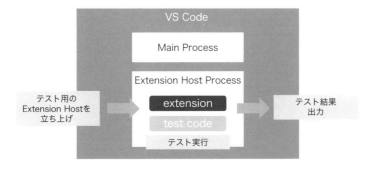

▲ **図8-3-2**　テスト用Extension Host

8-3-1　VS Code拡張機能ジェネレーターで生成された雛形テストの実行

　VS Code拡張機能ジェネレーターは、VS Code拡張機能のアプリケーションの雛形だけではなく、その結合テストの雛形も作成します。結合テストの雛形では、拡張機能テスト実行に必要な設定や、テストフレームワークMochaを使用したダミーのテストスイートが用意されているので、雛形生成後すぐにテストを実行できます。

　Mochaは、JavaScriptおよびNode.js用の柔軟で人気のあるテストフレームワークです。機能が豊富で、簡単に非同期テストができ、好みのアサーションライブラリを使ったコードカバレッジテストとレポート作成ができることが特徴です。

　それでは、テストを実行してみましょう。次のように、npmコマンドからテストを実行します。

● **コマンド8-3-1**　npm コマンドによるテストの実行

```
npm run test

# もしくは「npm test」でもOK
```

　テストの実行後、次のようにデバッグコンソールに結果が出力されます。ここではダミーのテストスイート「Sample test」が実行され、無事パスしたことがわかります。

● **コマンド8-3-2**　テストの出力結果

```
# プロジェクトのコンパイルとLintチェック
> npm run compile && npm run lint
> tsc -p ./
> eslint src --ext ts

# 拡張機能テスト用CLIツールを実行
> vscode-test
```

```
# VS Codeのダウンロード
# これはmacOS ARM64アーキテクチャ上でVS Code 1.86.1をダウンロードする例
Downloaded VS Code 1.86.1 into .vscode-test/vscode-darwin-arm64-1.86.1

# テスト結果の出力
Extension Test Suite

  ✓ Sample test
1 passing (2ms)
```

8-3-2 拡張機能テストCLIとExtension Test Runner

ここでは、雛形テストコードをベースにした結合テストで活用する主要コンポーネントやその設定について解説します。

まずは、テスト実行のためのnpmコマンド「npm run test」で実際に実行される内容についてみていきます。これは、package.jsonのscriptsの内容から確認できます。

● リスト8-3-1　package.json

```
"scripts": {
  "vscode:prepublish": "npm run compile",
  "compile": "tsc -p ./",
  "watch": "tsc -watch -p ./",
  "pretest": "npm run compile && npm run lint",
  "lint": "eslint src --ext ts",
  "test": "vscode-test"
},
```

package.jsonのscriptsの内容から、「npm run test」が実行されると、まずpretestで指定されている「npm run compile && npm run lint」によるプロジェクトのコンパイルとLintチェックが実行されてから、testで指定されているvscode-testコマンドが実行されることが分かります。これはコマンド8-3-2のコマンド出力結果の内容と一致します。

321

vscode-testは、拡張機能テスト実行のためのCLIツールです。内部的には、テストに必要なセットアップを行い、Extension Test Runner[1]を使って、VS Codeのテストを実行してくれます。なお、Extension Test Runnerは拡張機能のテストを実行する拡張機能です。

このExtension Test Runnerの設定ファイルが.vscode-test.mjsです。

● リスト8-3-2　.vscode-test.mjs

```
import { defineConfig } from '@vscode/test-cli';

export default defineConfig({
  files: 'out/test/**/*.test.js',
});
```

雛形の設定ファイル（リスト8-3-2）では、filesオプションで実行対象のテストファイルのパスのパターンを指定しています。ここでout/test/**/*.test.js として指定されているファイルパターンですが、これはout/testディレクトリ配下の.test.jsという名前で終わるすべてのファイルを意味します。

雛形テストでは、拡張機能のテストスイートであるsrc/test/extension.test. tsが、TypeScript コンパイラー（tsc）でコンパイルされJavaScriptファイル out/test/extension.test.jsが生成されます。これは、filesオプションで指定する実行対象テストファイルパターンに一致します。

なお、Extension Test Runnerの設定ファイルでは、filesオプション以外に、テスト実行に利用するVS Codeのバージョン、テストを実行するワークスペースのパス、テストフレームワークMochaの設定情報など複数のオプションを設定可能です。設定可能なオプションの詳細については、拡張機能テストガイドページ[2]が参照になります。

※1　https://marketplace.visualstudio.com/items?itemName=ms-vscode.extension-test-runner
※2　https://code.visualstudio.com/api/working-with-extensions/testing-extension

```
拡張機能ルートディレクトリ
├── .vscode-test.mjs              # Extension Test Runnerの設定ファイル
├── out
│   └── test
│       ├── extension.test.js      # TypeScriptのコンパイルで生成（JavaScript）
│       └── extension.test.js.map  # TypeScriptのコンパイルで生成（ソースマッ
│                                    プ）
└── src
    └── test
        └── extension.test.ts       # 拡張機能テストコード（TypeScript）
```

▲**図8-3-3**　テスト関連ファイルの構成

　リスト8-3-3はVS Code拡張機能ジェネレーターで生成される雛形のテスト
スイートファイルの内容です。新規でテストを追加する場合は、このファイルが
参考になります。

● **リスト8-3-3**　src/test/extension.test.ts

```typescript
import * as assert from 'assert';

// You can import and use all API from the 'vscode' module
// as well as import your extension to test it
import * as vscode from 'vscode';
// import * as myExtension from '../../extension';

suite('Extension Test Suite', () => {
  vscode.window.showInformationMessage('Start all tests.');

  test('Sample test', () => {
    assert.strictEqual(-1, [1, 2, 3].indexOf(5));
    assert.strictEqual(-1, [1, 2, 3].indexOf(0));
  });
});
```

　なお、ここでは、VS Code 拡張機能ジェネレーターで生成された雛形テスト
の主要コンポーネントや構成を解説しましたが、既存のVS Code拡張機能プロ
ジェクトに拡張機能テストを追加する場合は、本節で紹介したpackage.jsonと

.vscode-test.mjsの設定以外に、次の2つのモジュールのインストールが必要になります。

　　・@vscode/test-cli
　　・@vscode/test-electron

　また、今回の雛形テストと同じような構成のプロジェクトがhelloworld-test-cli-sampleよりダウンロードできます。ジェネレーターを使用しないのであれば、こちらもテンプレートプロジェクトとして利用できます。

　　・helloworld-test-cli-sample ソースコード
　　　　https://github.com/microsoft/vscode-extension-samples/tree/main/
　　　　helloworld-test-cli-sample

8-3-3　テストコードの追加

　VS Code 拡張機能ジェネレーターで生成された雛形のテストに、前に追加したquickstart.getTodayコマンドのテストコードを追加します。ここでは、src/testフォルダーに新規でgettoday.test.tsファイルを追加します。

● リスト8-3-4　src/test/gettoday.test.ts

```
import * as assert from 'assert';
import { dateFormat } from '../dateformat';

suite('GetToday Test Suite', () => {
  test('Dateformat test', () => {
    let testdate: Date = new Date("2024-1-1");
    assert.strictEqual('2024-1-1', dateFormat(testdate));
  });
});
```

　先ほどと同じように、npmコマンド「npm run test」でテストを実行します。今度は最初のダミーテストに加えて、新規で追加した「GetToday Test Suite」が実行されたことがわかります。

● コマンド8-3-3　テストの出力結果

```
# プロジェクトのコンパイルとLintチェック
> npm run compile && npm run lint
> tsc -p ./
> eslint src --ext ts

# 拡張機能テスト用CLIツールを実行
> vscode-test

...途中省略...

# テスト結果の出力
GetToday Test Suite
  ✓ Dateformat test
Extension Test Suite
  ✓ Sample test
2 passing (20ms)
```

以上、拡張機能テストについての紹介でした。

Chapter 9

拡張機能の仕組みを理解する

この章では、VS Code開発のために押さえておくべき拡張機能の仕組み、主要コンセプトや共通機能について説明します。

9-1　VS Code 拡張機能の仕組み

　アーキテクチャの観点では、VS Codeはマルチプロセスアーキテクチャを採用しており、ツールのコア機能をメインプロセスで動かし、ツールの拡張にあたる機能を分離して別プロセスで動くようにしています。この拡張機能を管理するNode.js プロセスのことを「**Extension Host**」と呼びます。

　Extension Hostでは、たとえ拡張機能が誤動作したとしても、VS Code全体のユーザーエクスペリエンスに影響を与えることなく安定的にエディター機能を提供できるように、個々の拡張機能の処理に対して制御を行います。たとえば、VS Codeの起動速度に影響があるような処理や、UI操作を遅くさせるような処理、UIの変更（コラムを参照）などに対して制御を行います。

　さらに、VS Codeでは拡張機能は「遅延ロード（lazy loading）」、つまりスタートアップ時にまとめてロードするのではなく、必要になったときにロードする仕組みがとられています。Chapter 8で簡単に紹介した拡張機能APIにある「アクティベーションイベント（Activation Events）」で、ロード対象のイベントを指定します。

　このように、VS Codeでは拡張機能の追加による起動速度の劣化や不要な計算・メモリ資源の消費を抑制し、拡張機能のパフォーマンスに左右されることなく、ファイルの編集や保存といった基本動作を安定稼働させるための工夫が施されています。これらのことは、拡張機能を開発する上で非常に重要なポイントになるので、しっかり念頭に置いておく必要があります。

　また、言語サポートについても、VC Codeと柔軟にインテグレーションできる仕

組みが提供されています。VS Codeそのものは、JavaScriptとTypeScriptで実装されてますが、言語サーバー、デバッグアダプター、プロトコルといった仕組みによって、VS Codeのコア実装とは関係なく、実装に最適なプログラミング言語でサポート対象言語ごとの拡張実装を行うことが可能です。なお、本書では言語サーバー、デバッグアダプター、プロトコルについては解説しませんが、詳しくは、Chapter 5のコラム「言語サービスとは」「デバッグアダプターとは」、後述の「[Hint] VS Code言語サポートの補足リンク」を参照してください。

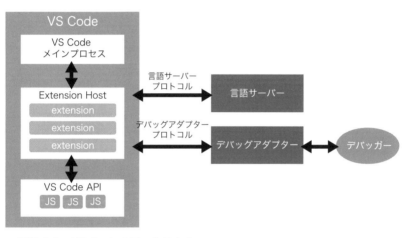

▲ **図9-1-1**　VS Codeのアーキテクチャ

Column UI 変更に対するExtension Hostの制御

UIの変更に関しては、たとえば、DOMへのアクセス制限があります。パフォーマンス向上やUI カスタマイズのために拡張機能からカスタムのCSSを適用したり、HTML要素を追加したりなど、直接DOMにアクセスして機能の追加や修正をしたいときがあるかもしれません。しかし、VS Codeでは、次に挙げたような安全性や統一性の観点から、拡張機能からのDOMへのアクセスが制限されています。

- ・セキュリティ脆弱性の排除
- ・マルチプラットフォーム対応
- ・ユーザーエクスペリエンスの一貫性の確保

9-2　拡張機能の主要構成要素

すでに一部の用語などについては説明済みですが、VS Code拡張開発のために押さえておくべき主要構成要素について改めて整理しておきましょう。

▼ **表9-2-1**　VS Codeの主要構成要素

名前	説明
アクティベーションイベント （Activation Events）	どのイベントで拡張機能がアクティブ化(ロード)されるかを`package.json`に定義
コントリビューションポイント （Contribution Points）	何を拡張するのかを`package.json`　に静的宣言
VS Code API	拡張コードの中から呼び出せるJavaScript API
拡張機能マニフェスト （`package.json`）	VS Code拡張機能の構成を定義するJSONファイル。アクティベーションイベントやコントリビューションポイントはここに設定する。また、通常のJavaScriptのプロジェクトと同様に、モジュールの依存関係、パッケージ管理のさまざまな設定もここで行う
起点スクリプトファイル	この起点ファイルでは`activate`と`deactivate`の2つのメソッドをエクスポートする。VS Codeは、拡張機能のアクティベートイベントをキャッチするとこの`activate`メソッドがコールされる。一方、拡張機能のディアクティベート時には`deactivate`メソッドがコールされる

上記の主要構成要素の関連を図で表すと次のようになります。

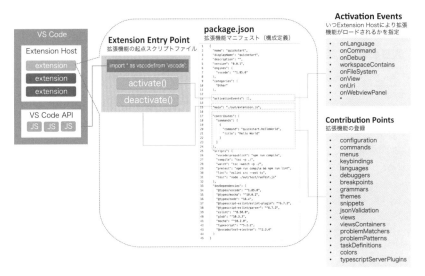

▲ **図9-2-1**　VS Code のアーキテクチャ（詳細）

9-2-1　アクティベーションイベント

「**アクティベーションイベント**」は、どのイベントが発生したときに拡張機能をアクティブ化し、ロードするかを package.json に定義します。この設定によって、VS Code の起動とは別に各拡張機能の起動のタイミングを制御し、不必要なCPUやメモリリソースの消費を抑えることができます。次のように、拡張機能マニフェスト package.json の activationEvents にイベントを追加します。

● **リスト9-2-1**　アクティベーションイベント設定（package.json）

```
"activationEvents": [
  "イベント1",
  "イベント2",
  "イベント3",
  ...
]
```

なお、VS Code v1.74以降、下記のイベントは、明示的に登録する必要がなくなりました。これは、package.json の肥大化防止や開発者の手間削減を目的に、

自動的にアクティベーション対象として処理されるようになったためです。

▼表9-2-2　登録が不要になったイベント

コントリビューションポイント	関連するアクティベーションイベント
commands	onCommand
authentication	onAuthenticationRequest
languages	onLanguage
customEditors	onCustomEditor
views	onView

　この変更について詳しくはVS Code v1.74 リリースノート[1]を参照ください。

　体表的なアクティベーションイベントの種類、各イベントの説明と設定例は、次のとおりです。

▼表9-2-3　体表的なアクティベーションイベント

イベントの種類	説明	設定例
onLanguage	特定言語ファイルが開かれた時にイベントが発生する。言語識別子(https://code.visualstudio.com/docs/languages/identifiers) を使って対象言語を指定する	"onLanguage:markdown"
onCommand	特定コマンドが呼ばれた時にイベントが発生する	"onCommand:extension.helloworld"
onDebug onDebugInitial 　Configurations onDebugResolve	onDebugではデバッグセッションが始まった時にイベントが発生する。デバッグ拡張機能が軽い場合はこれで十分だが、重い場合は、onDebugInitialConfigurationsやonDebugResolveの利用を推奨している。onDebugInitialConfigurationsは、DebugConfigurationProviderのprovide』DebugConfigurationsメソッドが呼び出される直前にイベントが発生する。また、onDebugResolve:typeでは、指定された型のDebugConfigurationProviderのresolveDebugConfigurationメソッドが呼び出される直前にイベントが発生する	"onDebug"

※1 https://github.com/microsoft/vscode-docs/blob/vnext/release-notes/v1_74.md

workspaceContains	フォルダーを開いたときに、特定のファイルや特定のglobパターンにマッチするファイルが含まれていた場合にイベントが発生する	`"workspaceContains:**/.myconfig"`
onFileSystem	`ftp` `sftp`, `ssh`など特定のスキームでファイルやフォルダーが開かれた時にイベント発生する	`"onFileSystem:sftp"`
onView	特定IDのViewが展開された時にイベントが発生する	`"onView:nodeDependencies"`
onUri	特定URIで拡張機能が開かれたときにイベントが発生する。URIスキームはvscodeまたはvscode-insidersに限定される	`"onUri"`
onWebviewPanel	viewTypeにマッチングするWebviewをリストアする必要があるときにイベントが発生する。viewTypeは`window.createWebviewPanel`を呼び出す時に設定される	`"onWebviewPanel:yourViewType"`
onAuthenticationRequest	`providerId`(設定例:github)と一致する認証セッションをリクエストするたびにイベントが発生する	`"onAuthenticationRequest:github"`
*	VS Codeスタートアップ時にイベントが発生し、関連する拡張機能がすべてアクティベートされる。ユーザー体験を損ねる可能性があるので、利用時には注意が必要	`"*"`

アクティベーションイベントの詳細については、公式サイトのドキュメント[※2]を参照してください。

9-2-2　コントリビューションポイント

コントリビューションポイントには、拡張機能で何を拡張するのかを静的に宣言します。

次のように拡張機能マニフェスト`package.json`の`contributes`にコントリビューションポイントを追加します。

※2　https://code.visualstudio.com/api/references/activation-events

● **リスト9-2-2**　コントリビューションポイント設定 (package.json)

```
{
  //..
  "contributes": {
    "コントリビューションポイント1": {宣言内容;},
    "コントリビューションポイント2": {宣言内容;},
    "コントリビューションポイント3": {宣言内容;},
    //...
  },
  // ...
}
```

　代表的なコントリビューションポイントは、次のとおりです。

▼ **表9-2-4**　代表的なコントリビューションポイント

コントリビューションポイント	宣言・設定するもの	備考
configuration	利用ユーザーが入力するコンフィギュレーションキー	「共通機能」の項で詳細を説明
configurationDefaults	言語特有のエディター設定デフォルト値	
commands	コマンドのインターフェイス。タイトル、アイコン、カテゴリ、コマンド有効状態などで構成される。when句を使って有効化の条件も指定可能。デフォルトでコマンドパレットで表示される	「共通機能」の項で詳細を説明
menus	メニューアイテム。メニューアイテムからエディターやエクスプローラーのコマンドを呼び出す	「共通機能」の項で詳細を説明
keybindings	キーバインド	「共通機能」の項で詳細を説明
languages	編集対象の言語	
debuggers	VS Codeのデバッガー	
breakpoints	どの言語でブレイクポイントが有効かを指定。通常、デバッガー拡張機能はこのブレイクポイントもセットで設定する	
grammars	編集対象の言語に対するTextMate形式のグラマー	

themes	TextMate形式のカラーテーマ	
snippets	特定言語に対するスニペット	
jsonValidation	特定形式のJSONファイルに対するバリデーションのためのスキーマ。ローカルパスもしくはリモートURLを指定可能	
views	VS CodeのViewの設定。設定可能なViewコンテナー： アクティビティバーのエクスプローラー Viewコンテナー ソースコントロール管理(SCM) Viewコンテナー デバッグViewコンテナー テストViewコンテナー カスタムViewコンテナー	
taskDefinitions	タスクの定義	
colors	新しい色の定義	

コントリビューションポイントの詳細については、公式サイトのドキュメント[3]を参照してください。

9-2-3 VS Code API

VS Code APIは、その名の通り、一連のJavaScript APIで、VS Code拡張機能からAPIを呼び出すことで各コンポーネントを操作します。利用可能なVS Code 拡張機能APIのネームスペースやクラスについては「VS Code APIリファレンス」[4]を確認してください。

また、VS Code APIのTypeScript 型定義ファイルvscode.d.tsは、GitHub[5]で公開されています。リファレンスやエディターの機能で定義を参照することはできますが、実際の定義ファイルを見ることで容易にAPIの全体観が把握できるでしょう。

※3 https://code.visualstudio.com/api/references/contribution-points
※4 https://code.visualstudio.com/api/references/vscode-api
※5 https://github.com/microsoft/vscode/blob/main/src/vscode-dts/vscode.d.ts

Part1
01
02
03
04
Part2
05
06
07
Part3
08
09
10
11
12
13

Part1

01

02

03

04

Part2

05

06

07

Part3

08

09

10

11

12

13

VS Codeの拡張機能の開発にはVS Code APIのTypeScript型定義を提供する@types/vscodeパッケージが必要です。VS Code拡張機能ジェネレーターで生成される雛形においては、次のようにpackage.jsonの"devDependencies"の部分に@types/vscodeが追加されています。

● **リスト9-2-3** VS Code拡張機能ジェネレーターで生成される

package.jsonの例

```
"engines": {
  "vscode": "^1.85.0"
},
...
"devDependencies": {
  "@types/vscode": "^1.85.0",
  "@types/mocha": "^10.0.2",
  "@types/node": "18.x",
  "@typescript-eslint/eslint-plugin": "^6.7.3",
  "@typescript-eslint/parser": "^6.7.3",
  "eslint": "^8.50.0",
  "glob": "^10.3.3",
  "mocha": "^10.2.0",
  "typescript": "^5.2.2",
  "@vscode/test-electron": "^2.3.4"
}
```

Hint VS Code言語サポートの補足リンク

・言語サーバー
　https://code.visualstudio.com/api/language-extensions/overview

・デバッガーの拡張
　https://code.visualstudio.com/api/extension-guides/debugger-extension

9-3 主要機能の説明

ここでは、VS Code拡張機能を開発する上でよく利用される主要機能について説明します。自分で拡張機能を作る際には、これらの機能やその利用パターンを組み合わせることで、効率よく開発を進めることができるはずです。

　なお、ここで紹介する各サンプルを手元で動かしたい人は、次の手順で拡張機能を立ち上げてください。

- GitHubのサンプルリポジトリ※1をクローンして、各サンプルのフォルダーに移動する
- `npm install`を実行して各サンプルの依存パッケージをインストール
- `code .`を実行してVS Codeを立ち上げる
- F5 を押下してExtension Development Host（拡張機能開発ホスト）を立ち上げる

　同様の手順を各サンプルフォルダー配下のREAMEにも記載しています。あとは、下記本文の説明を参考に各サンプル拡張機能ごとのコマンドを実行ください。

9-3-1　コマンド（vscode.commands）

　コマンドは、VS Codeによる作業における中心的な位置付けの機能です。たとえば、VS Codeによる作業では、次のような複数の方法でコマンドを呼び出すことができます。

(1) コマンドパレットを開いてコマンドを実行する
(2) キーバインドの設定によりコマンドにマッピングされたショートカットキーを押してコマンドを実行する
(3) 右クリックでコンテキストメニューからコマンドを選択して実行する

　コマンド管理用 APIである`vscode.commands.*`には次の4つがあります。

※1　https://github.com/vscode-textbook/extensions

▼ **表9-3-1**　vscode.commands.*の定義

定義	説明
`vscode.commands.registerCommand`	コマンドを登録する
`vscode.commands.executeCommand`	コマンドを実行する
`vscode.commands.getCommands`	利用可能なコマンド一覧を取得する
`vscode.commands.` 　`registerTextEditorCommand`	コマンドを登録する。`registerCommand`との違いはコマンドがエディターを開いている時のみ実行可能で、さらにエディター操作に特化したAPIへのアクセスが容易であること

Hint APIリファレンス

それぞれの API についての詳細は、各ドキュメントを参照してください。

- vscode.commands.registerCommand API
  https://code.visualstudio.com/api/references/vscode-api#commands.registerCommand
- vscode.commands.executeCommand API
  https://code.visualstudio.com/api/references/vscode-api#commands.executeCommand
- vscode.commands.getCommands API
  https://code.visualstudio.com/api/references/vscode-api#commands.getCommands
- vscode.commands.registerTextEditorCommand API
  https://code.visualstudio.com/api/references/vscode-api#commands.registerTextEditorCommand

コマンドの登録と実行

それでは、コマンドAPIの中でもよく利用されるコマンド登録（`vscode.commands.registerCommand`）とコマンド実行（`vscode.commands.executeCommand`）について、サンプルを使って説明します。

サンプルコードは、本書のGitHub[2]から取得できます。内容としては、`vscode.commands.registerCommand` によって登録されたコマンドを、`vscode.`

※2　https://github.com/vscode-textbook/extensions/tree/main/commands

commands.executeCommandを使って別のコマンドとして実行するというものです。

まずは、次のようにマニフェストpackage.jsonのコントリビューションポイント contributes.commandsに「Hello World」（コマンド ID:extension.helloWorld）と「Show」（コマンド ID:extension.show）の2つのコマンドを定義します。

● リスト9-3-1　コマンドサンプルpackage.jsonの設定内容
```
"main": "./out/extension.js",
"contributes": {
  "commands": [
    {
      "command": "extension.show",
      "title": "Show",
      "category": "SampleCommands"
    },
    {
      "command": "extension.helloWorld",
      "title": "Hello World",
      "category": "SampleCommands"
    }
  ],
  //...
},
```

続いて、コマンドを実装します。extension.showとextension.helloWorldのどちらのコマンドも、vscode.commands.registerCommandで登録しています。extension.showは、与えられたメッセージテキストをメッセージボックスで表示します。

一方、extension.helloWorldも同様に与えられたメッセージテキストをメッセージボックスで表示しますが、内部ではvscode.commands.executeCommandを使ってextension.showを実行しています。

● リスト9-3-2　カスタムコマンドを実行する例（src/extension.ts）
```
export function activate(context: vscode.ExtensionContext) {
```

```
let show = vscode.commands.registerCommand('extension.show', message =>
{
    if (message) {
      vscode.window.showInformationMessage(message);
    }
  });

  let helloWorld = vscode.commands.registerCommand('extension.helloWorld',
    () => vscode.commands.executeCommand("extension.show", "Hello Worl
d"));

  context.subscriptions.push(show, helloWorld);
}
```

　リスト9-3-2は、自分で登録するカスタムコマンドをvscode.commands.executeCommandを使って実行する例ですが、VS Codeには多くのビルトインのコマンドが用意されおり、当然、これらもvscode.commands.executeCommandを使って実行することが可能です。

　たとえば、次の**リスト9-3-3**は、フォルダーを開くためのビルトインコマンドvscode.openFolderをvscode.commands.executeCommandで実行する例です。

● **リスト9-3-3**　フォルダーを開くビルトインコマンドの実行例

```
let uri = Uri.file('/some/path/to/folder');
let success = await vscode.commands.executeCommand('vscode.openFolder', uri);
```

　VS Codeのビルトインコマンドについては、「VS Code Built-in Commands」[※3]を参照してください。

when句でコマンド表示の条件を制御する

　コマンドをコントリビューションポイントに定義すると、そのコマンドがコマンドパレットに表示されます。これをコントリビューションポイントのmenus.commandPaletteでwhen句の設定を行うと、特定の条件下のみにコマンドパレッ

※3　https://code.visualstudio.com/api/references/commands

トでコマンド表示するように制御できます。

　次に挙げた**リスト9-3-4**は、先ほどのextension.helloWorldコマンドを、編集ファイルが「typescript」であるときのみにコマンドパレットで表示するという設定例です。

● **リスト9-3-4**　編集ファイルが「TypeScript」のときのみにコマンドパレットでコマンド表示するpackage.jsonの例

```
"contributes": {
  "commands": [
    {
      "command": "extension.helloWorld",
      "title": "Hello World",
      "category": "SampleCommands"
    }
  ],
  "menus": {
    "commandPalette": [
      {
        "command": "extension.helloWorld",
        "when": "editorLangId == typescript"
      }
    ]
  }
},
```

　when句は、ほかにもさまざまな条件を設定できます。詳しくは「when 句コンテキスト リファレンス」[4]を参照してください。

9-3-2　キーバインド

　ここでは、キーバインド設定によるコマンド実行方法について説明します。コントリビューションポイントcontributes.keybindingsで、キーの組み合わせとコマンドをマッピングするキーバインドを定義できます。

※4　https://code.visualstudio.com/docs/getstarted/keybindings#_when-clause-contexts

　次に示したのは、先ほどのextension.helloworldコマンドを、Windowsや Linuxでは Ctrl + Shift +H で、macOSでは ⌘ + Shift +H のキーの組み合わせで実行するためのマニフェストの設定例です。

● **リスト9-3-5**　キーボードショートカットキーで実行するpackage.jsonの例

```
"contributes": {
  "commands": [
    {
      "command": "extension.helloWorld",
      "title": "Hello World",
      "category": "SampleCommands"
    }
  ],
  "keybindings": [
    {
      "command": "extension.helloWorld",
      "key": "ctrl+shift+h",
      "mac": "cmd+shift+h"
    }
  ],
```

　先ほどのmenus.commandPaletteの設定と同じように、キーバインド設定も when句を使って制御できます。たとえば、次のようなwhen句の定義を contributes.keybindingsに追加することで、エディターにフォーカスがあるときのみにキーバインド設定を有効にできます。

● **リスト9-3-6**　contributes.keybindingsに追加する内容（package.json）

```
"keybindings": [
  {
    "command": "extension.helloWorld",
    "key": "ctrl+shift+h",
    "mac": "cmd+shift+h",
    "when": "editorTextFocus"
  }
],
```

キーバインドの設定について詳しくは「contributes.keybindings リファレンス」[5]を参照してください。

なお、数多くの拡張機能をインストールしたり、キーボードショートカットのカスタマイズをしていると、同じキーボードショートカットに複数のコマンドがマッピングされてしまうことがあります。

その場合は、［ファイル］→［ユーザー設定］（masOS:［Code］→［基本設定］）→［キーボード ショートカット］を開いてキーボードショートカット一覧を確認し、必要に応じてキーボードショートカットを変更してください。

9-3-3　コンテキストメニュー

コンテキストメニューは、右クリックメニュー、エクスプローラー、エディタータイトル メニューバーなどエディター上のUIからコマンド呼び出しができるようにする機能です。コンテキストメニューは、コントリビューションポイントcontributes.menusに定義します。

それでは、エディタータイトルのメニューバーからコマンド実行するためのコントリビューションポイントcontributes.menusの設定例を紹介しましょう。サンプルコードは、本書のGitHubから取得してください[6]。拡張機能コマンドをエディタータイトルのメニューバーから実行するというものです。

実行するコマンドは、先ほどと同じextension.helloWorldを使います。マニフェストpackage.jsonのコントリビューションポイントに、次のようなコマンド（contributes.commands）とコンテキストメニュー（contributes.menus）を定義します。

---

[5]　https://code.visualstudio.com/api/references/contribution-points#contributes.keybindings

[6]　https://github.com/vscode-textbook/extensions/tree/main/contextmenu

● **リスト9-3-7**　コマンドとコンテキストメニュー設定例（package.json）

```json
"contributes": {
  "commands": [
    {
      "command": "extension.helloWorld",
      "title": "Hello World",
      "icon": {
        "light": "resources/heart.svg",
        "dark": "resources/heart.svg"
      }
    }
  ],
  "menus": {
    "editor/title": [
      {
        "when": "editorTextFocus",
        "command": "extension.helloWorld",
        "group": "navigation"
      }
    ]
  }
},
```

　この設定によって、次のようなエディタータイトルのメニューバーにあるハートアイコンの押下でextension.helloWorldコマンドを実行できるようになります。

▲ **図9-3-1**　メニューバーのハートアイコンで実行

Part1

01

02

03

04

Part2

05

06

07

Part3

08

09

10

11

12

13

▲**図9-3-2**　実行結果

このコンテキストメニューの設定について、ポイントは次の3つです。

(1) エディタータイトルのメニューバーの設定はコントリビューションポイントの`contributes.menus.editor/title`に定義する
(2) メニューバーで実行するコマンドの定義で`icon`の設定があると、メニューバーにはアイコン画像が表示される。アイコンは`dark`テーマと`light`テーマの2種類が指定可能で、ここでのサンプルでは両方とも同じハート画像（`resources/heart.svg`）を設定
(3) `editor/title`の`group`は、グループソートのためのキーワードで、実際の表示はグループ単位でソートされる

メニューアイテムのグループソートでは、エディタータイトルメニューには次のグループを指定可能です。ここでは`navigation`を指定しています。

▼**表9-3-2**　エディタータイトルメニューに指定可能なグループ

グループ名	説明
`1_diff`	エディターの差分取得関連のコマンドのためのグループ
`3_open`	エディターオープン関連のコマンドのためのグループ
`5_close`	エディタークローズ関連のコマンドのためのグループ
`navigation`	常にメニューとトップもしくは最初の位置に表示されるグループ

Part1

O1

O2

O3

O4

Part2

O5

O6

O7

Part3

O8

O9

10

11

12

13

> **Column** コマンドアイコンの仕様
>
> コマンドアイコンのサイズは総縦横幅は16 × 16ピクセルで、そのうちパディング用に1ピクセルを確保し、中央配置することが期待されています。また、色は単色にする必要があります。形式については、任意の形式を利用可能ですが、推奨はSVGです。詳しくは、次リンクを参照してください。
>
> ・https://code.visualstudio.com/api/references/contribution-points#Command-icon-specifications

　ここでは、エディタータイトルのメニューバーの設定例を紹介しましたが、コンテキストメニューには、ほかにもさまざまなメニューの設定が可能です。詳しくは「contributes.menus リファレンス」[7]を参照してください。

9-3-4　拡張機能のユーザー設定

　ここでは、拡張機能ごとのユーザー設定を扱う方法について紹介します。vscode.workspace.getConfigurationは、拡張機能ごとのユーザー設定を扱うためのAPIです。また、拡張機能のデフォルト設定値は、package.jsonのコントリビューションポイントcontributes.configurationで定義できます。

　それでは、ユーザー設定の扱い方についてサンプルを使って説明します。サンプルコード[8]は、vscode.workspace.getConfigurationを使ったユーザー設定値の読み込みと更新を行うというものです。

　まずは、サンプル拡張機能のデフォルト設定値を、次のようにコントリビューションポイントcontributes.configurationに定義します。

※7　https://code.visualstudio.com/api/references/contribution-points#contributes.menus
※8　https://github.com/vscode-textbook/extensions/tree/main/configurations

● **リスト9-3-8** コントリビューションポイントcontributes.configurationの
設定例 (package.json)

```
"contributes": {
  "configuration": {
    "title": "Sample Configuration",
    "type": "object",
    "properties": {
      "sampleconfig.stringitem": {
        "type": "string",
        "default": "hello",
        "description": "Sample String Item"
      },
      "sampleconfig.numberitem": {
        "type": "number",
        "default": "10",
        "description": "Sample Number Item"
      },
      "sampleconflg.booleanItem": {
        "type": "boolean",
        "default": false,
        "description": "Sample Boolean Item"
      }
    }
  }
},
```

次のように、vscode.workspace.getConfigurationを使ってユーザー設定値を
取得します。具体的には、vscode.workspace.getConfigurationで取得したイン
スタンスのgetメソッドで、ユーザー設定値を取得します。ユーザー設定がない
場合は、設定されたデフォルト値が取得されます。次のサンプルコードでは、取
得したユーザー設定値をデバッグコンソールに出力します。

● リスト9-3-9　vscode.workspace.getConfigurationを使ってユーザー設定値を取得する例 (src/extension.ts)

```
const config = vscode.workspace.getConfiguration('sampleconfig');
console.log(`sampleconfig.stringitem=${config.get('stringitem')}`);
console.log(`sampleconfig.numberitem=${config.get('numberitem')}`);
console.log(`sampleconfig.booleanitem=${config.get('booleanitem')}`);
```

　今度は、vscode.workspace.getConfigurationを使ってユーザー設定値を更新します。具体的には、vscode.workspace.getConfigurationで取得したインスタンスのupdate メソッドでユーザー設定値を更新します。ここで更新された設定値は永続化され、次回VS Codeを立ち上げた際に、更新されたユーザー設定値を取得できます。

● リスト9-3-10　vscode.workspace.getConfigurationを使ってユーザー設定値を更新する例 (src/extension.ts)

```
const config = vscode.workspace.getConfiguration('sampleconfig');
config.update('stringitem', 'hey', true);
config.update('numberitem', 20, true);
config.update('booleanitem', true, true);
```

　コントリビューションポイントcontributes.configurationやvscode.workspace.getConfigurationのAPIの詳細は「contributes.configurationリファレンス」[9]をして参照ください。

　なお、ここではAPIを使ったユーザー設定値の扱い方を紹介しましたが、設定エディターを利用したり、直接ユーザー設定値が格納されるsettings.json ファイルを直接参照・編集することでも同様の設定が可能です。

　図9-3-3は、APIによるユーザー設定値変更後の設定エディターとsettings.jsonの表示イメージです。

※9　https://code.visualstudio.com/api/references/contribution-points#contributes.configuration

▲ **図9-3-3** ［設定］エディターと settings.json の表示イメージ

Column ［設定］エディターの開き方

(1) VS Code メニューからたどる
　・Windows / Linux: ［ファイル］→［ユーザー設定］→［設定］
　・macOS: ［Code］→［基本設定］→［設定］
(2)［設定］エディターの起動用ショートカットキー
　・Windows / Linux: Ctrl + ,
　・macOS: ⌘ + ,

9-3-5　データの永続化

　拡張機能の実体は、VS Code の Extension Host の上で動作するアプリケーションです。したがって、ユーザー設定とは別に、アプリケーションを終了しても前の状態やデータを管理するためにデータを永続化したいという場合もあるでしょう。

　そのようなときに対応できる拡張機能で扱うデータを永続化するには、大きく次の2つの方法があります。

・Memento API を使って Key-Value 型のデータを保存する
・カスタムのオブジェクトファイルを専用ストレージパスに保存する

　ここでは、この2つの永続化の方法を紹介します。どちらの方法も、ワークス

ペースとグローバルレベルの2種類のインターフェイスが用意されています。また、これらのインターフェイスはExtensionContextという拡張機能のコンテキストを表すインスタンスから利用可能です。

Memento APIを利用したKey-Value型データの保存

ExtensionContextは、2種類のMementoと呼ばれるKey-Value型データの保存・取得可能なストレージインスタンスを備えています。

▼ **表9-3-3**　Memento API

API	説明
ExtensionContext.workspaceState	今開いているワークスペースの情報をKey-Value型で保存・取得が可能
ExtensionContext.globalState	ワークスペース関係なく全体で共通のストレージにKey-Value型で保存・取得が可能

　ここでは、ExtensionContext.workspaceStateを使った簡単なサンプルを紹介します。サンプルコード[10]は、ワークスペースごとのコマンド実行回数のカウンターを ExtensionContext.workspaceState　を使って実現しています。

● **リスト9-3-11**　ワークスペースごとのコマンド実行回数カウンター実装例（src/extension.ts）

```
const COUNTER_KEY = "visit_counter";

export function activate(context: vscode.ExtensionContext) {

  let disposable = vscode.commands.registerCommand('extension.helloWorld',
() => {
    // ワークスペースレベルのカウンター
    // ワークスペースストレージからカウント情報を取得
    let val =  context.workspaceState.get(COUNTER_KEY, 0);  // default 0
    let counter : number = Number(val);
    counter++;
    vscode.window.showInformationMessage(`Command call #: ${counter}`);
    // カウント値を更新
    context.workspaceState.update(COUNTER_KEY, counter);
```

※10　https://github.com/vscode-textbook/extensions/tree/main/datastore

```
  });

  context.subscriptions.push(disposable);
}
```

　Memento APIの使い方についての詳細は「Memento APIリファレンス」[11]を参照してください。

カスタムのオブジェクトファイルを専用ストレージパスに保存

　ここでは、Memento APIを利用したKey-Value型のデータを保存するのではなく、テキストやバイナリーなどの自由なオブジェクトファイルにデータを保存していく場合に利用するAPIをご紹介します。ExtensionContextは、オブジェクトファイルを自由に保存・参照が可能な次の2種類のストレージパス情報を備えています。

▼ **表9-3-4** ExtensionContext

API	説明
ExtensionContext.storageUri	今開いているワークスペースのストレージ用ディレクトリのURI
ExtensionContext.globalStorageUri	ワークスペース関係なく全体で共通のストレージ用ディレクトリのURI

　パス情報を取得したら、そこに自由にカスタムのオブジェクトファイルを保存・取得してデータの永続化が可能になります。

　次のサンプルコード[12]は、ExtensionContext　経由で、ワークスペースレベル・グローバルレベルのストレージURIを取得する簡単なサンプルです。

● **リスト9-3-12**　ストレージURIを取得する例 (src/extension.ts)

```
export function activate(context: vscode.ExtensionContext) {
```

---

[11]　https://code.visualstudio.com/api/references/vscode-api#Memento
[12]　https://github.com/vscode-textbook/extensions/tree/main/datastore

```
    let disposable = vscode.commands.registerCommand('extension.helloWorld',
() => {
        // 途中省略 ...

        //ストレージURIの表示
        console.log(`Workspace Storage Uri: ${context.storageUri}`);    // ワ
ークスペースレベル
        console.log(`Global Storage Uri: ${context.globalStorageUri}`); // グ
ローバルレベル
    });
        // 途中省略 ...
}
```

ストレージURIの出力結果は、デバッグコンソールで確認できます。

9-3-6　通知メッセージの表示

VS Codeには、重要度レベルの異なるメッセージをユーザーに表示するため
APIが提供されています。

▼ **表9-3-5**　通知メッセージのAPI

API	説明
vscode.window.showInformationMessage	通常メッセージの表示
vscode.window.showWarningMessag	警告メッセージの表示
vscode.window.showErrorMessage	エラーメッセージの表示

重要度別のメッセージ表示APIを使った簡単なサンプルコード[13]とその実行
結果です。

●**リスト9-3-13**　メッセージ表示API利用例 (src/extension.ts)

```
// ユーザーに通常メッセージを表示
vscode.window.showInformationMessage('INFO: Hello World!');
// ユーザーに警告メッセージを表示
vscode.window.showWarningMessage('WARNING: Hello World!');
```

[13]　https://github.com/vscode-textbook/extensions/tree/main/message

```
// ユーザーにエラーメッセージを表示
vscode.window.showErrorMessage('ERROR: Hello World!');;
```

▲ **図9-3-4** 実行結果

9-3-7 ユーザー入力用 UI

　ここでは、ユーザー入力用 UIを提供する2種類のAPIを紹介します。これら
のAPIを使うと、ユーザーからの入力データを利用した拡張機能を簡単に作成で
きます。

▼ **表9-3-6** ユーザー入力用 UIの API

APIの種類	説明
QuickPick	複数アイテムからの選択用UIを提供するAPI群 主なAPI: vscode.window.showQuickPick(https://code.visualstudio.com/api/references/vscode-api#window.showQuickPick) vscode.window.createQuickPick(https://code.visualstudio.com/api/references/vscode-api#window.createQuickPick)
InputBox	任意のテキスト入力用UIを提供するAPI群 主なAPI: vscode.window.showInputBox(https://code.visualstudio.com/api/references/vscode-api#window.showInputBox) vscode.window.createInputBox(https://code.visualstudio.com/api/references/vscode-api#window.createInputBox)

Part1
01
02
03
04
Part2
05
06
07
Part3
08
09
10
11
12
13

Quick Pick APIで複数アイテムからの選択

Quick Pickの vscode.window.showQuickPick API を使った、複数アイテムの中から選択したアイテムをメッセージ表示させるサンプル[14]を説明します。

vscode.window.showQuickPick は、引数として与えるデータを変えることで次の2種類のアイテムリストを作成できます。

(1) ラベル付きアイテムのリスト
(2) ラベルと詳細付きアイテムのリスト

次に示したのは、vscode.window.showQuickPick を使った (1) のラベル付きアイテムのリストを作成するサンプルコードとその表示結果です。vscode.window.showQuickPick の引数に文字列リストを渡しています。vscode.window.showQuickPick は、戻り値が Thenable<string> となっており、then()で、その後の処理を継続できます。ここでは、then()ブロックの中で選択したアイテムをメッセージ表示しています。

● リスト9-3-14　ラベル付きアイテムリスト作成例 (src/extension.ts)

```
vscode.window.showQuickPick(
  ['Red', 'Green', 'Blue', 'Yellow'],{
    canPickMany: false,
    placeHolder: 'Choose your favorite color'
}).then(
  selectedItem => {
    if (selectedItem) {
      vscode.window.showInformationMessage(`You choose ${selectedIte
m}`);
    }
  });
```

[14] https://github.com/vscode-textbook/extensions/tree/main/quickinput

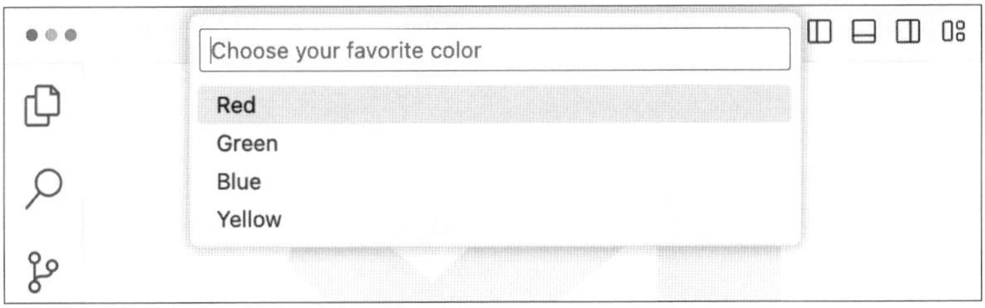

▲ **図9-3-5**　実行結果

　次に、vscode.window.showQuickPickを使った (2) のラベルと詳細付きアイテ
ムのリストを作成するサンプルコードとその表示結果について解説します。引数
にアイテムのラベルlabelや詳細descriptionをプロパティに持つQuickPick
Itemのリストを渡しています。(1) の例と同様に、then()ブロックの中で選択し
たアイテムをメッセージ表示しています。

● **リスト9-3-15**　ラベルと詳細付きアイテムリストの作成例（src/extension.
ts）

```
const actions: vscode.QuickPickItem[] = [
  { label: 'Action1', description: 'Description of Action1'},
  { label: 'Action2', description: 'Description of Action2'},
  { label: 'Action3', description: 'Description of Action3'},
  { label: 'Action4', description: 'Description of Action4'},
];
vscode.window.showQuickPick(
  actions,{
    canPickMany: false,
    placeHolder: 'Choose your favorite action'
}).then (
  selectedItem => {
    if (selectedItem) {
      vscode.window.showInformationMessage(`You choose ${selectedItem.la
bel}`);
    }
});
```

▲**図9-3-6** 実行結果

　vscode.window.showQuickPickの使い方についての詳細は、「vscode.window.showQuickPick API リファレンス」[15]を参照してください。

InputBox APIで任意の文字列の入力

　Input Box APIのvscode.window.showInputBoxを使った、任意の文字列入力とその文字列をメッセージ表示させるサンプル[16]を説明します。

　vscode.window.showInputBoxには、引数としてInputBoxOptionsオブジェクトを渡すことができます。InputBoxOptionsオブジェクトには、プロパティに入力ボックスの説明用文字列prompt、メンバーに入力値のバリデーションチェック用関数validateInputを指定できます。ここでは入力ボックスの説明用文字列として「Input your name」を、入力バリデーションチェックに簡易的な空文字列チェックの関数を指定します。

● **リスト9-3-16**　文字列入力ボックス作成例 (src/extension.ts)

```
vscode.window.showInputBox({
  prompt: "Input your name",
  validateInput: (s: string): string | undefined =>
    (!s) ? "You must input something!" : undefined
}).then(
  inputString => {
    vscode.window.showInformationMessage(`Your name is ${inputString}`);
});
```

※15　https://code.visualstudio.com/api/references/vscode-api#window.showQuickPick
※16　https://github.com/vscode-textbook/extensions/tree/main/quickinput

▲ **図9-3-7**　実行結果（入力ボックス）

何も入力しないで Enter を押すと、バリデーションチェック（`validatInput`で指定したチェック関数）により、次のように誘導用文字列が表示されます。

▲ **図9-3-8**　バリデーションチェックによる誘導用文字列の表示

無事に入力ができると、入力内容がメッセージボックスに表示されます。`vscode.window.showInputBox`の使い方についての詳細は、「vscode.window.showInputBox API リファレンス」[17]を参照してください。

9-3-8　WebviewによるHTMLコンテンツの表示

Webviewは、HTML コンテンツのレンダリングが可能なコンポーネントです。Webview APIを使うことでVS Codeのネイティブ APIでは実現できないリッチなUIをVS Code内に作ることができます。たとえば、VS Codeのビルトインで提供されているMarkdown 拡張機能のMarkdown プレビュー機能では、このWebview APIが利用されています。

ここでは、Webview APIを利用した簡易的なHTMLコンテンツをプレビュー表示するサンプル[18]を紹介します。

※17　https://code.visualstudio.com/api/references/vscode-api#window.showInputBox
※18　https://github.com/vscode-textbook/extensions/tree/main/webview

Part1

01

02

03

04

Part2

05

06

07

Part3

08

09

10

11

12

13

Webview APIの vscode.window.createWebviewPanelを使うと、次のように新しいWebviewパネルを作成し、それを表示させることができます。Webviewパネルに渡すHTMLコンテンツはgetWebviewContent関数で生成します。

● リスト9-3-17　Webview パネル作成・表示例 (src/extension.ts)

```
const panel = vscode.window.createWebviewPanel(
  'previewHelloVSCode',      // Webviewパネルの任意ID
  'Preview Hello VS Code',   // Webviewパネルのタイトル文字列
  vscode.ViewColumn.Two,     // Webviewパネルをエディターの中のどこに配置
                             // するか指定。ここでは第二カラムに配置
  {
    // Webviewのアクセスを拡張機能のmediaディレクトリからのコンテンツの読
    // み込みのみに制限
    localResourceRoots: [vscode.Uri.file(path.join(context.extensionPath,
'media'))]
  }
);

// 拡張機能のmediaディレクトリ配下の画像のパスを取得
const onDiskPath = vscode.Uri.file(
  path.join(context.extensionPath, 'media', 'vscode-logo.png')
);
// ローカルリソースのパスをVS Codeが読み取りできるURIに変換
const imageUri = panel.webview.asWebviewUri(onDiskPath);
// Webviewパネルに出力用HTMLコンテンツを渡す
panel.webview.html = getWebviewContent(panel.webview, imageUri);
```

vscode.window.createWebviewPanelの3つ目の引数はvscode.ViewColumn型になりますが、これでWebviewパネルのエディター中の配置位置を指定できます。よく使われるvscode.ViewColumnのメンバー定数については、**表9-3-7**を参照してください。

▼**表9-3-7** vscode.ViewColumnの主なメンバー定数

ViewColumnメンバー	配置場所
vscode.ViewColumn.One	第1カラムに新規配置。すでに開いたエディターがあれば第1カラムに別タブとして配置される
vscode.ViewColumn.Two	第2カラムに新規配置。第2カラムがない場合は、第2カラムにWebviewパネルが配置される

生成されたWebviewパネルの表示結果は、次のようになります。

▲**図9-3-9** Webview パネルの表示結果

vscode.window.createWebviewPanelの使い方についての詳細は、「vscode.window.createWebviewPanel APIリファレンス」[19]を参照してください。

9-3-9 Output パネルにログ出力

Output パネルは、ログなどの情報を出力するために用意されたパネルです。OutputChannel APIを使うと、Outputパネルにテキスト情報を出力できます。OutputChannel APIの使い方は、次のサンプルコードのようにvscode.window.createOutputChannelで新しいOutputChannelを生成し、そのOutput Channelのメンバー appendにテキスト情報を追加します。これでOutputパネルに情報が出力されます。

[19] https://code.visualstudio.com/api/references/vscode-api#window.createWebviewPanel

● **リスト9-3-18**　OutputChannel APIでOutput パネルにログを出力する例（src/extension.ts）

```
// 新しいOutputChannelを生成
let _channel: vscode.OutputChannel = vscode.window.createOutputChannel('Test Output');
// エディターUIに生成したOutputChannelを表示
_channel.show(true);
// テキスト情報の追加
_channel.appendLine("log1 is appended");
_channel.appendLine("log2 is appended");
_channel.appendLine("log3 is appended");
_channel.appendLine("log4 is appended");
```

このサンプルコード[20]を実行した結果は、次のようになります。

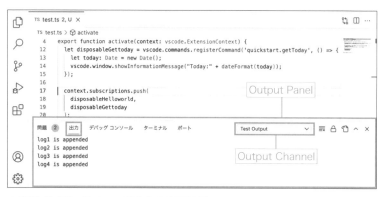

▲ **図9-3-10**　Output パネルの表示結果

`vscode.window.createOutputChannel`の使い方についての詳細は、「vscode. window.createOutputChannel API リファレンス」[21]を参照してください。

※20　https://github.com/vscode-textbook/extensions/tree/main/outputchannel
※21　https://code.visualstudio.com/api/references/vscode-api#window.createOutputChannel

358

Chapter 10

Markdown を便利に書く拡張機能の作成

Chapter 8とChapter 9では、拡張機能の概要、VS Code拡張機能ジェネレーターによって生成された雛形をベースにした簡単な拡張機能の作り方、デバッグやテストの方法、拡張機能の仕組み、主要コンセプトと拡張機能の開発でよく使われる主要機能について解説しました。この章では、これまで学んだことをベースにして、Markdown関連の拡張機能の開発方法について紹介します。VS CodeのMarkdown関連機能のカスタマイズ方法やMarkdownに関連した拡張機能の開発を通じて、拡張機能の開発の基礎を学びましょう。

10-1　コードスニペットのカスタマイズ

　Markdownは、ドキュメントを記述するための軽量なマークアップ言語の1つで、テキスト形式で手軽に書くことができるため、簡易的メモから技術文書まで、さまざまな用途で利用されています。VS Codeは、Markdown関連の機能をビルトインで備えており、Markdownコードスニペットも持っています。たとえば、VS Code 1.85.0時点でのビルトインMarkdownコードスニペットは、次のURLより確認できます。

・VS Code-1.85.0 ビルトインのMarkdownスニペット定義ファイル
　https://github.com/microsoft/vscode/blob/1.85.0/extensions/
　markdown-basics/snippets/markdown.code-snippets

● リスト10-1-1　markdown.json
```
{
    "Insert bold text": {
        "prefix": "bold",
        "body": "**${1:${TM_SELECTED_TEXT}}**$0",
        "description": "Insert bold text"
    },
    "Insert italic text": {
        "prefix": "italic",
        "body": "*${1:${TM_SELECTED_TEXT}}*$0",
        "description": "Insert italic text"
```

```
        },
        "Insert quoted text": {
                "prefix": "quote",
                "body": "> ${1:${TM_SELECTED_TEXT}}",
                "description": "Insert quoted text"
        },
        "Insert code": {
                "prefix": "code",
                "body": "`${1:${TM_SELECTED_TEXT}}`$0",
                "description": "Insert code"
        },
    // ...途中略...
  }
```

　ビルトインのスニペットで十分であればよいのですが、足りない場合は独自ス
ニペットを登録できます。ここでは、Chapter 7でも紹介したVS Code拡張機能
ジェネレーターを利用したカスタムコードスニペットの作成方法を説明します。

10-1-1　ビルトインの Markdown スニペットを使ってみる

　まずは、ビルトインのMarkdown スニペットを使ってみましょう。VS Code
では、デフォルトでMarkdownファイルはキーボード入力時に入力補完が有効
になっていません。有効にする場合は、次のユーザー設定を加える必要がありま
す。こうすることで、IntelliSenseが有効になり、キーボード入力ごとにスニペ
ットの候補が表示されるようになります。

● **リスト10-1-2**　settings.json

```
    "[markdown]": {
        "editor.quickSuggestions": {
            "comments": true,
            "strings": true,
            "other": true
        },
    },
```

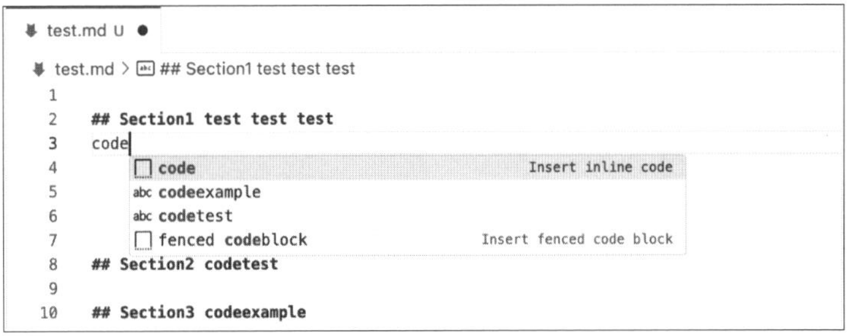

▲ **図10-1-1**　有効になったMarkdown用IntelliSense

　デフォルトでは、スニペットだけではなく、単語ベースの候補（ドキュメント内の単語に基づく候補）も表示されてしまいます。単語ベースの候補を無効にするには、次の設定を行います。

● **リスト10-1-3**　settings.json

```json
"[markdown]": {
    "editor.quickSuggestions": {
        "comments": true,
        "strings": true,
        "other": true
    },
    "editor.wordBasedSuggestions":"off"
},
```

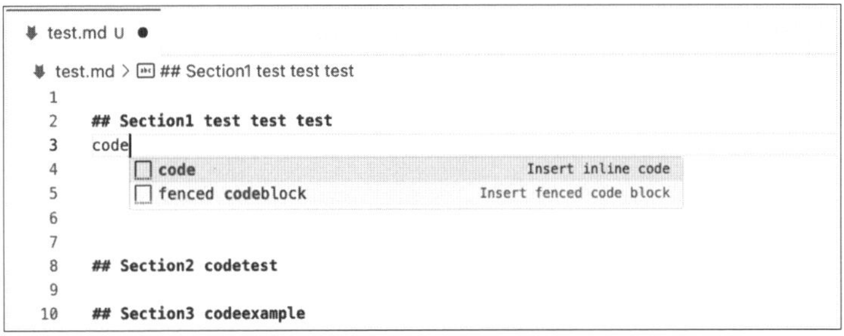

▲ **図10-1-2**　単語ベースの候補を無効

また、スニペットと単語ベースの候補と一緒に出すものの、スニペットの候補を常に上位に表示させたい場合は、次の設定を追加してください。

● **リスト10-1-4**　settings.json

```
"editor.snippetSuggestions": "top"
```

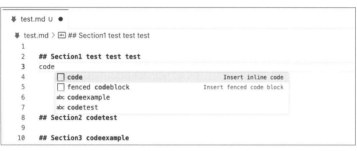

▲ **図10-1-3** スニペットの候補を常に上位に表示

10-1-2　コードスニペットの雛形作成

それでは、VS Code拡張機能ジェネレーターでコードスニペット拡張機能の雛形を作成するところから始めます。

「yo code」を実行して、雛形を作成します

● **コマンド10-1-1**　雛形の作成

```
yo code
```

雛形の種類や、いくつかのフィールドの入力が求められます。

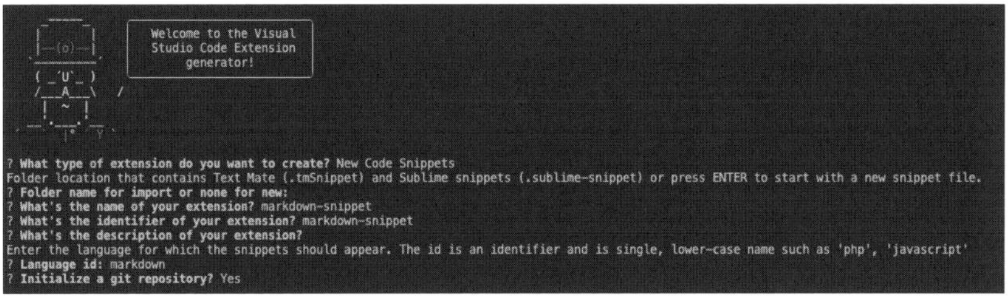

▲ **図10-1-4** 実行画面

・extension type: `New Code Snippets`を選択
・拡張機能の名前とID: `markdown-snippet`に設定
・スニペット対象言語の言語ID: `markdown`を指定

　New Code Snippetsタイプで、次のようなフォルダーとファイル構成でコードスニペットの雛形が生成されます。

```
markdown-snippet (拡張機能ルートディレクトリ名)
├── CHANGELOG.md
├── README.md
├── package.json
├── snippets
│   └── snippets.code-snippets
└── vsc-extension-quickstart.md
```

　まずは、拡張機能マニフェストファイル`package.json`を見てみましょう。

● **リスト10-1-5**　package.json

```
{
  "name": "markdown-snippet",
  "displayName": "markdown-snippet",
  "description": "",
  "version": "0.0.1",
  "engines": {
    "vscode": "^1.85.0"
  },
  "categories": [
```

```
      "Snippets"
    ],
    "contributes": {
      "snippets": [
        {
          "language": "markdown",
          "path": "./snippets/snippets.code-snippets"
        }
      ]
    }
  }
```

　ファイルの内容から snippets/snippets.code-snippets に Markdown コードスニペットを追加すればよいことがわかります。

10-1-3　カスタムコードスニペットの作成と動作確認

　snippets/snippets.code-snippets に独自のスニペットを登録します。先ほどのビルトインのスニペット一覧には、テーブルのスニペットは存在しません。そこで、ここでは次の Markdown テーブルのスニペットを登録します。

● リスト10-1-6　snippets/snippets.code-snippets

```
{
  "Insert table": {
    "prefix": "table",
    "body": [
      "| ${1:Heading} | ${2:Heading} |",
      "| ------- | ------- |",
      "| ${3:Content} | ${4:Content} |"
    ],
    "description": "Insert Table"
  }
}
```

> **Tips** スニペットのフォーマット
>
> スニペットのフォーマットは、次のとおりです。各要素については、コメントを参照してください。
>
> ```
> {
>     "Snippet Name": {                      // スニペットの名前
>         "prefix": "Prefix String"
>         // プレフィックス。この文字列を入力すると次のbody部分の文字列に
>           補完される"
>         "body": [
>         // 補完される値。1行ごとに配列の1要素を追加
>             "1st line: $1 $2 $3 $4",
>             // Tabキーを$1 -> $2 -> $3 -> $4の順番で入力可能
>             "2nd line .......",
>             "3rd line .......",
>             "Nth line ${N: DefaultValue}"
>             // $Nは${N: default値}の形式でデフォルト値を設定可能
>         ],
>         "description": "Description on Snippet"
>         // スニペットの説明
>     }
> }
> ```

それでは、次の手順で拡張機能の動作確認を行っていきます。

(1) VS Codeで拡張機能を開く

```
cd markdown-snippet
code .
```

(2) F5 を押してデバッグウィンドウを立ち上げる

(3) Markdownファイルの入力でスニペット候補が表示されるようにsettings.jsonを設定する（上記参照）

(4) tableと入力して Tab を押す。追加したカスタムのスニペット候補が表示されることを確認する

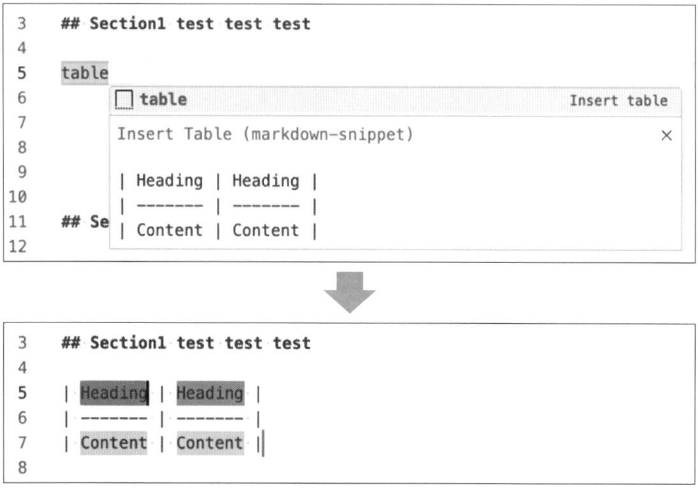

Part1

01

02

03

04

Part2

05

06

07

Part3

08

09

10

11

12

13

```
3    ## Section1 test test test
4
5    table
6      □ table                              Insert table
7      Insert Table (markdown-snippet)            ×
8
9      | Heading | Heading |
10     | ------- | ------- |
11   ## Se| Content | Content |
12
```

```
3    ## Section1 test test test
4
5    | Heading | Heading |
6    | ------- | ------- |
7    | Content | Content ||
8
```

▲ 図10-1-5　スニペット候補の表示と補完

　tableの入力で、スニペット候補の出力と、選択後に定義したスニペットが補完されることが確認できます。これでスニペット拡張機能の開発は完了です。

　コードスニペットについては、ほかにもGitHubにサンプルがある[1]ので、こちらも参考にしてください。

10-1-4　VSIX パッケージの作成

　それでは、作成した拡張機能のVSIXパッケージを作成します。拡張機能をMarketplaceに公開する前に、別のマシンでテストしたり他人に共有したりする場合に、拡張機能のVSIXパッケージが非常に有効です。ソースコードのコピーに比べると、簡単に拡張機能を共有・公開できます。

　まずは、vsceをインストールします。

● コマンド10-1-2　vsce コマンドの実行

```
npm install -g @vscode/vsce
```

※1　https://github.com/Microsoft/vscode-extension-samples/tree/main/snippet-sample

VSIXパッケージはvsceツールで作成します。

● **コマンド10-1-3** vsceコマンドの実行

```
vsce package
```

vsceコマンドの実行によって、`<extension-name>-<version>.vsix`の名前形式でVSIXパッケージが生成されます。

注意点として、VSIXパッケージの作成には、必ず次の2つの設定が必要です。

(1) `package.json`に`publisher`を設定する

```
"publisher": "Publisher名",
```

(2) `README.md`を編集する

公開ページの説明にREADME.mdの内容がそのまま利用される。現時点では拡張パックを公開しないため、内容は簡単なものでも問題ない。

なお、パッケージ作成コマンド実行時には、この2点以外の確認・警告メッセージが表示されるかもしれませんが、ここではテスト実行用のパッケージ作成なので無視してパッケージ作成を進めて問題ありません。

VSIXパッケージのインストール方法についてはChapter 2の「VSIXファイルからのインストール」を参照してください。

10-2　Markdown テーブル作成機能の作成

ここでは、拡張機能開発の基本編であるChapter 9の「Quick Pick APIで複数アイテムからの選択」で学んだQuick Pick APIを使った拡張機能を紹介します。先ほどはカスタムスニペットを使ってMarkdownテーブルの雛形を作成しましたが、今度は拡張機能を使ってMarkdownテーブルの雛形を作成します。

　拡張機能の基本的な開発の流れはこれまでと同じなので、ここではすでに開発した拡張機能（markdown-table-maker）についてポイントを絞って解説します。GitHubレポジトリ[※2]のソースコードを見ながら読み進めてください。

```
markdown-table-maker（拡張機能ルートディレクトリ）
    ├── README.md
    ├── package-lock.json
    ├── package.json            : 拡張機能マニフェスト
    ├── src
    │   ├── extension.ts        : 拡張機能起点スクリプトファイル
    │   └── markdown.ts         : Markdownライブラリ
    ├── tsconfig.json
    └── .eslintrc.json
```

▲ 図10-2-1 ソースコードのファイル構成

10-2-1　拡張機能を動かしてみる

　それでは拡張機能を動かしていきましょう。

　拡張機能のルートフォルダーに移動して、依存するパッケージのインストールを行います。

● コマンド10-2-1　依存パッケージのインストール

```
cd markdown-table-maker
npm install
```

　これで準備が整ったので、VS Codeで拡張機能をルートフォルダーから開きます。

● コマンド10-2-2　VS Codeの起動

```
code .
```

※2　https://github.com/vscode-textbook/extensions/tree/main/markdown-table-maker

VS Codeが起動したら、まずは F5 を押して、「**Extension Development Host**」を立ち上げます。

次に、Markdownファイルを開いて、コマンドパレットから[**MDTable Maker: Make Table**]を実行します。設定上、コマンドはMarkdownファイル（拡張子 .md、.mkd、.markdown など）のときのみに表示されるので、注意してください。

▲ 図10-2-2 コマンドパレットから［MDTableMaker: Make Table］を実行

［MDTableMaker: Make Table」コマンドが実行されると、**図10-2-3**のように数値のQuick Pickリストが表示されます。テーブルのカラム数用と行数用の2つのQuick Pickリストが表示されます。

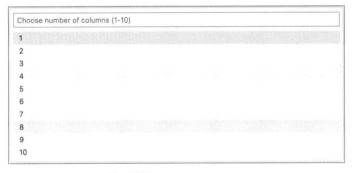

▲ 図10-2-3 カラム数の選択

たとえば、カラム数4、行数3で選択すると、次のようにその結果に応じたMarkdownテーブルの雛形がエディターに挿入されます。

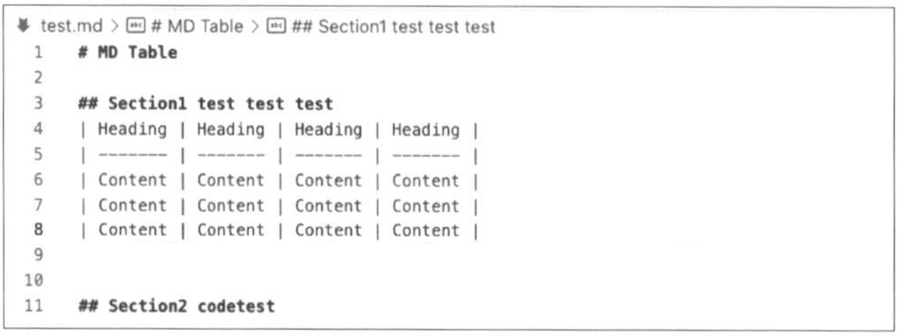

Part1
01
02
03
04
Part2
05
06
07
Part3
08
09
10
11
12
13

```
✎ test.md › ⋯ # MD Table › ⋯ ## Section1 test test test
 1   # MD Table
 2
 3   ## Section1 test test test
 4   | Heading | Heading | Heading | Heading |
 5   | ------- | ------- | ------- | ------- |
 6   | Content | Content | Content | Content |
 7   | Content | Content | Content | Content |
 8   | Content | Content | Content | Content |
 9
10
11   ## Section2 codetest
```

▲ **図10-2-4** カラム数4、行数3のMarkdownテーブルの雛形

　これで動作確認は完了です。 ここで動作確認した拡張機能についても、VSIX パッケージを作成し、自分のVS Codeにインストールしてみましょう。

10-2-2　拡張機能の実装ポイント解説

コマンドの定義

　package.jsonにコマンドの定義をします。 Markdownテーブルを作成するコマンドをコントリビューションポイントcontributes.commandsに登録します。

● **リスト10-2-1**　Markdownテーブル作成コマンドの定義（package.json）

```
"activationEvents": [],
"main": "./out/extension.js",
"contributes": {
  "commands": [
    {
      "command": "mdtablemaker.maketable",
      "title": "Make Table",
      "category": "MDTableMaker"
    }
  ],
  ... 途中略 ...
},
```

　さらに、Markdownファイル（拡張子.md、.mkd、.markdownなど）のときのみ にコマンドパレットでコマンド表示されるように、コントリビューションポイン ト contributes.menusに、次の定義を追加します。when句の条件指定「"editor LangId == markdown"」がポイントです。

● **リスト10-2-2** when句によるコマンドの条件表示設定（package.json）

```
"contributes": {
... 途中略 ...
  "menus": {
    "commandPalette": [
      {
        "command": "mdtablemaker.maketable",
        "when": "editorLangId == markdown"
      }
    ]
  }
},
```

Quick Pickによるアイテムリストの作成

　package.jsonで定義したコマンド「MDTableMaker: Make Table」（コマンドID:mdtablemaker.maketable）を実行すると、テーブルのカラム数と行数選択用のQuick Pickリストが表示されます。

　リスト10-2-3のように、この2つのアイテムリストはQuick Pick APIのshowQuickPick()を使って作成しています。showQuickPick()は、引数として渡された1 〜 10の文字列リストで、その文字列をラベルとしたアイテムリストを作成します。最初にカラム数用のアイテムリスト表示し、ユーザーの入力が完了すると、500ミリ秒待ってから、次の行数用のアイテムリストを表示しています。そして、得られたカラム数と行数を元に最終的にエディター挿入用のMarkdownテーブルの雛形を作成します。

● **リスト10-2-3** Quick Pick APIを使ったアイテムリスト作成の例（src/extension.ts）

```
// Quick Pick選択リスト: Columns#
const colnum = await vscode.window.showQuickPick(
    ['1', '2', '3', '4', '5', '6', '7', '8', '9', '10'], {
      canPickMany: false,
      placeHolder: 'Choose number of columns (1-10)'
    });

// 500msの待ち
await new Promise(resolve => setTimeout(resolve, 500));
```

Part1

01

02

03

04

Part2

05

06

07

Part3

08

09

10

11

12

13

```
// Quick Pick選択リスト: Rows#
const rownum = await vscode.window.showQuickPick(
    ['1', '2', '3', '4', '5', '6', '7', '8', '9', '10'], {
    canPickMany: false,
    placeHolder: 'Choose number of rows (1-10)'
});

// エディター挿入用のMarkdownテーブルの作成
const table = makeMarkdownTable(Number(colnum), Number(rownum));
```

Hint Quick Pick APIのリファレンス

・vscode.window.showQuickPick APIリファレンス
　https://code.visualstudio.com/api/references/vscode-api#window.showQuickPick

エディターにMarkdownテーブル文字列の挿入

　最終的に、変数tableに格納されるテーブル雛形の文字列をエディターに挿入するコードは、次のようになります。

● リスト10-2-4　エディターにテーブル雛形文字列を挿入するコード
(src/extension.ts)

```
const editor = vscode.window.activeTextEditor;
if (editor) {
  editor.edit( builder => {
    builder.delete(editor.selection);
  }).then( () => {
    editor.edit( builder => {
      builder.insert(editor.selection.start, table);
    });
  });
}
```

　コードのポイントは、次の通りです。

- vscode.window.activeTextEditorは、型は「vscode.TextEditor | undefined」となっており、現在フォーカスが当たっているアクティブなエディターがある場合はvscode.TextEditor、アクティブなエディターがない場合はundefinedとなる
- アクティブなエディターがある場合、つまり、エディターにフォーカスを当てている場合のみ、vscode.TextEditorのメンバーであるeditメソッドのコールバックでbuilder（vscode.TextEditorEditインターフェイス）のdeleteメソッドを通じて選択しているテキストが削除される。特に選択していない場合は何も起らない
- editメソッドは、返り値が「Thenable<boolean>」なので、then()が利用可能。問題なく処理が完了するとthen()の部分の処理が行われる。削除と同様に、builder（vscode.TextEditorEditインターフェイス）のinsertメソッドを通じて、選択テキストの先頭位置にテーブル文字列が挿入される

Hint TextEditor、TextEditorEditのAPIリファレンス

- vscode.TextEditor APIリファレンス
  https://code.visualstudio.com/api/references/vscode-api#TextEditor
- vscode.TextEditorEdit APIリファレンス
  https://code.visualstudio.com/api/references/vscode-api#TextEditorEdit

10-3　Markdown簡単入力機能（太字/イタリック/打ち消し線）の作成

Markdownのスニペット、テーブル作成機能に続いて、ここではエディター中のテキストをMarkdown表記に変換する拡張機能(markdown-text-utils)を説明します。この拡張機能で扱うのは、太字、イタリック、打ち消し線の3つの指定です。

GitHubのレポジトリのソースコード[1]を見ながら読み進めてください。

※1　https://github.com/vscode-textbook/extensions/tree/main/markdown-text-utils

```
markdown-text-utils（拡張機能ルートディレクトリ）
    ├── README.md
    ├── package-lock.json
    ├── package.json            ：拡張機能マニフェスト
    ├── src
    │   └── extension.ts        ：拡張機能メインファイル
    ├── tsconfig.json
    └── .eslintrc.json
```

▲ **図10-3-1** ソースコードのファイル構成

10-3-1　拡張機能を動かしてみる

それでは拡張機能を動かしていきましょう。まずは、拡張機能に必要なパッケージのインストールを行います。

● **コマンド10-3-1**　パッケージのインストール

```
cd markdown-text-utils
npm install
```

これで準備が整ったので、VS Codeで拡張機能をルートフォルダーから開いてください。

● **コマンド10-3-2**　VS Codeの起動

```
code .
```

VS Codeが起動したら、[F5]を押して、「Extension Development Host」を立ち上げます。

無事に拡張機能が立ち上がったら、任意のMarkdownファイルを開きます。この拡張機能のコマンドは、Markdownファイル（拡張子.md、.mkd、.markdownなど）以外の場合は有効にならないのは、先ほどと同様です。

374

そして、Markdownファイル上で太字にしたい文字列を選択して、コマンドパレットから［MDTextUtils: Bold］を実行します。

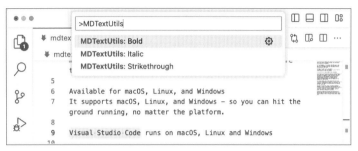

▲ **図10-3-2** コマンドパレットから［MDTextUtils: Bold］を実行

コマンドが実行されると、**図10-3-3**のように、選択したテキストが「**」で囲まれたMarkdownの太字指定に変換されることが確認できます。

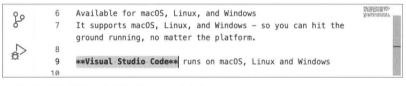

▲ **図10-3-3** 選択文字列がボールドされた

同様に、Markdownファイル上でイタリック表記や打ち消し線指定にしたい文字列を選択して、コマンドパレットでそれぞれ［MDTextUtils: Italic］、［MDTextUtils: Strikethrough］を実行しましょう。ボールドの指定と同様に、コマンドが実行されると、選択したテキストが「_」で囲まれたイタリックの指定や、「~~」打ち消し指定に変換されることが確認できます。

ここで動作確認した拡張機能についても、「VSIXパッケージの作成」で紹介した方法でVSIXパッケージを作成し、自分のVS Codeにインストールしてみてください。

10-3-2 拡張機能の実装ポイント

コマンドの定義

マニフェストpackage.jsonにコマンドの定義をします。 選択する文字列を太字、イタリック、打ち消し表記にする3つのコマンドをコントリビューションポイントcontributes.commandsに登録します。

●**リスト10-3-1** package.json

```
"activationEvents": [],
"main": "./out/extension.js",
"contributes": {
  "commands": [
    {
      "command": "mdtextutils.bold",
      "title": "Bold",
      "category": "MDTextUtils"
    },
    {
      "command": "mdtextutils.italic",
      "title": "Italic",
      "category": "MDTextUtils"
    },
    {
      "command": "mdtextutils.strikethrough",
      "title": "Strikethrough",
      "category": "MDTextUtils"
    }
  ]
... 途中略 ...
},
```

エディターで選択した文字列の変換

エディターで選択した文字列を、太字、イタリック、そして打ち消し表記した文字列に入れ替える処理の部分は、次のようになります。

●**リスト10-3-2**　エディター中の選択文字列を変換した文字列に入れ替える
コード（src/extension.ts）

```
export function activate(context: vscode.ExtensionContext) {
  let disposableBold = vscode.commands.registerCommand(
    'mdtextutils.bold', () => {
      replaceText( text => {
        return `**${text}**`;
      });
  });
  let disposableItalic = vscode.commands.registerCommand(
    'mdtextutils.italic', () => {
      replaceText( text => {
        return `_${text}_`;
      });
  });
  let disposableStrikethrough = vscode.commands.registerCommand(
    'mdtextutils.strikethrough', () => {
      replaceText( text => {
        return `~~${text}~~`;
      });
  });
  // ... 途中略 ...
}
// ... 途中略 ...

// エディター中の選択された文字列を変換後の文字列で置き換える関数
function replaceText(callback: (text: string) => string): void {
  const editor = vscode.window.activeTextEditor;
  if (editor) {
    editor.edit(builder => {
      for (const selection of editor.selections) {
        const selectedText = editor.document.getText(
          new vscode.Range(selection.start, selection.end
        ));
        builder.replace(selection, callback(selectedText));
      }
    });
  }
}
```

コードのポイントは、次の通りです。

377

- vscode.commands.registerCommandを使って3コマンドを登録する。それぞれコールバックに、実際にエディター中の文字列置換を行うためのreplaceText関数を指定する
- replaceText関数の中で使用しているvscode.window.activeTextEditorの型は「vscode.TextEditor | undefined」となっており、フォーカスが当たっているアクティブなエディターがある場合はvscode.TextEditor、ない場合はundefinedになる。アクティブなエディターはeditor変数に格納される
- selectionsの型はvscode.Selection[]で、エディターの中で選択している部分を抽象化したクラスSelectionの配列。複数選択されている場合は、それぞれ格納される
- vscode.TextEditorのeditメソッドで、エディターで扱っているドキュメントの編集を行う。実際の編集は、builder（型はvscode.TextEditorEdit）で呼び出されるコールバックで行う。コールバックの中で、選択文字列が格納されている配列Selectionsをイテレーションで回して各文字列を変換後の文字列で置換する。なお、各選択された文字列はTextDocument.getTextメソッドを通して取得する

各APIの詳細は、VS Code APIリファレンス[2]を参照してください。

10-4　エクステンションパックの作成

VS Codeは、「**エクステンションパック**」と呼ばれる、複数の拡張機能をバンドルにしてまとめてインストールできる仕組みを提供しています。エクステンションパックを作成する理由としては、次のようなことが挙げられます。

- お気に入りの拡張機能や特定分野のコレクションを他人と共有したい
- ある開発プロジェクトでメンバーに関連するパッケージをバンドルにして配布したい
- バンドル化した拡張パッケージ群をまとめてインストール/無効化/アンインストールさせたい

※2　https://code.visualstudio.com/api/references/vscode-api

　ここでは、Markdown関連の拡張機能に絞ったエクステンションパックの作成方法を説明します。

10-4-1　雛形作成

　VS Code拡張機能ジェネレーターを使って、エクステンションパックの雛形を作成します。

● **コマンド10-4-1**　雛形の作成

```
yo code
```

```
? What type of extension do you want to create?
  New Language Support
  New Code Snippets
  New Keymap
> New Extension Pack
  New Language Pack (Localization)
  New Extension (TypeScript)
  New Extension (JavaScript)
```

▲ **図10-4-1** 雛形の作成

　拡張機能の雛形一覧から［New Extension Pack］を選択します。

```
? What type of extension do you want to create? New Extension Pack ──①
? Add the currently installed extensions to the extension pack? No ──②
? What's the name of your extension? markdown-ext-pack ──③
? What's the identifier of your extension? markdown-ext-pack ──④
? What's the description of your extension? ──⑤
```

▲ **図10-4-2** 雛形の詳細

　① 拡張機能の種類: New Extension Pack
　② 雛形マニフェストのエクステンションパック対象拡張機能一覧に、自分の環境にインストールされている拡張機能を含めるかどうか: ここではNoを選択
　③ 拡張機能の名前: ここではmarkdown-ext-packを入力
　④ 拡張機能の識別子: ここではmarkdown-ext-packで設定
　⑤ 拡張機能の説明: ここでは説明はなし

これで、**図10-4-3**のようなファイル群が生成されます。

```
markdown-ext-pack
    ├── CHANGELOG.md
    ├── README.md
    ├── package.json
    └── vsc-extension-quickstart.md
```

▲**図10-4-3**　作成されるファイル群

10-4-2　package.json の編集

マニフェストファイルの`package.json`を編集していきます。マニフェストの`extensionPack`部分に、Extension Packに含める拡張機能のIDを含めていきます。拡張機能IDは`publisher.extensionName`の形式です。

●**リスト10-4-1**　package.jsonに追加する内容

```json
{
  "name": "markdown-ext-pack",
  "displayName": "markdown-ext-pack",
  "description": "",
  "version": "0.0.1",
  "engines": {
    "vscode": "^1.85.0"
  },
  "categories": [
    "Extension Packs"
  ],
  "extensionPack": [
    "publisher.extensionName"
  ]
}
```

エクステンションパックのMarketplace公開用のカテゴリは、**リスト10-4-1**のようにExtension Packsを指定します

ここでは、すでに公開済みの次の5つの拡張機能を含めます。

- Markdown Preview Enhanced（ID:shd101wyy.markdown-preview-enhanced）

  https://marketplace.visualstudio.com/items?itemName=shd101wyy.markdown-preview-enhanced
- markdownlint（ID:DavidAnson.vscode-markdownlint）

  https://marketplace.visualstudio.com/items?itemName=DavidAnson.vscode-markdownlint
- Markdown Shortcuts（ID:mdickin.markdown-shortcuts）

  https://marketplace.visualstudio.com/items?itemName=mdickin.markdown-shortcuts
- Auto Markdown TOC（ID: huntertran.auto-markdown-toc）

  https://marketplace.visualstudio.com/items?itemName=huntertran.auto-markdown-toc
- Markdown Emoji（ID:bierner.markdown-emoji）

  https://marketplace.visualstudio.com/items?itemName=bierner.markdown-emoji

この一覧の拡張機能IDを`package.json`の`extensionPack`部分に追加します。

● **リスト10-4-2** package.jsonのextensionPack部分に追加する内容

```
"extensionPack": [
  "shd101wyy.markdown-preview-enhanced",
  "DavidAnson.vscode-markdownlint",
  "mdickin.markdown-shortcuts",
  "huntertran.auto-markdown-toc",
  "bierner.markdown-emoji"
]
```

これでエクステンションパック作成に必要な準備は完了です。

エクステンションパックも、通常の拡張機能と同様に、VSIXパッケージにし

てインストールするか、もしくはMarketplaceに公開してインストールできます。

　ここでのエクステンションパックについても、VSIXパッケージを作成して自分のVS Codeにインストールしてみてください。VSIXパッケージの作り方については、本章の「10-1-4 VSIXパッケージの作成」が参考になります。

　なお、エクステンションパックをインストールすると、次のような拡張機能ページが確認できます。

▲ **図10-4-4** 拡張機能ページ

Chapter 11
JSON Web Token ビューアーの作成

ここでは、JSON Web Token（以降、JWT）をデバッグするための簡易的なビューアーをVS Codeの拡張機能として開発します。

11-1　作成する拡張機能の概要

　ユーザー・デバイス認証にJSON Web Token（JWT）を使ったプロジェクトでは、デバッグのためにJWTを復号化し、その内容を確認していくというのはよくある作業です。ここでは、JWTエンコードされた文字列から、ヘッダーやペイロードが次のようなGUIで確認できるオリジナルのJWTビューアーを開発してみましょう。

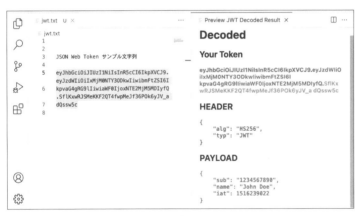

▲ 図11-1-1　JSON Web Tokenビューアーの動作画面

　JWTとは、RFC7519[※1]で定められている、JSONをベースとしたトークン認証のための標準仕様です。ユーザーやデバイスの認証でよく用いられます。

　JWTは、「ヘッダー」「ペイロード」「署名」という3つの要素から構成されます。

※1　https://tools.ietf.org/html/rfc7519

ヘッダーは、署名を生成するために使用するアルゴリズム（HS265、RS256など）の情報を格納します。ペイロードは、認証情報などのクレーム（claim）を格納します。また、署名は、Base64 URLエンコード済みのヘッダーとペイロードをベースに、ヘッダーで指定されたアルゴリズムを使って生成される文字列で、生成されたJWTトークンが改変されていないかを検証するために必要になります。

　これらの要素が、次のように各要素がBase64 URLエンコードされ、ピリオド「.」で結合された文字列になります。

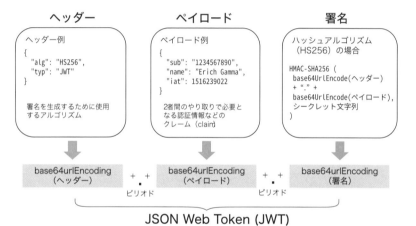

▲ **図11-1-2**　JSON Web Tokenの構成要素

　JWT文字列のサンプルは、次のようなものです。

● **リスト11-1-1**　JWT文字列のサンプル

```
eyJhbGciOiJIUzI1NiIsInR5cCI6IkpXVCJ9.eyJzdWIiOiIxMjMONTY3ODkwIiwibmFtZSI6I
kpvaG4gRG9lIiwiaWF0IjoxNTE2MjM5MDIyfQ.SflKxwRJSMeKKF2QT4fwpMeJf36POk6yJV_a
dQssw5c
```

Column JWT デバッグ用ツール

JWTデバッグ用ツールとしては、米国Auth0社より提供されている「JWT debugger」が有名です。

・https://jwt.io/

▲ **図11-1-3** JWT debugger

JWTは、「ヘッダー」「ペイロード」「署名」の3つの要素から構成されますが、本章で開発するjwt-viewerは、JWT文字列のヘッダー部とペイロード部の内容のみを複合化して表示する拡張機能サンプルとなっているため、署名を使ったJWTの検証は行いません。一方、JWT debuggerは、JWT文字列のヘッダー部とペイロード部の複合化以外にも、利用するアルゴリズムに応じて署名されたJWTの妥当性チェックも行うため、本格的にJWTを検証する際に利用するとよいでしょう。なお、署名の生成でよく用いられるアルゴリズムに「HS256」と「RS256」がありますが、それぞれ次のような特徴があります。

・HS256 (SHA-256を使用したHMAC)：対称アルゴリズムで、二者間で共通の鍵を用いて署名の生成と検証を行う。署名の生成と検証で共通の鍵を利用するため、鍵が侵害されないように注意する必要がある。
・RS256 (SHA-256を使用したRSA署名)：非対称アルゴリズムで、秘密鍵、公開鍵のペアを使用して署名の生成と検証を行う。署名の検証に公開鍵が必要になるが、公開鍵の場合は鍵の侵害を注意する必要がない。したがって、鍵を保護するように利用ユーザーを制御できない状況では、HS256よりもRS256が適している。

これ以降は、GitHubのレポジトリ[※2]にあるソースコードを見ながら読み進めてください。

```
jwt-viewer（拡張機能ルートディレクトリ）
├── README.md
├── package-lock.json
├── package.json          ： 拡張機能マニフェスト
├── resources
│   └── heart.svg         ： コマンドのアイコン用画像
├── src
│   ├── extension.ts      ： 拡張機能メインファイル
│   ├── webview.ts
│   └── test
├── tsconfig.json
└── .eslintrc.json
```

▲ 図11-1-4　ソースコードのファイル構成

11-2　拡張機能を動かしてみる

それでは拡張機能を動かしていきましょう。まずは、これまでと同様に、拡張機能のルートディレクトリに移動して、必要なパッケージのインストールを行います。

● コマンド11-2-1　必要なパッケージのインストール

```
cd jwt-viewer
npm install
```

> **Column** スクラッチからの JWT拡張機能の開発
>
> 雛形からスクラッチで拡張機能を開発するために、ここで取り上げたJWTを扱うために必要となるパッケージとその追加方法を紹介します。
>
> ・jwt-decode: JWTのデコード用ライブラリ
> 　https://github.com/auth0/jwt-decode
> 　@types/jwt-decode: TypeScript用型パッケージ。コンパイルのために必要

※2　https://github.com/vscode-textbook/extensions/tree/main/jwt-viewer

雛形を作成後、次のように個別にインストールしてください。npmでのインストール時に、**--save-dev**オプションを付与することで、インストールされたパッケージ名とバージョンが、package.jsonのdependencies部分とdevDependencies部分に挿入されます。

```
npm install jwt-decode
npm install --save-dev @types/jwt-decode
```

これで準備が整ったので、VS Codeで拡張機能をルートフォルダーから開きます。

● **コマンド11-2-2** VS Codeの起動

```
code .
```

VS Codeが起動したら、[F5]を押してExtension Development Hostを立ち上げるのも、これまで同様です。拡張機能が立ち上がったら、次のサンプル用のJWTエンコードされた文字列をエディターに貼り付けます。

● **リスト11-2-1** JWTエンコードされた文字列

```
eyJhbGciOiJIUzI1NiIsInR5cCI6IkpXVCJ9.eyJzdWIiOiIxMjM0NTY3ODkwIiwibmFtZSI6I
kpvaG4gRG9lIiwiaWF0IjoxNTE2MjM5MDIyfQ.SflKxwRJSMeKKF2QT4fwpMeJf36POk6yJV_a
dQssw5c
```

そして、エディターに貼り付けた文字列を選択してから、次のようにコマンドパレットから［**JWTViewer: Decode**］コマンドを実行してみます。

Part1

01

02

03

04

Part2

05

06

07

Part3

08

09

10

11

12

13

▲ **図11-2-1**［JWTViewer: Decode］コマンドの実行

コマンドを実行すると、次のように結果がWebviewパネルで表示されます。

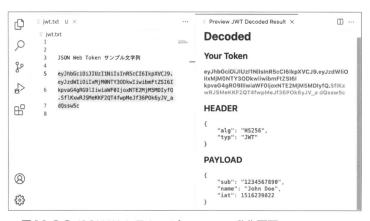

▲ **図11-2-2** JSON Web Tokenビューアーの動作画面

　次に、Webviewパネルを閉じて、再びエディターに貼り付けた文字列を選択します。今度は、ショートカットキー `Ctrl` + `Shift` + `D`（macOS: `⌘` + `Shift` + `D`）を押して、**図11-2-2**と同じように結果がWebviewパネルで表示されることを確認してください。

　最後に、再びWebviewパネルを閉じて、エディターに貼り付けた文字列を選択します。文字列が選択されると、エディター右上のコンテキストメニューにハートアイコンが表示されるので、今度は、そのアイコンをクリックしてください。同じように結果がWebviewパネルで表示されるはずです。

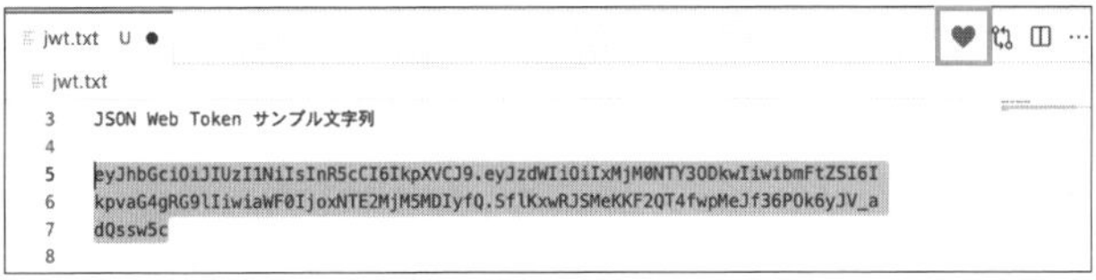

▲ **図11-2-3** JSON Web Tokenビューアーのコンテキストメニュー

いくつかの動作確認をしましたが、ポイントは次の3つです。

- 選択したJWT文字列が、コマンドパレットから［**JWTViewer: Decode**］コマンド実行で、Webviewパネルにデコード結果が表示される
- 選択したJWT文字列が、ショートカットキー `Ctrl`+`Shift`+`D`（macOS：`⌘`+`Shift`+`D`）で、Webviewパネルにデコード結果が表示される
- 選択したJWT文字列が、コンテキストメニューのハートアイコン押下で、Webviewパネルにデコード結果が表示される

11-3 拡張機能の実装ポイント解説

11-3-1 コマンド、キーバインド、コンテキストメニューの定義

JWT文字列のデコードのためのコマンド、そのコマンドのショートカットキーのためのキーバインド、そしてコンテキストメニューは、すべてマニフェストファイルの`package.json`に定義します。

● **リスト11-3-1** package.json

```json
"activationEvents": [],
"main": "./out/extension.js",
"contributes": {
  "commands": [
    {
      "command": "jwtviewer.decode",
      "title": "Decode",
      "category": "JWTViewer",
      "icon": {
        "light": "resources/heart.svg",
```

Part1

01

02

03

04

Part2

05

06

07

Part3

08

09

10

11

12

13

```
        "dark": "resources/heart.svg"
      }
    }
  ],
  "keybindings": [
    {
      "command": "jwtviewer.decode",
      "key": "ctrl+shift+d",
      "mac": "cmd+shift+d",
      "when": "editorHasSelection"
    }
  ],
  "menus": {
    "editor/title": [
      {
        "when": "editorHasSelection",
        "command": "jwtviewer.decode",
        "group": "navigation"
      }
    ]
  }
},
// ...
```

　JWT文字列のデコードのためのコマンドを、コントリビューションポイント contributes.commands に登録します。

　コマンドのショートカットキーのためのキーバインドは、コントリビューションポイントの contributes.keybindings で定義しています。これにより、Ctrl + Shift + D (macOS: ⌘ + Shift + D) で jwtviewer.decode コマンドを実行できます。なお、when 句で editorHasSelection を指定しており、エディターでテキストを選択しているときのみにキーバインドが有効になります。

　さらに、コントリビューションポイントの contributes.menus では、コンテキストメニューから実行するコマンド (ここでは jwtviewer.decode) を定義しています。when 句で editorHasSelection を指定しているので、キーバインド設定と同じように、エディターでテキストを選択しているときのみにコンテキストメニューにコマンドが表示されます。

なお、contributes.commandsのコマンドの定義において、icon部分で表示用アイコン画像を指定しているので、コンテキストメニューではそのコマンド用のアイコン画像が表示されます。iconで指定されているアイコン画像の保存パスは拡張機能のルートからの相対パスになるので、heart.svgは「拡張機能ルートディレクトリ/resources/heart.svg」のパスで保存してます。

コンテキストメニューの設定については、Chapter 9の「主要機能の説明」の「コンテキストメニュー」も参照してください。

11-3-2　デコード結果のWebviewパネルへの表示

エディターで選択したJWTエンコードされた文字列をデコードして得られる結果をWebviewパネルに表示する部分を解説します。
ポイントは、次のコード部分です。

● リスト11-3-2　src/extension.ts

```
try {
  // JWTエンコードされた文字列encoded_textをjwt-decodeライブラリをつか
    ってJWTヘッダーとペイロードを取得
  const decodedHeader = jwtDecode(encodedText, { header: true });
  const decodedPayload = jwtDecode(encodedText);
  // Webviewパネルに表示
  const panel = vscode.window.createWebviewPanel(
      'previewJWTDecoded',
      'Preview JWT Decoded Result',
      vscode.ViewColumn.Two,
      {}
    );
  panel.webview.html = getWebviewContent(encodedText, decodedHeader, d
ecodedPayload);

} catch (e){
  if ((e as any).name === 'InvalidTokenError') {
    vscode.window.showErrorMessage('Invalid Token Error!');
  }
}
```

Part1

01

02

03

04

Part2

05

06

07

Part3

08

09

10

11

12

13

　このコードの前の部分で、エディターで選択しているJWTエンコードされた文字列を取得して、encoded_textに格納しています。この文字列をjwt-decodeライブラリのjwtDecodeを使ってデコードし、JWTヘッダーとペイロードを取得しています。

　次に、vscode.window.createWebviewPanelでWebviewパネルのインスタンスを作成し、そこに表示するHTMLを指定しています。vscode.window. createWebviewPanelのインスタンス作成時に、その3つ目の引数にvscode.ViewColumn.Twoを指定しており、これでエディターの左から2カラム目に新規配置されます。なお、出力用のHTMLは、同ファイル中に実装しているgetWebviewContent関数で作成しています。

　Webviewパネルへの表示については、Chapter 9の「9-3-8 WebViewによるHTMLコンテンツの表示」を参照してください。

Chapter 12
Marketplace公開のための準備

拡張機能を開発して、公開してもよいレベルになったら、ほかの人にも使ってもらいたくなります。拡張機能のソースコードをGitHubのリポジトリで公開して、それを自分のVS Codeに取り込んでもらうこともできますが、それではとても不便ですし、開発者ではない人にとってはハードルの高い方法です。
ここでは、VS Code拡張機能をMarketplaceに公開する方法を説明します。

12-1　マーケットプレイス公開のための準備

次に示したのは、作成した拡張機能をMarketplaceに公開する流れです。

▲ 図12-1-1　拡張機能をMarketplaceに公開する流れ

VS CodeのMarketplaceサービスはAzure DevOpsを活用しており、VS Code拡張機能の認証、ホスティング、および管理はAzure DevOpsを通じて提供されます。

Azure DevOpsとは、Microsoftが提供するソフトウェア開発プロセスを支援する、コード共有、プロジェクト管理、自動ビルド、テスト、デプロイメントなどの一連の機能を含むクラウドサービスです。

このAzure DevOpsを通じて拡張機能をMarketplaceに公開するには、Azure DevOpsの組織とAzure DevOpsへのパブリッシャー登録が必要になります。さらに、拡張機能を公開するためには拡張機能マニフェスト`package.json`に公開に必要な情報を追加する必要があります。

Part1
01
02
03
04
Part2
05
06
07
Part3
08
09
10
11
12
13

　これらをまとめると、VS Codeの拡張機能をMarketplaceサービスを通じて提供するには、まずは次の3つが必要になります。

・Azure DevOpsの組織
・Azure DevOpsへのPersonal Access Tokens（PAT）の登録
・拡張機能マニフェストpackage.jsonに公開用情報追加

12-1-1　Azure DevOpsの組織の作成

　Azure DevOpsに「Personal Access Tokens」（PAT）を登録するためには、Azure DevOpsの組織を作成する必要があります。まだ、組織を作成していない場合は、Azure DevOpsのサイト[1]にアクセスして「無料で始める」を押して進んでください。MicrosoftアカウントもしくはGitHubアカウントでログインして、新しい組織を作成できます。すでにAzure DevOpsに組織を作成済みであれば、Azure DevOpsにサインインしてください。

▲ 図12-1-2　Azure DevOps

12-1-2　Personal Access Token（PAT）の登録

　VS Code拡張機能のパッケージ化やMarketplaceへの公開などの管理のために、vsceというCLIツールを使います。vsceを使って公開処理を行うためには、事前に「Personal Access Token」（以降、PAT）というアクセストークンをAzure DevOpsに登録しておく必要があります。

※1　https://azure.microsoft.com/ja-jp/products/devops/

PATの登録

　まずは、Azure DevOpsにサインインします。そして、画面の右上のプロフィールアイコンの隣の［User settings］アイコンをクリックし、表示されるドロップダウンメニューで［Personal access tokens］を選択します。

▲ **図12-1-3**　User settingsメニューから［Personal access tokens］を選択

　PATのページに遷移したら、［+ New Token］をクリックして、PATの登録ページに進みます。

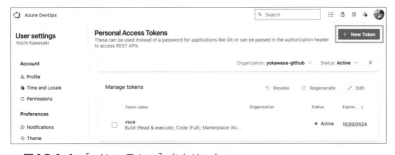

▲ **図12-1-4**　［+ New Token］をクリック

　PATの登録ページでは、ページ下部の「Show all scopes」をクリックして、すべての設定項目を表示させてください。
PATの登録のポイントは、次の通りです。

・Name: トークン名を入力。ここではvsceを入力。
・Organization: ［all accessible organizations］を選択

395

Part1

01

02

03

04

Part2

05

06

07

Part3

08

09

10

11

12

13

・Expiration（有効期限）：最長で1年まで設定可能
・Scopes:［Custom defined］を選択して、Marketplaceの項目では［Acquire］
と［Manage］をチェック

▲ **図12-1-5**　PATの登録

これで、［Create］ボタンを押すと、新しいPATが作成され、トークン文字列
が表示されます。

トークンは1回しか表示されないので、ここで必ずメモをとっておきます。

12-1-3　拡張機能公開のための追加設定

拡張機能マニフェストpackage.json

拡張機能を公開するためには、拡張機能マニフェストpackage.jsonの設定項
目として、いくつか必須のものがあります。ここでは、公開に必須、もしくは
Marketplace公開ページに関連する設定を紹介します。

なお、説明は、VS Code拡張機能のMarketplaceでもっとも人気が高い拡張機
能の1つであるPython拡張機能のpackage.jsonを使って進めます。

Hint Hint Python拡張機能

・Marketplaceページ URL:
　https://marketplace.visualstudio.com/items?itemName=ms-python.python
・リポジトリ URL:
　https://github.com/Microsoft/vscode-python

　まずは、Python拡張機能の`package.json`を見ていきましょう。Marketplace での公開に必要もしくは関連項目を確認するために、一部分を切り出したものです。

● **リスト12-1-1**　package.json（パッケージ version: 2023.19.0-dev）

```
{
    "name": "python",
    "displayName": "Python",
    "description": "IntelliSense (Pylance), Linting, Debugging (multi-
threaded, remote), code formatting, refactoring, unit tests, and more.",
    "version": "2023.19.0-dev",
    "featureFlags": {
        "usingNewInterpreterStorage": true
    },
                    ...省略...
    "publisher": "ms-python",
                    ...省略...
    "author": {
        "name": "Microsoft Corporation"
    },
    "license": "MIT",
    "homepage": "https://github.com/Microsoft/vscode-python",
    "repository": {
        "type": "git",
        "url": "https://github.com/Microsoft/vscode-python"
    },
    "bugs": {
        "url": "https://github.com/Microsoft/vscode-python/issues"
    },
    "qna": "https://github.com/microsoft/vscode-python/discussions/categor
ies/q-a",
    "icon": "icon.png",
    "galleryBanner": {
```

```
            "color": "#1e415e",
            "theme": "dark"
        },
        "engines": {
            "vscode": "^1.82.0"
        },
        "enableTelemetry": false,
        "keywords": [
            "python",
            "django",
            "unittest",
            "multi-root ready"
        ],
        "categories": [
            "Programming Languages",
            "Debuggers",
            "Linters",
            "Formatters",
            "Other",
            "Data Science",
            "Machine Learning"
        ],
        ...省略...
    }
```

出典：https://github.com/microsoft/vscode-python/blob/daab11d7bfdda996325
　　　a7b0ca691c84e7d0fea5e/package.json

　次に、Python拡張機能のMarketplace公開ページを見てみましょう。表示項目に関連する`package.json`のフィールドをラベルで表示しています。

Part1

01

02

03

04

Part2

05

06

07

Part3

08

09

10

11

12

13

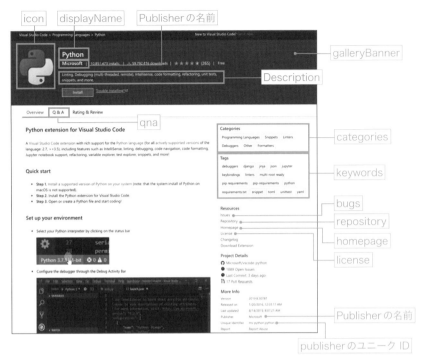

▲ 図 12-1-6　Marketplace 公開ページ※2

　表12-1-1に、各フィールドの説明を記載しました。この中で拡張機能を公開するために必須となるのは、publisherのみです。その他のフィールドは、Marketplaceページのデザインや補足情報に関わるものです。

※2　https://marketplace.visualstudio.com/items?itemName=ms-python.python

▼ **表12-1-1** package.jsonのフィールド[※3]

フィールド名	必須	型/属性	説明
publishe	Yes	文字列	発行者のID文字列。これがないとVSIX パッケージ化もできない、重要な必須項目
displayName		文字列	Marketplaceでの拡張機能の表示名
description		文字列	Marketplaceでの拡張機能の説明文
categories		文字列配列	Marketplace上で使われる拡張機能のカテゴリー情報設定可能な値：[Programming Languages, Snippets, Linters, Themes, Debuggers, Formatters, Keymaps, SCM Providers, Other, Extension Packs, Language Packs]
keywords		文字列配列	Marketplace上で使われる拡張機能のタグ情報。現在は最大5個まで
galleryBanner		オブジェクト属性：color, theme	Marketplaceページのヘッド部分（バナー）のカスタマイズが可能。colorとthemeで、それぞれバナーの色とテーマ（値は dark または light を選択）を設定可能
preview		ブーリアン	trueにすると拡張機能がプレビューリリースであることを意味するフラグがセットされる
qna		"marketplace"(default), URL文字列, false	この値でQ&Aのリンクを制御する。デフォルト値はmarketplaceで、MarketplaceのデフォルトQ&Aサイトが利用される。他サイトのQ&Aを利用する場合は、そのサイトURLをセットする。Q&Aリンクを無効化したい場合は falseをセットする
icon		文字列	Marketplace内で使われる拡張機能の アイコン画像のパス。サイズは最低128×128ピクセルの正方形指定が必要
bugs		オブジェクト属性：url, email	MarketplaceページのResourceエリアのIssue用リンク
repository		オブジェクト属性：type, url	MarketplaceページのResourceエリアのRepository用リンク
homepage		文字列	MarketplaceページのResourceエリアのHomepage用リンク
license		文字列	MarketplaceページのResourceエリアのLicense用リンク

※3　参考：https://code.visualstudio.com/api/references/extension-manifest

.vscodeignoreファイル

.vscodeignoreを作成しておけば、パッケージに含めないファイルを指定することが可能です。VS Code 拡張機能ジェネレーターで生成される拡張機能の雛形には、次の内容の.vscodeignoreが含まれています。

● **リスト12-1-2**　.vscodeignore

```
.vscode/**
.vscode-test/**
src/**
.gitignore
.yarnrc
vsc-extension-quickstart.md
**/tsconfig.json
**/.eslintrc.json
**/*.map
**/*.ts
```

パッケージに含めたくないファイルがほかにもあれば、.vscodeignoreを編集してください。詳しくは、「Publishing Extensions」の「.vscodeignore」の項[※4]が参考になります。

12-2　拡張機能のMarketplaceへの公開

すべての準備が完了したら、拡張機能をMarketplaceに公開します。

12-2-1　vsceツールのインストール

公開のために、コマンドラインツールのvsceを使います。 vsceツールについては、すでにChapter 10で解説してますが、まだインストールしていない人は次のようにvsceツールをローカル環境にインストールしてください。

※4　https://code.visualstudio.com/api/working-with-extensions/publishing-extension
#using-.vscodeignore

● コマンド12-2-1 vsceツールのインストール

```
npm install -g @vscode/vsce
```

12-2-2 Publisherの登録

拡張機能をマーケットプレイスに公開するためには公開者のアイデンティティを表すpublisherの登録が必要です。

まずは、Marketplaceのpublisher管理ページ[*1]にアクセスします。このときAzure DevOpsでPATを登録したときと同じアカウントでサインインするようにしてください。

サインインが終わったら、管理ページにある［+ Create publisher］ボタンをクリックし、publisher情報を入力します。最低限、必須項目であるpublisherの名前とIDを入力して、［Create］ボタンをクリックします。

▲ 図12-2-1 Publisher登録ページ

publisherの作成が無事完了したら、vsceコマンドで作成したpublisher IDでログインできることを確認します。ターミナルで以下のコマンドを実行し、プロンプトが表示されたら、前のステップで作成したPATを入力してください。

※1 https://marketplace.visualstudio.com/manage

● コマンド 12-2-2　ログイン

```
vsce login <publisher>
```

publisherがyokawasaの場合の実行例は、次のとおりです。

● コマンド 12-2-3　Publisher IDでログインする実行例

```
vsce login yokawasa

Personal Access Token for publisher 'yokawasa': ****************************
****************************
```

ログインが完了したら、拡張機能をMarketplaceに公開する準備が整いました。

12-2-3　拡張機能の公開

次のコマンドで、拡張機能をMarketplaceに公開できます。

● コマンド 12-2-4　拡張機能の公開

```
vsce publish
```

なお、vsce publish実行時に、最低限必要なpublisher以外に、repository、licenseなど複数の推奨フィールドの定義がない場合は、次のような警告メッセージが表示されます。警告を無視する場合は「N」を入力して処理を進めてください。

● コマンド 12-2-5　警告メッセージ

```
WARNING  A 'repository' field is missing from the 'package.json' manifest
file.
Do you want to continue? [y/N]
```

公開処理が無事完了しても、すぐにはMarketplaceページに反映されません。

Part1
01
02
03
04
Part2
05
06
07
Part3
08
09
10
11
12
13

しばらくおいてからアクセスして、反映されているかを確認しましょう。Marketplaceページには、次のURLでアクセスできます。

　マーケットプレイスページへは次のURLでアクセスできます。

　・https://marketplace.visualstudio.com/items?itemName=<publisher ID\>.<拡張機能名>

　たとえば、Python拡張機能（publisher:ms-python、拡張機能名:python）のMarketplaceページURLは、次のようになります。

　・https://marketplace.visualstudio.com/items?itemName=ms-python.python

---

> **Column** vsce ツールのセキュリティチェック
>
> vsce ツールは、セキュリティの観点から、次のことをチェックしています。いずれかに引っかかると、その拡張機能を公開できません。
>
> - package.json の icon や badge フィールドでSVGイメージが指定されている（Trusted プロバイダーによるSVGは除く）
> - README.md や CHANGELOG.md ファイルにSVGイメージが指定されている（Trusted プロバイダーによるSVGは除く）
> - README.md や CHANGELOG.md ファイルに記述される画像URLのプロトコルが https ではない
>
> - 参考：https://code.visualstudio.com/api/working-with-extensions/publishing-extension
>
> そのほかにも、vsce ツールは、必須フィールドのチェックや、新旧APIの互換性問題を防ぐために、engines.vscode のバージョンと開発時に利用する devDependencies 部分の @types/vscode のバージョンをチェックなど、最低限の確認を行っています。

12-2-4　拡張機能のレポート

　Marketplaceのpublisher管理ページでは、各拡張機能のインストール数やページビューのトレンドがわかるレポートページにアクセスできます。publisher管理ページに表示される各拡張機能名をクリックすることでレポートページにアクセスできます。

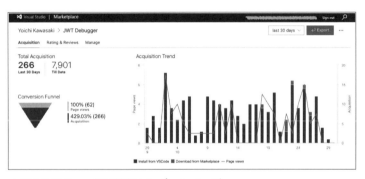

▲ **図12-2-2**　　拡張機能のレポートページ

Chapter 13

拡張機能をバンドル化する

複数の拡張機能を1つにまとめる「バンドル」は、VS Codeの標準機能では提供され
ていませんが、JavaScriptの「バンドラー」を使うことで、複数の拡張機能をバン
ドル化することが可能です。ここでは、その方法を紹介します。

13-1　拡張機能のバンドルについて

「バンドル」とは、複数のソースファイルを1つのファイルに結合するプロセス
のことを指し、「バンドラー」とは、それを実現するためのツールやプログラム
です。

　JavaScriptの開発では、主に可読性の観点から、ある一定のまとまりをモジュ
ール化して開発・管理が行われます。しかし、ファイル数が多くなると、それに
応じてHTTPリクエストの回数が増えてしまうため、全体のプログラムのロード
が遅くなります。そこで、その対策の1つとして、バンドル化が採用されています。
一般に、複数の小さなファイルをローディングするよりも、1つの大きなファイ
ルをローディングするほうが速くなることから、バンドル化はパフォーマンスの
観点で有効な対策とされています。

　VS Code 拡張機能においては、上記ローディングの高速化以外に、Webブラ
ウザー環境での実行のサポートのためにバンドル化を行います。github.dev や
vscode.devのようなWebブラウザーでのVS Code実行時に拡張機能のファイル
は1つしかロードできません。よって、Webブラウザー環境でのVS Code実行の
ために拡張機能のコードは1つのJavaScriptファイルにバンドル化されている必
要があるのです。

　JavaScriptにおける有名なバンドラーとしては、「webpack」[1]、「rollup.js」[2]、

※1　https://webpack.js.org/
※2　https://rollupjs.org

406

「Parcel」[3]、「Browserify」[4]などがあります。ここでは、その中でも比較的人気の高いwebpackを活用した2種類の拡張機能をバンドル化する方法を説明します。

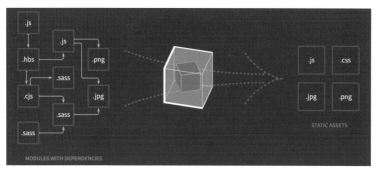

▲ 図13-1-1　webpack公式サイト（https://webpack.js.org/）

13-2　新規にwebpack化対応のVS Code 拡張機能を作成するパターン

ここでは、VS Code拡張機能ジェネレーターでwebpack化対応の拡張機能雛形を生成する方法を紹介します。

「yo code」を実行して、TypeScriptの拡張機能の雛形を作成します。

● コマンド13-2-1　雛形の作成

```
yo code
```

拡張機能の雛形一覧から［New Extension (TypeScript)］を選択します。そして、いくつかのフィールドの入力が求められます。入力する値は、Chapter 8の「8-2-2 VS Code拡張機能ジェネレーターで雛形作成」で紹介した内容とほぼ同じです。違いは、ソースコードをwebpackでバンドルするかどうかを確認する質

※3　https://parceljs.org/
※4　http://browserify.org/

Part1
01
02
03
04
Part2
05
06
07
Part3
08
09
10
11
12
13

問［Bundle the source code with webpack?］に対してYesを選択するところです。

```
? What type of extension do you want to create? New Extension (TypeScript)
? What's the name of your extension? quickstart
? What's the identifier of your extension? quickstart
? What's the description of your extension?
? Initialize a git repository? Yes
? Bundle the source code with webpack? Yes ●──────  webpackでソースコードを
? Which package manager to use? npm                バンドル化する
```

▲ 図13-2-1 雛形の詳細

「yo code」コマンドの入力を終えると、ジェネレーターによってwebpack化対応の拡張機能の雛形用のファイルが生成されます。

13-3　既存のVS Code拡張機能をwebpack化するパターン

既存の拡張機能をwebpack化に対応する方法を説明します。ここでは、前章でサンプルとして利用した拡張機能jwt-viewerをwebpackを使ってバンドルします。

jwt-viewerのファイル構成は、次のようになっています。

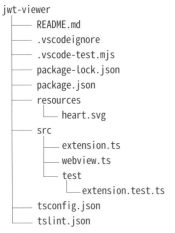

```
jwt-viewer
├── README.md
├── .vscodeignore
├── .vscode-test.mjs
├── package-lock.json
├── package.json
├── resources
│   └── heart.svg
├── src
│   ├── extension.ts
│   ├── webview.ts
│   └── test
│       └── extension.test.ts
├── tsconfig.json
└── tslint.json
```

▲ 図13-3-1　jwt-viewerのファイル構成

13-3-1　必要パッケージのインストール

まずは、webpack[※1]を利用するために必要なパッケージをインストールします。さらに、webpackをローカルで実行するためにwebpack-cli[※2]をインストールします。また、webpackはJavaScriptのバンドラーですが、TypeScriptに対してもバンドル処理ができるようにts-loader[※3]（TypeScript loader for webpack）もインストールします。

すべて--save-devを付与してインストールし、これらのパッケージをpackage.jsonのdevDependenciesに追加します。

●コマンド13-3-1　必要なパッケージのインストール

```
npm install --save-dev webpack webpack-cli
npm install --save-dev ts-loader
```

13-3-2　webpackの設定

webpackで拡張機能をバンドル化するために、いくつか設定ファイルを追加・更新します。

webpack.config.js ファイル

まずは、webpackの設定ファイルwebpack.config.jsを作成します。このファイルで、webpackのエントリーポイント用ファイルやバンドル化されたファイルの出力場所などを記載します。

拡張機能のルートフォルダーに次のようなwebpack.config.jsを作成します。

●リスト13-3-1　webpack.config.js

```
//@ts-check
'use strict';
```

※1　https://www.npmjs.com/package/webpack
※2　https://www.npmjs.com/package/webpack-cli
※3　https://www.npmjs.com/package/ts-loader

```javascript
const path = require('path');
const webpack = require('webpack');

/**@type {import('webpack').Configuration}*/
const config = {
  // VS Code拡張機能が実行されるコンテキスト。webworkerを推奨
  target: 'webworker',
  // 拡張機能のエントリーポイントとなるファイル
  entry: './src/extension.ts',
  output: {
    // バンドルが'dist'フォルダーに保存される
    path: path.resolve(__dirname, 'dist'),
    filename: 'extension.js',
    libraryTarget: 'commonjs2',
    devtoolModuleFilenameTemplate: '../[resource-path]'
  },
  devtool: 'source-map',
  externals: {
    // バンドルに含めない物を指定。vscodeはオンザフライで作成されるので含
めない
    vscode: 'commonjs vscode'
  },
  resolve: {
    // WebpackはTypeScriptとJavaScriptファイル読み込みをサポート
    mainFields: ['browser', 'module', 'main'],
    extensions: ['.ts', '.js']
  },
  module: {
    rules: [
      {
        test: /\.ts$/,
        exclude: /node_modules/,
        use: [
          {
            // TypeScriptを扱うためにts-loaderをロード
            loader: 'ts-loader'
          }
        ]
      }
    ]
  }
};
module.exports = config;
```

▼**表13-3-1**　webpackの設定項目[4]

設定項目	説明
target	VS Code 拡張機能が実行するコンテキストを指定。拡張機能がデスクトップ向けとウェブ向けVS Codeの両方で動作するためにwebworkerコンテキストが推奨されている https://webpack.js.org/configuration/target/
entry	拡張機能のエントリーポイントとなるファイル
output	どのように結果のバンドルやアセットファイルなどを出力するかを指定 https://webpack.js.org/configuration/output/
exclude	バンドルに含めないファイルや依存パッケージを指定 https://webpack.js.org/configuration/externals/
resolve	バンドル対象モジュールの解釈方法を指定。resolve.extensionsでは拡張子（複数あり）を指定することで、指定された拡張子を指定された順番で処理を行う https://webpack.js.org/configuration/resolve/
module	プロジェクト内のモジュールをどのように扱うかについて指定 https://webpack.js.org/configuration/module/

　これで、webpackコマンドによるソースコードのバンドル化処理が実行できるようになりました。

package.json ファイル

　さらに、npmコマンドからもwebpackを実行できるように、package.jsonのscripts部分を次のように編集します。

●**リスト13-3-2**　package.json

```
"scripts": {
  "package": "webpack --mode production --devtool hidden-source-map",
  "vscode:prepublish": "npm run package",
  "webpack": "webpack --mode development",
  "webpack-dev": "webpack --mode development --watch",
  "test": "tsc -p ./ && vscode-test"
},
```

※4　参照：https://webpack.js.org/configuration/

編集した package.json の要点は、次のとおりです。

- webpack と webpack-dev: webpack コマンドを実行し、バンドルファイルを生成する
- vscode:prepublish: VS Code のパッケージングおよび公開ツールである vsce から利用され、拡張機能を公開する前に実行されるタスク
- test: テスト実行用タスク。vscode-test コマンドによるテスト実行前に TypeScript コンパイル実施をしている

> **Column** webpack の mode について
>
> webpack コマンドでは --mode で最適化レベルを指定します。--mode の取りうる値は、「production」「development」「none」の3つです。「vscode:prepublish」では、この最適化レベルに「production」を指定しています。「production」は、「none」「development」比べて長い時間を要するものの最も小さなバンドルファイルを生成します。詳細については、webpack公式サイト（https://webpack.js.org/configuration/mode/）を参照してください。

また、webpack によるバンドル後のファイルは dist フォルダー配下に保存されるため、package.json における main によるエントリーポイントは、次のように ./dist/extension に変更します（拡張子はないが、問題なく補完解釈されます）。

● **リスト13-3-3**　package.json に記載するエントリーポイント

```
"main": "./dist/extension",
```

launch.json ファイル

次に、VS Code のデバッグビューの「Run Extension」の設定についても、webpack を利用したものに変更します。

設定ファイルは launch.json です。その中の「Run Extension」の outFiles を、バンドルファイルが保存される dist フォルダー配下を指すように変更します。

変更後のlaunch.jsonは、次のようになります。

● **リスト13-3-4**　.vscode/launch.json

```
{
  "version": "0.2.0",
  "configurations": [
    {
      "name": "Run Extension",
      "type": "extensionHost",
      "request": "launch",
      "args": [
        "--extensionDevelopmentPath=${workspaceFolder}"
      ],
      "outFiles": [
        "${workspaceFolder}/dist/**/*.js"
      ],
      "preLaunchTask": "${defaultBuildTask}"
    }
  ]
}
```

.vscodeignore ファイル

　最後に、Chapter 12でも紹介したパッケージに含めないファイルを指定することが可能な.vscodeignoreファイルを編集します。バンドル化により必要なファイルはすべて1つのファイル、dist/extension.jsに結合されます。このため、たとえば、webpackの設定ファイルであるwebpack.config.jsや、web拡張機能コードのコンパイル結果が出力されるoutフォルダー、関連するNodeモジュールがインストールされるnode_modulesフォルダーなどは除外対象として加えるのがよいでしょう。パッケージサイズを抑えることができます。

　VS Code 拡張機能ジェネレーターで生成される拡張機能の雛形に含まれる.vscodeignoreファイルにoutフォルダー、node_modulesフォルダー、webpack.config.jsを加えると次のようになります。

● **リスト13-3-5**　.vscodeignore

```
.vscode/**
.vscode-test/**
src/**
.gitignore
.yarnrc
vsc-extension-quickstart.md
**/tsconfig.json
**/.eslintrc.json
**/*.map
**/*.ts
webpack.config.js
out/**
node_modules/**
```

13-3-3　webpackによるバンドル化実行

次のように、ターミナルからnpmコマンドでwebpackタスクを実行できます。

● **コマンド13-3-2**　npmコマンドによるwebpackタスクの実行

```
npm run webpack
```

設定した通り、webpack実行後にバンドルファイルがdistフォルダー配下に出力されます。

```
dist
    ├── extension.js
    └── extension.js.map
```

▲ **図13-3-2**　バンドルの出力

なお、VS Codeのデバッグビューにおいても、webpack前と変わらずにRun Extension」でデバッグ実行ができます。

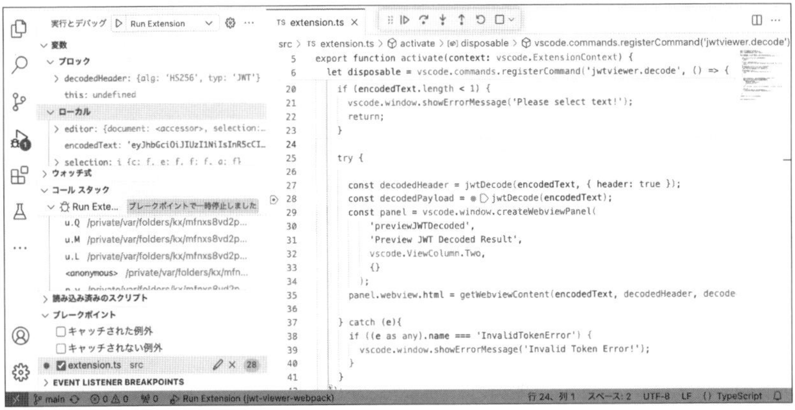

▲ **図 13-3-3**　バンドル後も「Run Extension」でデバッグ実行が可能

あとがき

　本書を手に取っていただいた読者の皆様、誠にありがとうございます。Visual Studio Code（以下、「VS Code」）の魅力や可能性を少しでも共感いただけましたら、著者一同大変嬉しく思います。

　今回の改訂にあたり、編集を担当してくださった伊佐知子さんには心より感謝申し上げます。丁寧な編集作業はもちろん、著者3名に忍耐強く締め切りをリマインドしてくださったこと、本当に頭の下がる思いです。

　さて、読者の皆様もご存知の通り、2020年の初版から今回の改訂版が出る2024年までの間には、生成AIの登場という大きな出来事がありました。皆様の仕事にも、少なからず良い影響が出ているのではないでしょうか。たった4年間で、開発手法が大きく変化していることを、私自身も日々実感しています。

　VS Codeは、プログラミングにおいて生成AIの力を最大限に引き出すための、中心的な存在と言えるでしょう。そのユーザーである読者の皆様には、このトレンドが続く限り、その恩恵を受け続けていただけると信じています。

　今後、生成AIがどこまで進化し、VS Codeがどのように発展していくのか、楽しみでなりません。本書を読み終えた皆様は、ユーザーとしてだけでなく、拡張機能の作成などを通して、コントリビューターとして開発コミュニティに参加することだって可能です。VS Codeが、より魅力的なプロダクトへと成長していく過程を、一緒に楽しみましょう。

　1人でも多くの皆様に、より楽しいコーディングライフが訪れますように！
Happy Coding!

2024年5月　著者を代表して
平岡 一成

著者プロフィール

川崎 庸市 (かわさき よういち)

担当　Chapter7 〜 Chapter13、全体の監修

米国ジョージア大学卒業後、テック系スタートアップ、ヤフー、日本マイクロソフト、ZOZO にて多様なエンジニアリングロールを経験。現在は、Postman 株式会社で同社プロダクトや関連技術の啓蒙活動に従事。アーキテクチャ策定から実装、運用に至るまで、「手を動かすこと」を重視し、「現場感」を持続させることを目標としている。趣味はサウナとキャンプ。

GitHub ／ X ／ LinkedIn：@yokawasa

平岡 一成 (ひらおか いっせい)

担当　Chapter5、Chapter6

Web アプリケーションエンジニアとして、キャリアの長くは EC サービスのシステム開発と運用を担当。国内有数規模のバックエンド API プラットフォームを経験。チームをリードする役割だったことも多く、メンバーが気持ちよくソフトウェア開発をできる環境作りには人並み以上にこだわりを見せる。まだまだソフトウェア開発は楽しくなる！という思いで、現在は、クラウドベンダーでクラウド導入の技術支援を行う役割に従事。趣味はキャンプで不便を楽しむこと。

GitHub ／ X ／ LinkedIn：@hoisjp

阿佐 志保 (あさ しほ)

担当　Chapter1 〜 Chapter4

金融系シンクタンクなどで、銀行／証券向けインフラエンジニア、製造業向けインフラエンジニアとして従事。都市銀行情報系基盤システム構築や証券会社向けバックオフィスシステムの統合認証基盤構築プロジェクトなどを経験。出産で離職後、Linux やクラウドなどを独学で勉強し、初学者向けの技術書を執筆。現在は、日本マイクロソフト株式会社でエンタープライズのお客様（主に自動車業界）に Azure 技術支援を行う。主な著書に『しくみがわかる Kubernetes』（翔泳社）『Azure コンテナアプリケーション開発』（技術評論社）などがある。趣味は手芸。

Index

■記号

.vscodeignore ファイル ·············· 401
-d ································· 023
-g ································· 023
-h ································· 023
--locale ···························· 023
-n ································· 023
-r ································· 023
-v ································· 023
-w ································· 023

■A〜D

Atom ······························· 003
authentication ······················ 330
Azure DevOps ······················ 393
Blackbird ·························· 131
breakpoints ························ 332
CodeLens ·························· 160
CodeMetrics ······················· 165
colors ···························· 333
commands ·················· 330, 332
configuration ······················ 332
configurationDefaults ··············· 332
cURL ····························· 262
customEditors ····················· 330
debuggers ·························· 332
Dev Containers ···················· 227
devcontainer.json ·················· 228
diff ································ 071
Dockerfile ························· 230

■E〜H

Electron ··························· 003
eslint ····························· 173
Extension Development Host ······· 314
Extension Host ···················· 326
Extension Test Runner ·············· 322

ExtensionContext ··················· 349
Extension Development Host ······· 369
Format ···························· 172
Git ································ 013
Git Graph ·························· 075
gitconfig ·························· 077
GitHub ···························· 053
GitHub Codespaces ················· 080
GitHub Copilot ····················· 105
GitHub Copilot Chat ················ 118
GitHub Copilot Enterprise ··········· 138
GitHub Copilot 拡張機能 ············ 111
GitHub Pull Requests ··············· 055
GitHub Repositories ················ 078
GitLens ··························· 162
grammars ·························· 332
hotExit 機能 ······················· 039

■I〜N

InputBox API ······················ 354
IntelliSense ························ 149
JSON Web Token ··················· 383
jsonValidation ····················· 333
JWT debugger ····················· 385
jwt-viewer ························· 408
keybindings ························ 332
keybindings.json ··················· 158
languages ····················· 330, 332
launch.json ························ 187
Lint ······························ 172
Markdown ·························· 359
menus ···························· 332
Next.js ························ 235, 282
Node.js ························ 140, 249
npm ······························ 140
npm-scripts ······················· 253

■O〜R

onAuthenticati onRequest ………… 331
onCommand …………………………… 330
onDebug ……………………………… 330
onDebugInitial Configurations ……… 330
onDebugResolve ……………………… 330
onFileSystem ………………………… 331
onLanguage …………………………… 330
onUri …………………………………… 331
onView ………………………………… 331
onWebviewPanel ……………………… 331
OpenAPI（Swagger）Editor ………… 247
OpenAPI仕様 ………………………… 239
Outputパネル ………………………… 357
package.json ………………………… 310
Personal Access Tokens …………… 394
Podman ……………………………… 231
Postmanコンソール ………………… 279
Publisher ……………………………… 402
Quick Pick API ……………… 352, 372
ReDoc ………………………………… 245
Remote - Container ………………… 214
Remote - SSH ……………………… 210
Remote - WSL ……………………… 224
Remote Development ………………… 209

■S〜Z

settings.json ………………………… 027
snippets ……………………………… 333
Swagger Codegen …………………… 245
Swagger UI …………………………… 245
Swagger Viewer ……………………… 246
taskDefinitions ……………………… 333
tasks.json …………………………… 198
TextEditor …………………………… 373
TextEditorEdit ……………………… 373
themes ………………………………… 333
tsconfig.json ………………… 196, 250

TypeScript ………………… 142, 235
Version Lens ………………………… 165
views ………………………… 330, 333
Visual Studio Code ………………… 002
VS Code Speech拡張機能 ………… 133
vsce …………………………………… 366
vscode.commands …………………… 335
vscode.ViewColumn ………………… 356
vscode-test ………………………… 322
VSIX ………………………… 050, 366
webpack ……………………………… 407
webpack.config.js ファイル ………… 409
webpack-cli ………………………… 409
Webview ……………………………… 355
workspaceContains ………… 330, 331
Zenモード …………………………… 026

■あ行

アイコンテーマ ……………………… 034
アウトラインビュー ………………… 014
アクティビティバー ………………… 012
アクティベーションイベント …… 311, 329
イシュー ……………………………… 100
移動（メニュー） …………………… 022
インストール ………………………… 007
インデント …………………………… 042
エクステンションパック …………… 378
エクスプローラー（アクティビティバー）
　……………………………………… 013
エクスプローラービュー（サイドバー）
　……………………………………… 014
エディター …………………………… 012
エディターグループ ………………… 015
エディタータイトルメニュー ……… 343
エディターのレイアウト …………… 015
エディターマージン ………………… 186
折りたたみ …………………………… 042

■か行

開発コンテナー ………………………… 218
拡張機能 ……………………… 013, 047
拡張機能のインストール ………… 049
ガターインジケーター ………… 069
型定義に移動 …………………… 169
キーバインド …………………… 158
キーバインド(拡張機能) ………… 339
キーボードショートカット ………… 024
キーマップ ……………………… 024
起動 ……………………………… 021
起動時にウェルカムページを表示 … 022
クイックオープン ……………… 166
クイック情報 …………………… 153
クイックチャット ……………… 115
クイックフィックスコマンド ……… 180
言語サービス ……………… 150, 152
言語モード ……………………… 046
検索 ………………………… 013, 039
更新の確認 ……………………… 007
コマンド ………………………… 335
コマンドアイコン ……………… 344
コマンドパレット ……………… 011
コミット …………………… 056, 065
コンテキストメニュー ………… 339
コンテキスト変数 ……………… 127
コントリビューションポイント … 311, 331
コンフリクト …………………… 072

■さ行

サイドバー ……………………… 012
作業ディレクトリ ……………… 057
実装に移動 ……………………… 169
自動保存 ………………………… 038
シンボルに移動 ………………… 169
ステージング ……………… 056, 062
ステージングエリア …………… 057
ステータスバー ………………… 018

スニペット ……………………… 204
スラッシュコマンド …………… 121
正規表現 ………………………… 040
設定(JSON)を開く …………… 031
設定アイコン …………………… 029
設定エディター …………… 029, 347
選択(メニュー) ……………… 022

■た行

ターミナル ……………………… 143
ターミナル(メニュー) ………… 022
ターミナルの設定 ……………… 145
ターミナル分割 ………………… 144
タスク …………………………… 195
タグ ………………………… 056, 066
置換 ……………………………… 040
チャットエージェント ………… 127
通知メッセージ ………………… 350
定義に移動 ……………………… 168
テスト …………………………… 319
テストを生成する ……………… 125
デバッガー拡張機能 …………… 183
デバッグ …………………… 013, 183
デバッグ(メニュー) …………… 022
デバッグアダプター …………… 184
デバッグビュー ………………… 184
デバッグモード ………………… 189
テレメトリデータ ……………… 019

■な行

日本語化 ………………………… 011

■は行

配色テーマ ……………………… 031
パネル ……………………… 012, 017
パラメーター情報 ……………… 154
バンドル ………………………… 406
ピーク …………………………… 170

表示（メニュー） ……………………… 022
ファイアウォール ……………………… 018
ファイル（メニュー） ………………… 022
ファイルエンコーディング …………… 045
フォーマッター ………………………… 041
プッシュ ………………………… 057, 067
ブランチ ………………………… 056, 066
プル ……………………………… 057, 067
プルリクエスト ………………………… 088
ブレークポイント ……………………… 191
プロキシサーバー ……………………… 019
ヘルプ（メニュー） …………………… 022
編集（メニュー） ……………………… 022
補完 ……………………………………… 154

■ま行
マージ …………………………………… 071
マージエディター ……………………… 072
マージエディターで解決 ……………… 073
マージの完了 …………………………… 075

マニフェストファイル ………………… 380
マルチカーソル ………………………… 037
マルチルートワークスペース ………… 027
ミニマップ ……………………………… 017
メニューバー …………………………… 022

■や行
ユーザー入力用 UI ……………………… 351

■ら行
リファクタリング ……………………… 180
リポジトリの複製 ……………………… 059
リモートエクスプローラー …………… 222
リモートリポジトリ …………………… 058
履歴 ……………………………………… 072
ローカルリポジトリ …………………… 058
ログポイント …………………………… 192

■わ行
ワークスペース…………………………026

STAFF
● DTP： 本薗 直美（有限会社ゲイザー）
● 装丁： 新美 稔（有限会社バランスオブプロポーション）
● Special Thanks： 西田 雅典
● 担当： 伊佐 知子

プログラマーのための

Visual Studio Code の教科書
【改訂2版】

2020年5月1日 初版第1刷発行
2024年6月24日 改訂2版第1刷発行

著者 　　川崎 庸市、平岡 一成、阿佐 志保
発行者 　角竹 輝紀
発行所 　株式会社マイナビ出版
　　　　　〒101-0003　東京都千代田区一ツ橋2-6-3 一ツ橋ビル 2F
　　　　　　　TEL：0480-38-6872（注文専用ダイヤル）
　　　　　　　TEL：03-3556-2731（販売）
　　　　　　　TEL：03-3556-2736（編集）
　　　　　　　E-Mail：pc-books@mynavi.jp
　　　　　　　URL：https://book.mynavi.jp
印刷・製本　株式会社ルナテック